新工科×新商科·大数据与商务智能系列

R 语言大数据分析与挖掘

谢笑盈　金康伟　主　编

陈海城　副主编

U0198724

电子工业出版社

Publishing House of Electronics Industry

北京·BEIJING

内 容 简 介

本书首先简要介绍了大数据分析与挖掘的相关概念，以及 R 语言的基础知识，以此来帮助读者了解、使用 R 语言；其次详细介绍了探索性数据分析、数据采集，以此来帮助读者了解数据的基本分析方法和数据的获取方法；然后着重介绍了目前主流的数据挖掘算法——时间序列算法、线性回归算法、分类算法、关联算法、聚类算法，从算法的原理到如何使用 R 语言进行算法实现都进行了详细的介绍并提供了实操代码，以此帮助读者学习数据挖掘及使用 R 语言完成数据挖掘任务；最后通过 6 个旅游行业的实际案例来帮助读者将学习到的知识运用到真实的业务场景中，并融会贯通整个知识体系。

本书无须读者具备 R 语言和大数据分析与挖掘的基础知识。无论是 R 语言初学者，还是熟练的 R 语言用户，都能从本书中找到有用的内容。本书既可以作为一本学习 R 语言的教材，也可以作为大数据分析与挖掘的工具书。

图书在版编目（CIP）数据

R 语言大数据分析与挖掘 / 谢笑盈，金康伟主编. —北京：电子工业出版社，2023.3
（大数据与商务智能系列）
ISBN 978-7-121-45238-3

Ⅰ. ①R… Ⅱ. ①谢… ②金… Ⅲ. ①程序语言－应用－数据处理－高等学校－教材 Ⅳ. ①TP274

中国国家版本馆 CIP 数据核字（2023）第 046101 号

责任编辑：王二华 文字编辑：张天运
印　　刷：三河市鑫金马印装有限公司
装　　订：三河市鑫金马印装有限公司
出版发行：电子工业出版社
　　　　　北京市海淀区万寿路 173 信箱　　邮编：100036
开　　本：787×1092　1/16　印张：17.5　字数：448 千字
版　　次：2023 年 3 月第 1 版
印　　次：2023 年 9 月第 2 次印刷
定　　价：55.00 元

凡所购买电子工业出版社图书有缺损问题，请向购买书店调换。若书店售缺，请与本社发行部联系，联系及邮购电话：（010）88254888，88258888。

质量投诉请发邮件至 zlts@phei.com.cn，盗版侵权举报请发邮件至 dbqq@phei.com.cn。

本书咨询联系方式：（010）88254532。

前　言

2015 年 8 月 31 日国务院印发了《促进大数据发展行动纲要》，同年党的十八届五中全会首次提出了"国家大数据战略"；2016 年 9 月 19 日，国务院出台了《政务信息资源共享管理暂行办法》，同年 12 月，工业和信息化部印发了《大数据产业发展规划（2016—2020 年）》；2021 年 11 月 30 日，工业和信息化部再次发布了《"十四五"大数据产业发展规划》，提出到 2025 年，我国大数据产业测算规模要突破 3 万亿元，年均复合增长率保持 25%左右，创新力强、附加值高、自主可控的现代化大数据产业体系要基本形成。国家对大数据战略的空前重视，更凸显了大数据分析与挖掘的巨大价值，伴随着数据在各行业、各领域的深层渗透及应用，大数据已经成为影响竞争和发展的重要因素，而对大数据的探索、分析、挖掘已经成为了大数据分析领域的基本技能之一。

2017 年 3 月 26 日，在浙江义乌正阳博瑞旅游产业发展有限公司与浙江师范大学联合成立的正阳旅游研究院的支持下，浙江师范大学经济与管理学院和经管之家 CDA 数据分析研究院合作举办了首期"正阳旅游大数据创新创业培训班"，以培养当前互联网经济背景下旅游业发展急需的兼具理论知识和实战经验的旅游大数据分析师。由于是首次开设旅游大数据创新创业培训班，市场上没有任何相应的教材可以借鉴，而培训对象是没有编程基础并且统计知识较为薄弱的旅游管理专业的学生，为了使他们能在较短的时间内理解大数据分析的真实价值，掌握大数据分析的过程，并能快速成长为兼有理论知识和实战经验的旅游大数据分析师，开发和出版大数据系列教材迫在眉睫。此时，具备强大统计能力的免费数据分析软件 R 语言进入了大家的视野，R 语言具有免费、开源、资源丰富、简单易学、可视化优、兼容性好等优势，对于大数据的收集、转换、探索、建模、可视化方面的工作都能够完全胜任，因此，授课老师一致决定选择 R 语言作为旅游大数据创新创业培训班的数据分析工具。经过两轮的教学实践，这本《R 语言大数据分析与挖掘》初步成形。

本书的目的是让读者掌握如何用 R 语言实现大数据分析与挖掘，秉持理论与实践相结合的原则，书中不仅提供了深入浅出的理论阐述及细致入微的思路剖析，还提供了大量的 R 语言操作代码，以达到引领读者迅速进入大数据分析与挖掘领域的目的。为了让读者提高解决实际问题的能力并对大数据分析与挖掘的各种方法融会贯通，书中配备了 6 个旅游行业的实际案例，包括旅游数据的采集、探索分析、挖掘建模等，这些案例中运用的方法同样适用于其他应用领域。

本书得益于很多人的帮助和支持。

首先，感谢上官诚兴先生，他通过出色的沟通工作促成了浙江师范大学经济与管理学院和经管之家 CDA 数据分析研究院的合作，并为首期"正阳旅游大数据创新创业培训班"的开班做了大量具体而细致的工作，这为本教材的出版提供了必要条件。

其次，非常感谢参与授课的零一老师、董雪婷老师、覃智勇老师为本教材的出版无偿提供了大量的素材和案例。

再次，由衷感谢浙江师范大学经济与管理学院旅游管理专业的同仁们，特别是龚海珍老师和马骏老师，因为他们的积极参与，正阳旅游大数据创新创业培训班才能得以正常运转，并良性循环。

另外，本教材的出版还受到了国家社科基金项目"基于抽样学习的非平衡数据分类方法研究（17BTJ028）"的资助，在此一并感谢。

编　者

目　　录

第1章 大数据分析与挖掘概论

【内容概述】

1）了解大数据分析与挖掘的概念。

2）了解大数据挖掘与大数据分析的区别。

3）了解大数据分析与挖掘的应用。

1.1 大数据分析与挖掘

"大数据"这一概念最早公开出现于 1998 年，美国高性能计算公司 SGI 的首席科学家约翰·马西（John Mashey）在一个国际会议报告中指出：随着数据量的快速增长，必将出现数据难理解、难获取、难处理和难组织等 4 个难题，并用 "Big Data（大数据）"来描述这一挑战，在计算领域引发思考。

2007 年，数据库领域的先驱人物吉姆·格雷（Jim Gray）指出大数据将成为人类触摸、理解和逼近现实复杂系统的有效途径，并认为在实验观测、理论推导和计算仿真等三种科学研究范式后，将迎来第四范式——"数据探索"，后来同行学者将其总结为"数据密集型科学发现"，开启了从科研视角审视大数据的热潮。

大数据于 2012 年、2013 年达到宣传高潮，2014 年后概念体系逐渐成形，对其认知亦趋于理性。大数据相关技术、产品、应用和标准不断发展，逐渐形成了由数据资源与 API、开源平台与工具、数据基础设施、数据分析、数据应用等板块构成的大数据生态系统，并持续发展和不断完善，其发展热点呈现了从技术向应用再向治理的逐渐迁移。经过多年的发展和沉淀，人们对大数据已经形成基本共识：大数据现象源于互联网及其延伸所带来的无处不在的信息技术应用及信息技术的不断低成本化。

1.1.1 大数据定义

大数据（Big Data）是指无法在一定时间范围内用常规软件工具进行捕捉、管理和处理的数据集合，是需要新处理模式才能具有更强的决策力、洞察发现力和流程优化能力的海量、高增长率和多样化的信息资产。

大数据的 5V 特点为大量（Volume）、高速（Velocity）、多元（Variety）、价值（Value）、真实（Veracity）。

● 大量（Volume）：数据量大。数据量的大小决定所考虑数据的价值和潜在的信息。

- 高速（Velocity）：获得数据的速度快。
- 多元（Variety）：数据类型多样。
- 价值（Value）：合理运用大数据，以低成本创造高价值。
- 真实（Veracity）：数据准确可依赖。

1.1.2 大数据分析与挖掘的概念

从概念上可以认为，大数据分析是大数据挖掘的一个子项。在通常的概念下，它们之间是有差别的，但是严格意义下，大数据的所有成果都可以纳入大数据挖掘的成果范畴。大数据技术首先提供存储和计算能力，其次洞察数据中隐含的意义。大数据依赖硬件设备的升级，洞察数据的意义依赖大数据挖掘算法的不断优化创新。

1．大数据分析

数据分析是指用适当的统计分析方法对收集来的大量数据进行分析，提取有用信息和形成结论而对数据加以详细研究和概括总结的过程。这一过程也是质量管理体系的支持过程。在实际应用中，数据分析可帮助人们做出判断，以便采取适当行动。

大数据分析是在数据分析概念的基础上发展而来的。两者分析的数据对象不同，在大数据分析过程中不用对数据进行随机抽样分析，而是对所有数据进行分析处理。大数据分析在已定的假设、先验约束上处理原有计算方法、统计方法，将数据转化为有用的信息。

2．大数据挖掘

大数据挖掘又称为资料探勘、数据采矿。它是数据库知识发现中的一个步骤。大数据挖掘一般指从大量的数据中通过算法搜索隐藏于其中的信息的过程。大数据挖掘通常与计算机科学有关，并通过统计、在线分析处理、情报检索、机器学习、专家系统（依靠过去的经验法则）和模式识别等诸多方法来实现搜索隐藏于数据中的信息。

3．两者的联系与区别

大数据分析与大数据挖掘既有联系也有区别，两者在协作上有以下联系。

（1）需要对大数据分析得到的信息进一步挖掘，将其转化为有效的预测和决策，这时就需要大数据挖掘。

（2）大数据挖掘进行价值评估的过程也需要调整先验约束而再次进行大数据分析。

两者在算法、数据和运行环境三个方面的区别如下。

（1）算法：大数据分析对算法的要求随着数据量的增加而降低，大数据挖掘则对算法要求更高，复杂度更大。

（2）数据：大数据分析的对象多为动态增量数据和存量数据，大数据挖掘则大多使用存量数据。

（3）运行环境：大数据分析对运行环境要求较高，多为云计算和云存储环境，而大数据挖掘则没有特定的要求，单机环境也是允许的。

1.2　大数据分析与挖掘流程

从大数据的特征和产生领域来看，大数据的来源相当广泛，由此产生的数据类型和应用处理方法千差万别。但是总的来说，大数据分析流程可划分为数据获取、数据预处理、数据分析和数据解释 4 个步骤。

1.2.1　数据获取

大数据的"大"，原本就意味着数量多、种类复杂，因此，通过各种方法获取数据信息便显得格外重要。数据获取是大数据分析流程中最基础的一步，目前常用的数据获取手段有传感器、射频识别、数据检索分类工具（如百度和谷歌等搜索引擎）、行业论坛或平台等商业网站及条形码技术等。

数据的类别主要分为线下数据和线上数据，线下数据主要依托硬件，如红外传感器、高清摄像头等设备来获取，线上数据主要依托互联网获取，如互联网舆情信息、商务平台商品信息等。

数据获取无时无刻不在进行中。例如，对于大型商场，在商场门口可以使用红外传感器记录进入商场的客户数量；客户连接商场提供的 Wi-Fi，可以通过 Wi-Fi 定位客户在商场中的行为轨迹；通过 POS 机或收银系统可以跟踪客户在商场中的消费情况。这些获取到的数据可经过处理后用于商场的精准营销、路径优化等。

1.2.2　数据预处理

数据预处理是非常重要的环节，对数据使用的一致性、准确性、完整性、时效性、可信性、可解释性提供了基本保障。现实中的数据避免不了"脏"数据，"脏"数据主要是指具备以下特征的数据。

（1）不完整：缺少属性值或仅包含处理后结果（没有源数据）的数据。

（2）包含噪声：存在错误或偏离期望值的数据。

（3）不一致：前后存在矛盾、差异的数据。

由于获取的数据规模庞大，存在大量的"脏"数据，因此在一个完整的大数据挖掘过程中，数据预处理是必不可少的环节，大约要花费 60%～70%的时间。

数据预处理有 4 种方法：数据清洗、数据集成、数据变换和数据规约。

（1）数据清洗：空缺值处理、格式标准化、错误纠正、异常数据和重复数据的清除。

（2）数据集成：将多个数据源中的数据结合起来并统一存储，建立数据仓库，并消除数据冗余。

（3）数据变换：平滑、聚集、数据概化、规范化、属性构造等。

（4）数据规约：数据立方体聚集、维度规约（删除不相关的属性）、数据压缩（用 PCA、

LDA、SVD、小波变换等方法进行数据降维)、数值规约(线性回归、对数线性模型、直方图、聚类、抽样)。

1.2.3 数据分析

数据分析是整个大数据分析流程里最核心的部分,因为在数据分析的过程中,会发现数据的价值所在。传统的数据分析方法已经不能满足大数据时代数据分析的需求。在数据分析技术方面,Google 公司于 2006 年率先提出了"云计算"的概念,其内部各种数据的应用都依托 Google 公司内部研发的一系列云计算技术,如分布式文件系统 GFS、分布式数据库 BigTable、批处理技术 MapReduce 及开源实现平台 Hadoop 等。这些技术平台对大数据进行处理和分析提供了很好的手段。

数据分析有如下 6 个基本方面。

1)可视化技术

不管是对数据分析专家来说还是对普通用户来说,数据可视化是数据分析工具最基本的要求。可视化技术可以直观地展示数据,让数据自己说话,让观众看到结果。

2)数据挖掘算法

如果说可视化是给人看的,那么数据挖掘就是给机器看的。集群、分割、孤立点分析,还有其他的算法深入数据内部,挖掘价值。这些算法不仅要处理大数据的量,还要面对处理大数据的速度问题。

3)预测性分析能力

数据挖掘可以让分析员更好地理解数据,而预测性分析可以让分析员根据可视化分析和数据挖掘的结果做出一些预测性的判断。

4)语义引擎

非结构化数据的多样性给数据分析带来了新的挑战,因此需要一系列的工具去解析、提取、分析数据。语义引擎需要被设计成能够从"文档"中智能提取信息。

5)数据质量和数据管理

数据质量(数据的真实性、准确性、完整性、时效性)和数据管理(如何有效保障数据质量)是管理方面的最佳实践。通过标准化的流程和工具对数据进行处理可以保证一个预先定义好的高质量的分析结果。

6)数据仓库

数据仓库是为了便于多维分析和多角度展示数据,按特定模式存储数据所建立起来的关系型数据库。在商业智能系统的设计中,数据仓库的构建是关键,是商业智能系统的基础,承担对业务系统数据整合的任务,为商业智能系统提供数据抽取、转换和加载(ETL),并按主题对数据进行查询和访问,为联机数据分析和数据挖掘提供数据平台。

1.2.4　数据解释

在一个完善的大数据分析流程中，数据解释至关重要。但随着数据量的加大，数据分析结果往往也越复杂，用传统的数据解释方法已经不足以满足数据分析结果输出的需求。因此，为了提升数据解释、展示能力，必须对数据进行可视化操作。通过可视化分析，可以形象地向用户展示数据分析结果，更方便用户理解和接受结果。常见的可视化技术有基于集合的可视化技术、基于图标的可视化技术、基于图像的可视化技术、面向像素的可视化技术和分布式可视化技术等。

1.3　大数据分析与挖掘应用

在大数据时代的背景下，数据资产如何被有效地利用起来成为了一个热门话题。数据最终是要为商业、民生、国防等方面的运作与优化提供支撑的。近年来，由于大数据技术的发展，大数据分析与挖掘的应用如雨后春笋遍及各个领域，例如，今日头条的个性推荐、高德地图的拥堵预测、公安机关的网络舆情巡查系统等。各种应用可谓是琳琅满目，但总结起来可以将大数据应用的场景分为优化、预测、分类和识别 4 个方面，这 4 个方面也是大数据分析的主要任务。

1.3.1　优化任务

优化是大数据分析的主要任务，通过数据反馈了解哪些方面需要改进从而制定相关的决策。优化任务还需要更多的技术手段。

在人们的生活中，大数据分析产生了许多便利的应用场景，具体如下。

（1）在出行方面：通过交通数据，交通实时预测算法可以改善人们的出行。

（2）在购物方面：通过用户行为和基础数据，个性化推荐算法可以改善人们的网上购物体验。

（3）在疫情防控方面：通过出行大数据创造的五色管理方法可以有效地对高风险人群进行预警，在降低疫情传播速度的同时，也方便了低风险人群的出行。

1.3.2　预测任务

预测是大数据分析和挖掘的最终目的，这是由于预测可以提前洞察到事物未来的趋势，掌握信息差，而信息差是制胜的关键，无论是商业上、政治上还是军事上，比竞争对手提前预知事物的发展态势是十分重要的。

1.3.3　分类任务

分类任务包含分类算法和聚类算法，分类和聚类有明显区别，分类是把现有事物打上已知标签，聚类是把相似的事物放在一起。对事物进行分类或聚类后，可以了解每个现有事物的特征，或者预估新兴事物的特征。例如，医学上的自动诊断，通过对大量的检验报告及病症的分类训练，实现对新的检验报告的分类预测。网络舆情监控系统也是如此，通过分类任务来感知敏感信息，从而实现自动监控。

1.3.4 识别任务

识别是人工智能的范畴，对人或物的识别可以改变人们的生活方式，也可以提升社会各个生产环节的效率。例如，刷脸支付技术通过人脸的识别实现"无密"支付，这里的密码就是所有者的脸；停车场感应系统，通过识别车牌号码实现无须停车取卡，配合无感支付更实现了停取车的便捷化体验。

第2章　R语言编程基础

【内容概述】

1）掌握 R 语言的安装方法及语法规则。

2）掌握数据处理的方法，主要包括创建变量及变量的命名规则、数值型等数据类型、向量等常见的数据结构、使用分支语言进行选择执行、使用循环语句进行重复执行、内置函数的使用及自定义函数的编写等。

2.1　R 语言的安装及配置

R 语言是统计领域广泛使用的、诞生于 1980 年前后的 S 语言的一个分支。S 语言是由贝尔实验室开发的一种用于进行数据探索、统计分析和作图的解释型语言。最初 S 语言的实现版本主要是 S-PLUS。S-PLUS 是一个商业软件，它基于 S 语言，并由 MathSoft 公司的统计科学部进一步完善。后来，新西兰奥克兰大学的 Robert Gentleman 和 Ross Ihaka 及其他志愿人员开发了 R 语言。R 语言可以看作是 S 语言的一种实现，所以两者在程序语法上几乎是一样的，S 语言程序只要稍加修改就能运用于 R 语言程序。

得益于开源、免费且易上手的特点，R 语言成为了数据分析领域中颇受欢迎的软件。R 语言是一款专为数据分析而设计的语言，集数据操作、数学计算和数据可视化为一体，其特点在于：可有效地进行数据处理与存储，支持数组、矩阵运算处理，包含大量专门用于数据分析、统计分析和数据挖掘的实现方法，具有强大的数据可视化能力。

经过多年的发展，R 语言的数据分析功能已十分丰富。R 语言可以实现区间估计、方差分析、回归等经典的数理统计方法，也可以实现聚类、决策树、神经网络等机器学习方法。这些方法在 R 语言中通过程序包（Package）来实现。例如，R 语言基础套件中的 stats 包可以实现常见的统计分析方法，graphics 包可以实现基础绘图方法，parallel 包可以实现并行计算方法等。此外，CRAN 上也有很多优秀的，可用于数据处理、分析、可视化的第三方包。例如，实现决策树的 rpart 包，实现神经网络的 nnet 包，实现动态图图表的 plotly、echartR 包等。

R 语言能够广泛地使用在很多平台与操作系统上，包括主流的 Windows，macOS，Linux 等，甚至索尼的 PlayStation3 也可以使用 R 语言。

本节介绍 R 语言和 RStudio 的获取和安装，RStudio 是 R 语言中份额最高的集成开发环境（Integrated Development Environment，IDE），相比自带的 IDE，RStudio 的便利性得到了全面的提升。

2.1.1　R 语言的获取和安装

R 语言可以在 CRAN 上免费下载，步骤如下。

第一步，进入官网，选择与计算机相匹配的 R 语言版本，如图 2-1 所示。

图 2-1　R 语言官网下载页面 1

第二步，在"base"一行，单击"install R for the first time"链接，如图 2-2 所示。

图 2-2　R 语言官网下载页面 2

单击"Download R 3.5.0 for Windows"链接，如图 2-3 所示。

图 2-3　R 语言官网下载页面 3

第三步，安装 R 语言，按照安装向导单击"下一步"按钮即可，如图 2-4 所示。

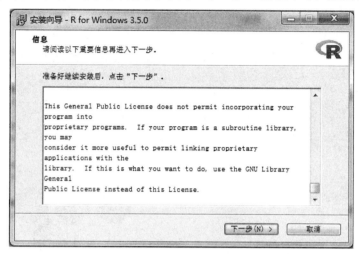

图 2-4　R 语言安装向导界面 1

直到安装向导提示安装完成，单击"结束"按钮，如图 2-5 所示。

图 2-5　R 语言安装向导界面 2

2.1.2　RStudio 的获取和安装

RStudio 是 R 语言的集成开发环境，用它进行 R 语言编程的学习和实践会更加轻松和方便，因此通常在计算机中会同时装上 R 语言和 RStudio。其下载步骤如下。

第一步，在官网首页的中间位置找到并单击 RStudio 的下载链接"Download"，如图 2-6 所示。

在打开的页面选择 RStudio 的不同版本，其中部分版本要收费，选择免费版本（FREE），单击"DOWNLOAD"按钮下载安装包，如图 2-7 所示。

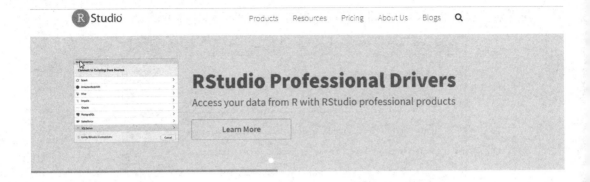

图 2-6　RStudio 官网页面

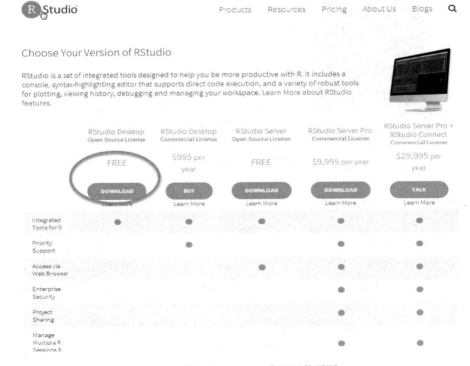

图 2-7　RStudio 官网下载页面

单击"DOWNLOAD"按钮后，跳转到最下方，RStudio 提供了多种操作系统的不同版本及不同的安装包格式（exe、zip 等），选择安装版本，如图 2-8 所示。

图 2-8　RStudio 版本选择页面

第二步，安装 RStudio，下载完成后双击 exe 可执行文件，在 RStudio 安装向导的界面单击"下一步"按钮，如图 2-9 所示。

安装结束，单击"完成"按钮，如图 2-10 所示。

图 2-9　RStudio 安装界面 1

图 2-10　RStudio 安装界面 2

即便使用 RStudio，也需要事先为计算机安装好 R 语言。RStudio 只是一个辅助用户使用 R 语言进行编辑的工具，它自身不附带 R 语言。

2.2 界面与菜单

RGui 是 R 语言的原生界面,由一个带菜单栏的背景窗口和一个可移动的控制台窗口组成,在新建一个脚本时会生成一个可移动的脚本编辑窗口以供编写代码使用,RGui 界面较简洁,功能较单一。RStudio 的界面由脚本窗口、操控台、工作空间、画图函数包和帮助窗口 4 个区域组成,功能丰富、多样,各功能版块分布合理。

2.2.1 RGui 界面

R 语言默认安装在 C:\Program Files\R 路径之下。当在 Windows 系统下启动 R 语言时,会出现如图 2-11 所示的用户界面。在 RGui 窗口里,有菜单栏、工具栏和控制台。

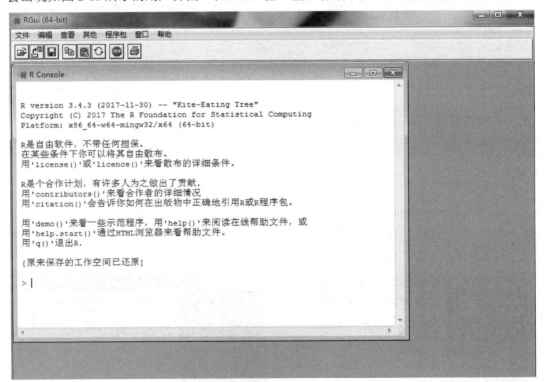

图 2-11 Windows 系统下的 R 语言用户界面

标准的 RGui 菜单仅实现了一些非常初级的功能,没有装载数据、转换数据、绘制图形、构建模型的工具箱,也没有任何数据操作的功能。

2.2.2 RStudio 界面

图 2-12 展示了 Windows 系统下的 RStudio 用户界面。

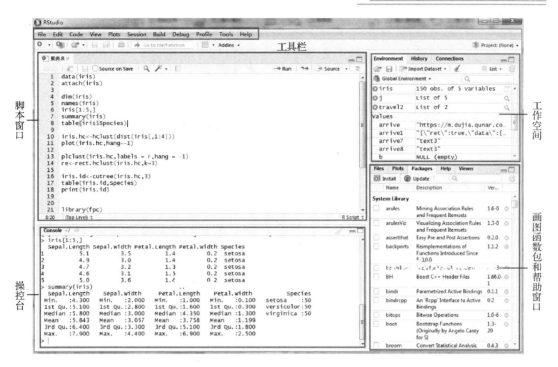

图 2-12　Windows 系统下的 RStudio 用户界面

RStudio 总共有 4 个工作区域。

左上方区域是脚本窗口，在新建脚本或打开已有脚本后，即可在脚本窗口编辑脚本中的代码，运行脚本。如图 2-13 所示，单击菜单栏上的"File"按钮，选择"New File"菜单中的"R Script"选项，建立一个 R 语言的脚本文件即可开始编程。

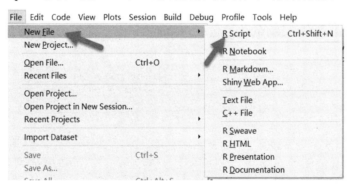

图 2-13　创建 R Script

脚本窗口右上方有个"Run"按钮，如图 2-14 所示，直接单击可以运行当前脚本中鼠标所在的代码行。如果用鼠标在代码上选择多行，再单击"Run"按钮，就能运行选中的多行代码。"Run"按钮右边的按钮是"Re-Run"按钮，可以重复一次上次的运行。

左下方是操控台，如图 2-15 所示。操控台显示代码运行后的相关信息。R 语言是动态语言，键入一行代码即可编译和解释一行，在操控台中亦可编写、运行临时代码。

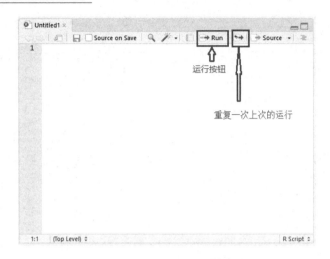

图 2-14　R Script 的界面

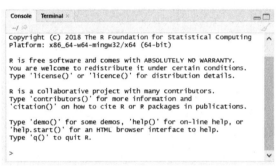

图 2-15　RStudio 的操控台

右上方是工作空间，如图 2-16 所示。此区域包含"Environment""History"和"Connections"三个选项卡。"Environment"将记录编译过程中产生的变量，"History"将记录编译的所有代码，"Connections"将记录与数据库的连接信息。

右下方是画图函数包和帮助窗口，如图 2-17 所示。此区域有 4 个主要的功能，"Files"用于查看当前 workspace 下的文件；"Plots"用于展示运算结果的图形；"Packages"用于展示系统已有的软件包；并且能勾选是否载入内存；"Help"可以查看帮助文档等。

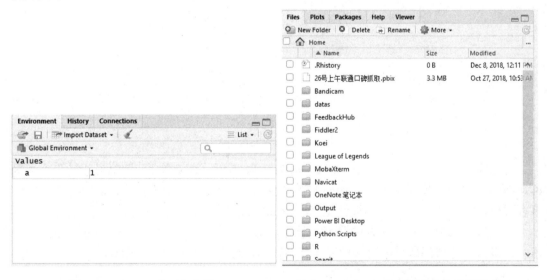

图 2-16　RStudio 的工作空间　　　　图 2-17　RStudio 的画图函数包和帮助窗口

2.3　变量与数据类型

变量是一个存放信息的容器，它可以存取数据。对于变量名称，例如 a<-1，此时 a 就是一个变量，1 为 a 变量的值，在需要时可使用"a"这个名称来调用 a 变量内的值。数据类型在数据结构中的定义是一组性质相同的值的集合及定义在这个值集合上的一组操作的总称，变量的数据类型决定了如何将代表这些值的位存储到计算机的内存中。

2.3.1　变量

R 语言支持变量赋值，并且可以通过变量名读取变量值。R 语言中正式的赋值符号是"<-"（注意：也可以使用为"="操作符，但<-创建的变量的作用范围可以在整个顶层环境，而=仅仅为一个局部环境），读作"赋值为"。#号是注释符号，表示后面的语句或文本不被编译器编译执行，例如：

```
> x<-2  #可以读作"x赋值为2"
```

把一个值赋值给变量后，在对表达式求值时，R 解释器会自动用该值来替换该变量名。例如：

```
> x<-2
> x    #查看 x 的值
```

输出结果为：

```
[1] 2
```

变量不可随意命名，必须遵循规则，命名的规则如下。

（1）变量名称可包含英文字母、数字、下画线和英文点号（句号），不能有中文、空格、"-"存在。

（2）不能以数字或下画线开头，开头必须是英文字母或者点号。

（3）可以以点号开头，但点号后面不能是数字。

2.3.2　数据类型

R 语言中所有对象都有两个内在属性：类型和长度。类型是对象元素的基本种类，共 4 种：数值型、字符串型、复合型和逻辑型（FALSE 或 TRUE）。还有不常用的类型，但是并不表示数据，如函数或表达式。长度是对象中元素的个数。

R 语言没有标量，它使用各种类型的向量来存储数据。常见的数据类型如表 2-1 所示。

表 2-1　数据类型说明表

类　　型	说　　明
字符串型（character）	字符串型的数据要用双引号或者单引号括起来
数值型（numeric）	实数向量

类　　型	说　　明
逻辑型（logical）	逻辑向量（TRUE=T，FALSE=F）
复合型（complex）	包含整数和虚数

1. 字符串型（character）

创建一个英文字符串'speed'，并将它赋值给变量 b，代码如下：

```
> b<-'speed'
> b
```

输出结果为：

```
[1] "speed"
```

使用 mode()函数查看变量的数据存储类型，如果是字符串将返回"character"，代码如下：

```
> mode(b)
```

输出结果为：

```
[1] "character"
```

创建一个中文字符串'数据'，并将它赋值给变量 c，代码如下：

```
> c<-'数据'
> c
```

输出结果为：

```
[1] "数据"
```

查看数据类型，代码如下：

```
> mode(c)
```

输出结果为：

```
[1] "character"
```

2. 数值型（numeric）

创建一个数值 5，并将它赋值给变量 d，代码如下：

```
> d<-5
```

使用 mode()函数查看变量的数据存储类型，如果是数值型数据将返回"numeric"，代码如下：

```
> mode(d)
```

输出结果为：

```
[1] "numeric"
```

3．逻辑型（logical）

创建一个逻辑值 True，并将它赋值给变量 e，代码如下：

```
> e<-True
```

使用 mode()函数查看变量的数据存储类型，如果是逻辑型数据将返回"logical"，代码如下：

```
> mode(e)
```

输出结果为：

```
[1] "logical"
```

4．复合型（complex）

创建一个表达式 7+3i，并将它赋值给变量 f，代码如下：

```
> f<-7+3i
```

使用 mode()函数查看变量的数据存储类型，如果是复合型数据将返回"complex"，代码如下：

```
> mode(f)
```

输出结果为：

```
[1] "complex"
```

2.4　数据结构

数据结构是指数据在 R 语言中存放的结构，R 语言中数据结构包括向量、数组、矩阵、列表、数据框、因子等，例如，一行数据可以用向量结构存储到变量中，两行三列的数据可以用矩阵、数据框等结构存储到变量中，不同的结构有不同的存取方法。

2.4.1　向量

向量是用于存储数值型、字符串型或逻辑型数据的一维数组。向量只可以包含一种数据类型。

可使用 c()函数创建向量，在 c()函数中的每个元素用逗号隔开。创建一个向量，并赋值给变量 a，代码如下：

```
> a<-c(1,2,3,4,5,6,7,8)
> a
```

输出结果为：

```
[1] 1 2 3 4 5 6 7 8
```

R 语言提供多种方式对向量的成员进行取值。

1）通过元素在向量中的位置取值

此方法是在变量后加上中括号，中括号里面用数字表示要取出的向量元素的位置下标，默认从 1 开始计数。

取向量 a 中的第 3 个元素，代码如下：

```
> a[3]
```

输出结果为：

```
[1] 3
```

取向量 a 中的第 2 到第 7 个元素，代码如下：

```
> a[2:7]
```

输出结果为：

```
[1] 2 3 4 5 6 7
```

2）把一个由整数构成的向量当作索引来获取向量中的多个元素

取向量 a 中第 2、4、6 个元素，代码如下：

```
> a[c(2,4,6)]
```

输出结果为：

```
[1] 2 4 6
```

取向量 a 中第 3、7、8 个元素，且可不按原变量顺序取值，代码如下：

```
> a[c(7,3,8)]
```

输出结果为：

```
[1] 7 3 8
```

3）通过逻辑向量来指定要取哪些值

判断向量 a 中的元素是否大于"5"，代码如下：

```
> a>5
```

输出结果为：

```
[1] FALSE FALSE FALSE FALSE FALSE  TRUE  TRUE  TRUE
```

取向量中大于"5"的元素，将表达式"a>5"放在变量 a 后面的中括号内，代码如下：

```
> a[a>5]
```

输出结果为：

```
[1] 6 7 8
```

4）通过 which()函数指定选取元素的向量下标，如果有多个元素符合条件，那么返回多个下标

创建向量 abc，代码如下：

```
> abc<-c("a", "b", "c", "a", "b")
```

用 which()函数指定元素的筛选条件，如指定为"a"的元素，代码如下：

```
> which(abc=="a")
```

输出结果为：

```
[1] 1 4
```

2.4.2　数组

数组（Array）是一种多维向量，与矩阵相似，但是维度可以大于 2，被认为是具有维度属性的向量。可使用 array()函数创建数组，array()函数的参数如表 2-2 所示，其语法格式为：

```
array( data = NA, dim = length(data), dimnames = NULL)
```

表 2-2　array()函数的参数

参　　数	解　　释
data	创建数组的元素
dim	数组的维数，是数值型向量
dimnames	各维度中名称标签列表

数组可定义一维及一维以上的数据。

（1）定义一个一维数组，如定义一个 3 行 4 列的数组，代码如下：

```
> a<-array(3:14,dim=c(3,4))
> a
```

输出结果为：

```
     [,1] [,2] [,3] [,4]
[1,]    3    6    9   12
[2,]    4    7   10   13
[3,]    5    8   11   14
```

数组和向量一样，可以通过下标取其中的元素，例如，取第 2 行第 3 列的元素，代码如下：

```
> a[2,3]
```

输出结果为：

```
[1] 10
```

取某个维度的全部元素，例如，取第 2 行的所有元素，代码如下：

```
> a[2,]
```

输出结果为：

```
[1] 4 7 10 13
```

（2）定义两个及两个以上维度的数组，如定义一个 2×3×3 的数组，代码如下：

```
> b<-array(3:20,dim=c(2,3,3))
> b
```

输出结果为：

```
, , 1

     [,1] [,2] [,3]
[1,]    3    5    7
[2,]    4    6    8

, , 2

     [,1] [,2] [,3]
[1,]    9   11   13
[2,]   10   12   14

, , 3

     [,1] [,2] [,3]
[1,]   15   17   19
[2,]   16   18   20
```

通过下标取其中的元素、子集，代码如下：

```
> b[2,3,2]
```

输出结果为：

```
[1] 14
```

代码如下：

```
> b[1:2,2,2]
```

输出结果为：

```
[1] 11 12
```

（3）通过 array()函数的"dimnames"指定各维度名称，代码如下：

```
> a<-c('a1','a2')
> b<-c('b1','b2')
> c<-c('c1','c2','c3')
> d<-array(1:12,c(2,2,3),dimnames=list(a,b,c))
> d
```

输出结果为：

```
, , c1
```

```
   b1 b2
a1  1  3
a2  2  4

, , c2

   b1 b2
a1  5  7
a2  6  8

, , c3

   b1 b2
a1  9 11
a2 10 12
```

2.4.3　矩阵

矩阵（Matrix）是将数据按行和列来组织的一种数据对象，相当于二维数组，可以描述二维的数据。与向量相似，矩阵的每个元素都拥有相同的数据类型。通常用列来表示来自不同变量的数据，用行来表示来自相同变量的数据。

在 R 语言中可以使用 matrix() 函数来创建矩阵，其参数如表 2-3 所示，其语法格式为：

```
matrix(data=NA, nrow = 1, ncol = 1, byrow = FALSE, dimnames = NULL)
```

表 2-3　matrix()函数的参数

参　　数	解　　释
data	矩阵的元素，默认为 NA（缺失值），即未给出元素值的话，各项为 NA
nrow	矩阵的行数，默认为 1
ncol	矩阵的列数，默认为 1
byrow	元素是否按行填充，默认按列
dimnames	以字符串型向量表示的行名及列名

使用 matrix() 函数创建一个 3 行 6 列的矩阵，元素取值从"1"到"18"，代码如下：

```
> a<-matrix(1:18,nrow=3,ncol=6)
> a
```

输出结果为：

```
     [,1] [,2] [,3] [,4] [,5] [,6]
[1,]    1    4    7   10   13   16
[2,]    2    5    8   11   14   17
[3,]    3    6    9   12   15   18
```

矩阵和向量的取法相同，可以通过下标取其中的元素，例如，取第 2 行第 6 列的元素，代码如下：

```
> a[2,6]
```

输出结果为:

```
[1] 17
```

结合 c()函数,选取第 1 行第 2 列和第 5 列的元素,代码如下:

```
> a[1,c(2,5)]
```

输出结果为:

```
[1]  4 13
```

取某行或者某列的所有元素,只要指定对应行或列,并保留逗号即可。例如,取第 4 列全部元素,代码如下:

```
> a[,4]
```

输出结果为:

```
[1] 10 11 12
```

2.4.4 列表

列表是一个有序的对象集合。列表允许整合若干对象到单个对象名下。例如,某个列表中可能由若干向量、数据框、矩阵,甚至其他列表组合而成。可以使用 list()函数创建列表,其语法格式为:

```
list(name1=object1, name2 = object2,…)
```

其中,name1,name2 是列表的名字,object1,object2 是数据对象。

创建一个列表,方法为:

```
> a<-'Chinese '
> b<-matrix(1:4,nrow=1)
> c<-c(78,86,67,93)
> rst<-list(class=a,id=b,result=c)
> rst
```

输出结果为:

```
$class
[1] "Chinese "

$id
    [,1] [,2] [,3] [,4]
[1,]   1    2    3    4

$result
[1] 78 86 67 93
```

上例创建了一个列表，由三个成分组成：字符串、矩阵和数值型向量。可以通过在美元符号"\$"后带某个成分的名称、在双重括号中指明代表某个成分的数字或名称来访问列表中的元素，三种方式的代码如下。

1）第一种方式

```
> rst$result
```

输出结果为：

```
[1] 78 86 67 93
```

2）第二种方式

```
> rst[[3]]
```

输出结果为：

```
[1] 78 86 67 93
```

3）第三种方式

```
> mylist[['result']]
```

输出结果为：

```
[1] 78 86 67 93
```

以上三种方式均可取到"rst"中的数值型向量。

2.4.5　数据框

数据框是展现表格数据的有效形式。数据框中不同的列可以包含不同数据类型（数值型、字符串型等）的数据，数据框是处理这类数据较为有效的形式。可以通过 data.frame() 函数创建数据框，data.frame()函数的参数如表 2-4 所示，其语法格式为：

```
data.frame(…, row.names = NULL, check.rows = FALSE, check.names = TRUE, fix.
empty.names = TRUE,stringsAsFactors = default.stringsAsFactors())
```

表 2-4　data.frame()函数的参数

参　　数	解　　释
…	要进行组合的表单
row.names	指定 NULL、单个整数、字符串、整型向量、某列用作数据框的行名
check.rows	逻辑值 TRUE 或 FLASE，如果为 TRUE，检查行长度和名称是否具有一致性
stringsAsFactors	逻辑值 TRUE 或 FLASE，默认值是 TRUE，将字符向量转换为因子结构
fix.empty.names	逻辑值 TRUE 或 FLASE，如果为 TRUE，"未命名"参数获得自动构造的名称

创建一个数据框，代码如下：

```
> classid<-c(101:105)
> age<-c(22,20,19,21,22)
> gender<-c('female','female','male','female','male')
```

```
> result<-c(81,69,75,83,94)
> score<-data.frame(classid,age,gender,result)
> score
```

输出结果为：

```
  classid age gender result
1    101   22  female     81
2    102   20  female     69
3    103   19    male     75
4    104   21  female     83
5    105   22    male     94
```

可以通过下标或代表其成分的名称取其中的元素、子集，代码如下：

```
> score[2,3]  #取第二行、第三列的值
```

输出结果为：

```
[1] female
Levels: female male
```

代码如下：

```
> score[1:2]     #取前两列元素
```

输出结果为：

```
  classid age
1    101   22
2    102   20
3    103   19
4    104   21
5    105   22
```

代码如下：

```
> score[c('age','gender')]   #取 age 和 gender 两列
```

输出结果为：

```
  age gender
1  22 female
2  20 female
3  19   male
4  21 female
5  22   male
```

代码如下：

```
> score$result
```

输出结果为：

```
[1] 81 69 75 83 94
```

2.4.6　因子

因子是一种向量类型的对象，是一种特殊的向量，通常向量对应着数值型变量，而因子则对应着分类型变量。和普通的向量相比，因子向量不仅仅能够存储分类型变量，而且能够提供分类型变量各个水平的信息。因子向量可分为有序型因子与无序型因子，有序型因子表示有序变量。

创建因子可使用 factor()函数，该函数的参数如表 2-5 所示，其语法格式为：

```
factor(x=character(), levels, labels=levels, exclude = NA, ordered = is.ordered
(x), namax = NA)
```

表 2-5　factor()函数的参数

参　　数	解　　释
x	要创建为因子的向量
levels	因子数据的水平，默认是 x 中不重复的值
labels	标识某水平的名称，与水平一一对应，以方便识别，默认取 levels 的值
exclude	从 x 中剔除的水平值，默认为 NA
ordered	逻辑值，因子水平是否有顺序（编码次序），若有取 TRUE，否则取 FALSE
namax	水平个数的限制

R 语言中可使用多种方式创建因子及获取因子对象的属性信息。

（1）创建因子，代码如下：

```
> gender <-c('female', 'female', 'female', 'male', 'male', 'male', 'female',
'male')
> col <-factor(gender)
> col
```

输出结果为：

```
[1] female female female male  male  male  female male
Levels: female male
```

（2）创建有序因子，代码如下：

```
> score <-c('A', 'B', 'A', 'C', 'B')
> score1 <-ordered(score, levels = c('C', 'B', 'A'))
> score1
```

输出结果为：

```
[1] A B A C B
Levels: C < B < A
```

（3）用 cut()函数把数值型对象的数据自动切分为数据区间并转换为因子，代码如下：

```
> random <-c(81,93,86,82,59,55,58,95,71,85)
> random1 <-cut(random, breaks = 3) #参数 breaks 指分割的段数 exam1
```

输出结果为：

```
[1] (68.3,81.7] (81.7,95]    (81.7,95]    (81.7,95]    (55,68.3]    (55,68.3]
(55,68.3]    (81.7,95]    (68.3,81.7]
[10] (81.7,95]
Levels: (55,68.3] (68.3,81.7] (81.7,95]
```

（4）用 cut()函数把数值型对象的数据切分成为自定义区间并转换为因子，代码如下：

```
> random2 <-cut(random, breaks = c(0, 59, 79, 100))
> random2
```

输出结果为：

```
[1] (79,100] (79,100] (79,100] (79,100] (0,59]    (0,59]    (0,59]    (79,100]
(59,79]    (79,100]
Levels: (0,59] (59,79] (79,100]
```

（5）用 attr()函数获取因子对象的 levels 属性，代码如下：

```
> attr(random1, 'levels')
```

输出结果为：

```
[1] "(55,68.3] (68.3,81.7] (81.7,95]"
```

（6）用 attr()函数获取对象的类型，代码如下：

```
> attr(random2, 'class')
```

输出结果为：

```
[1] "factor"
```

2.5 控制语句

R 语言中的大多数操作都可以写成函数，为了简化操作，R 语言提供了一些在常用编程语句中使用的特殊语法，本章主要介绍条件语句和循环语句。

2.5.1 条件语句

条件语句指定由程序评估计算或测试的一个或多个条件，若条件被确定为真（TRUE），则执行指定的一个或多个语句；若条件被确定为假（FALSE），则执行其他语句。

R 语言中最常用的条件语句是 if 语句，if 语句的一般形式如下：

```
if (condition1){
  Statement1
} else if (condition2){
```

```
 Statement2
} else{
 Statement3}
```

condition（条件）语句会判断条件是否成立，并返回一个逻辑值，当值为 TRUE 时将执行 condition（条件）语句后的代码，当值为 FALSE 时会跳过 condition（条件）语句后的代码，如图 2-18 所示。

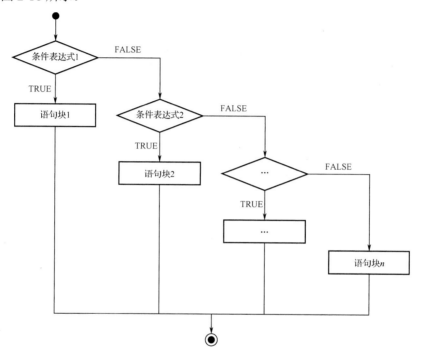

图 2-18　条件语句判断流程图

例：创建一个条件语句，如果 x 大于 6，那么 x 减 1，并打印运算后的值；如果 x 小于 3，那么 x 开平方，并打印运算后的值；如果 x 小于或等于 6 并大于或等于 3，那么打印 "success"字符串，代码如下：

```
> x<-4
> if(x> 6)
+   {
+   x<-x-1
+   print(x)
+   }else if(x<3)
+   {
+     x<-x^2
+     print(x)
+   }else
+   {print('success')}
```

输出结果为：

```
[1] "success"
```

注意：else 必须与 if 语句的右大括号接连在同一行。

2.5.2 循环语句

当同一段代码需要被执行多次时需要使用循环语句。一般情况下，语句是按顺序执行的，首先执行第一个语句，然后执行第二个语句，以此类推。R 语言提供了允许更复杂执行路径的各种控制结构。循环语句允许多次执行语句或语句组。

R 语言提供几类循环语句来处理循环需求，如表 2-6 所示。

表 2-6　循环语句

循 环 语 句	解　　释
repeat 循环	多次执行一系列语句，并缩写管理循环变量的代码
while 循环	在给定条件为真时，重复执行一个语句或一组语句。它在执行循环体之前测试条件
for 循环	同 while 语句一样，不同的是 for 循环在循环体结尾测试条件

而循环控制语句用于更改程序正常执行顺序。当执行离开范围时，在该范围内创建的所有自动对象都将被销毁。R 语言支持以下循环控制语句，如表 2-7 所示。

表 2-7　循环控制语句

循 环 控 制 语 句	解　　释
break 语句	用于停止一个循环中的迭代过程
next 语句	停止循环体中的余下部分，跳至下一轮迭代

1. repeat 循环

repeat（重复）循环可以多次执行相同的代码，直到满足停止条件。在 R 语言中创建 repeat（重复）循环的基本语法为：

```
repeat {
  commands
  if(condition) {
    break
  }
}
```

重复打印 5 次字符，代码如下：

```
> a<-c('beautiful', 'world')
> num<-1
> repeat{
+   print(a)
+   num<-num+1
+   if(num>5){
+     break
+   }
+ }
```

输出结果为：

```
[1] "beautiful" "world"
[1] "beautiful" "world"
[1] "beautiful" "world"
[1] "beautiful" "world"
[1] "beautiful" "world"
```

2. while 循环

while 循环会一遍又一遍地执行相同的代码，直到满足条件为止。在 R 语言中创建 while 循环的基本语法为：

```
while (test_expression) {
   statement
}
```

重复打印 3 次字符，代码如下：

```
> a<-c('beautiful', 'world')
> num<-1
> while(num<=3){
+     print(a)
+     num<-num+1
+ }
```

输出结果为：

```
[1] "beautiful" "world"
[1] "beautiful" "world"
[1] "beautiful" "world"
```

3. for 循环

for 循环是一种重复控制结构，可以编写一个需要执行特定次数的循环。在 R 语言中创建 for 循环的基本语法为：

```
for (value in vector) {
   statements
}
```

for 循环中的执行次数比较灵活，它不限于整数、数字。我们可以传递字符向量、逻辑向量、列表或表达式给 for 循环，for 循环将依次打印向量中的所有元素，代码如下：

```
> n<-c('美','丽','的','世','界')
> for (i in n){
+   print(i)
+ }
```

输出结果为：

```
[1] "美"
[1] "丽"
[1] "的"
[1] "世"
[1] "界"
```

2.6　函数

一个函数是组合在一起以执行特定任务的一组语句。R 语言具有大量内置函数，可以直接调用。当然，用户也可以自己创建函数（自定义函数）。对于 R 语言来说，函数是一个对象，函数可以对输入的参数执行一系列运算，函数在运算完之后会返回一个结果。

2.6.1　内置函数

内置函数库非常丰富，如 paste()、seq()、rep()等函数。在用户编写的程序中无须任何声明即可直接调用。

1．paste()函数

paste()函数的作用是把它的自变量连成一个字符串，它的参数如表 2-8 所示，其语法格式为：

```
paste (…, sep = " ", collapse = NULL)
```

表 2-8　paste()函数的参数

参　数	解　　释
…	一个或多个 R 对象
sep	分隔符，默认为空格
collapse	多个字符串合并为一个字符串时，原字符串之间的连接符号

运用 paste()函数生成字符串，代码如下：

```
> paste(1:6)
```

输出结果为：

```
[1] "1" "2" "3" "4" "5" "6"
```

代码如下：

```
> paste("X",1:6)     #两串字符之间有空格
```

输出结果为：

```
[1] "X 1" "X 2" "X 3" "X 4" "X 5" "X 6"
```

代码如下：

```
> paste("X",1:6, sep="")     #两串字符之间没有空格
```

输出结果为：

```
[1] "X1" "X2" "X3" "X4" "X5" "X6"
```

代码如下：

```
> paste("X","Y",1:6, sep="")     #三串字符之间没有空格
```

输出结果为：

```
[1] "XY1" "XY2" "XY3" "XY4" "XY5" "XY6"
```

代码如下：

```
> paste("X","Y",1:6, sep="" ,collapse = ",")      #字符串之间用逗号连接
```

输出结果为：

```
[1] "XY1,XY2,XY3,XY4,XY5,XY6"
```

2. seq()函数

seq()函数的作用是根据参数生成一组数字的序列，它的参数如表 2-9 所示，其语法格式为：

```
seq(from = , to = , by = , length.out= )
```

表 2-9　seq()函数的参数

参　　数	解　　释
from, to	序列开始和结束的数字
by	序列元素之间的增量
length.out	生成序列的元素数量

使用 seq()函数生成数字序列，从 from 开始，到 to 结束，每两个数间的间隔是 by，代码如下：

```
> seq(from=1,to=6)
```

输出结果为：

```
[1] 1 2 3 4 5 6
```

代码如下：

```
> seq(-2,2)
```

输出结果为：

```
[1] -2 -1 0 1 2
```

代码如下：

```
> seq(0,1,by=0.2)     #间隔为 0.2
```

输出结果为：

```
[1] 0.0 0.2 0.4 0.6 0.8 1.0
```

代码如下：

```
> seq(0,1,length.out=11)     #生成一组数量为 11 的数组
```

输出结果为：

```
[1] 0.0 0.1 0.2 0.3 0.4 0.5 0.6 0.7 0.8 0.9 1.0
```

3．rep()函数

它的作用是重复 x 中的值，生成一个新的序列。rep()函数的参数如表 2-10 所示，其语法格式为：

```
rep(x, times = , length.out = , each = )
```

表 2-10　rep()函数的参数

参　　数	解　　释
x	需重复的向量或单个值
times	x 的重复次数
length.out	生成序列的元素数量
each	x 的每个元素将会被重复 each 次

用 rep()函数生成新的序列，代码如下：

```
> rep(1:3,2)
```

输出结果为：

```
[1] 1 2 3 1 2 3
```

代码如下：

```
> rep(1:3,each=3)
```

输出结果为：

```
[1] 1 1 1 2 2 2 3 3 3
```

代码如下：

```
> rep(1:3,times=3,each=2)
```

输出结果为：

```
[1] 1 1 2 2 3 3 1 1 2 2 3 3 1 1 2 2 3 3
```

代码如下：

```
> rep(c(1,3),c(2,5))
```

输出结果为：

```
[1] 1 1 3 3 3 3 3
```

代码如下：

```
> rep(1:10,length.out=12)
```

输出结果为：

```
[1]  1 2 3 4 5 6 7 8 9 10 1 2
```

2.6.2 自定义函数

使用关键字 function 来创建一个 R 函数。

R 语言中创建函数的基本语法为：

```
function_name <-function(arg_1, arg_2, …) {
  Function body
}
```

函数由以下 4 个部分组成。

（1）函数名称：函数的实际名称。它以 R 名称为对象存储在 R 环境中。

（2）参数：参数是一个占位符。调用函数时，将值传递给参数。参数是可选的，也可以有默认值。

（3）函数体：函数的主体部分，包含一组语句，作用是定义函数，一般用"{ }"括起来。

（4）返回值：包含在函数主体内，通过 return 函数来指定自定义函数运算后的返回值。

创建一个自定义函数，代码如下：

```
a<- function(x)  {
        return(x-1)
  }
```

function()是 R 语言的一个内置函数，它的功能是创建函数。function()函数有两个参数：第一个参数是所创建函数的形式参数列表（本例为 x）；第二个参数是函数体（本例为 return（x+1））。

自定义函数的参数数量可以有多个，在调用自定义函数时，可按照参数的顺序进行参数赋值，省略参数名称，亦可忽略参数的顺序，指定参数名称进行参数赋值。

（1）创建自定义函数，代码如下：

```
> exam<-function(x,y,z){
+    for (i in 1:x){
+     f<-i^2+y-z
+     print(f)
+    }
+ }
```

（2）按次序输入参数调用函数，代码如下：

```
> exam(3,5,7)
```

输出结果为：

```
[1] -1
[1] 2
[1] 7
```

（3）按照参数名称调用函数，代码如下：

```
> exam(x=5,y=7,z=9)
```

输出结果为：

```
[1] -1
[1] 2
[1] 7
[1] 14
[1] 23
```

第3章 数据预处理

【内容概述】

1）掌握 R 语言中的数据表的操作，包括数据表保存、数据表读取、选取子集、连接数据库。

2）掌握 R 语言中的数据处理方法，包括对数据进行分组、分割、合并和变形，处理数据缺失值、异常值、重复值，转换数据类型，提取字符串的字符。

3.1 数据表的基本操作

数据表的基本操作包括数据表保存、数据表读取、选取子集、连接数据库。

3.1.1 数据表保存

将 R 语言中处理完的表格数据保存到本地电脑的文件中是一个高频的动作，将数据表写入文件的函数主要有 write.table()、write.csv() 和 save()。

创建数据框 student，代码如下：

```
> student <-data.frame(ID = c(1001, 1002, 1003), stuname = c("A", "B", "c"),
sturesult = c(75, NA, 89))
```

保存为简单文本，可以使用 write.table() 函数，write.table() 函数的部分参数如表 3-1 所示，其语法格式为：

```
write.table(x, file = "", append = FALSE, quote = TRUE, sep = " ",eol = "\n",
na = "NA", dec = ".", row.names = TRUE, col.names = TRUE, qmethod = c("escape",
"double"),fileEncoding = "")
```

表 3-1　write.table() 函数的部分参数

参　　数	解　　释
x	需要导出到本地文件的数据表
file	导出的本地文件路径
append	逻辑值 TRUE 或 FALSE，如果为 TRUE，输出将以追加的方式添加到本地文件；如果为 FALSE，将以覆盖的方式添加到本地文件
quote	导出的数据表中的字符串是否使用双引号包围，默认为 TRUE，即使用双引号包围
sep	分隔符，默认为空格（""），即以空格为分隔符

续表

参　　数	解　　释
row.names	是否导出行序号，默认为 TRUE，即导出行序号
col.names	是否导出列名，默认为 TRUE，即导出列名

例如，将 R 语言中的 data 数据表，导出到本地电脑中的 test.txt 文件中：

```
write.table(data, file = "c:/data/test.txt", row.names = F, quote = F) # 空
格分隔
write.table(data, file = "c:/data/test.txt", row.names = F, quote = F,
sep="\t")  # tab 分隔
```

保存为逗号分隔文本 csv，可以使用 write.csv() 函数，其语法格式和 write.table() 函数一致，例如：

```
write.csv(student, file = "c:/data/student.csv", row.names = F, quote = F)
```

保存为 R 格式文件，使用 save() 函数，save() 函数的部分参数如表 3-2 所示，其语法格式为：

```
save(x, list = character(),
    file = stop("'file' must be specified"),
    ascii = FALSE, version = NULL, envir = parent.frame(),
    compress = isTRUE(!ascii), compression_level,
    eval.promises = TRUE, precheck = TRUE)
```

表 3-2　save() 函数的部分参数

参　　数	解　　释
x	要写入的对象
list	一个包含要保存的对象名称的字符向量
file	连接或保存数据的文件的名称。必须是保存的文件名
ascii	ASCII 码，默认为 FALSE
envir	寻找要保存的对象的环境
compress	逻辑值或特定字符串，指定是否保存到指定文件时使用压缩。TRUE 对应于 gzip 压缩，而字符串 "gzip" "bzip2" 或 "xz" 指定压缩的类型

将 student 写入文件，代码如下：

```
> save(data, file = "c:/data/test.Rdata")
```

保存为 Excel 文件，需要使用 xlsx 包的 write.xlsx() 函数，其函数的参数如表 3-3 所示，语法格式为：

```
write.xlsx(x, file, sheetName = "Sheet1", col.names = TRUE, row.names = TRUE,
append = FALSE, showNA = TRUE, password = NULL)
```

表 3-3　write.xlsx() 函数的参数

参　　数	解　　释
x	要保存的 R 语言数据表
file	要保存的本地 Excel 文件路径及名称

续表

参　数	解　释
sheetName	要保存的本地 Excel 工作表名称，默认名称为 Sheet1
row.names	表示 x 的行名是否与 x 一起保存的逻辑值，如果为 TRUE，保存时将 x 的行名与 x 一起保存；如果为 FALSE，保存时不保存 x 的行名
col.names	表示 x 的列名是否与 x 一起保存的逻辑值，如果为 TRUE，保存时将 x 的列名与 x 一起保存；如果为 FALSE，保存时不保存 x 的列名
append	逻辑值 TRUE 或 FALSE，如果为 TRUE，输出以追加的方式保存到文件；如果为 FALSE，输出以覆盖的方式保存到文件
showNA	逻辑值 TRUE 或 FALSE，如果为 TRUE，显示空值；如果为 FALSE，不显示空值
password	设置工作簿密码，默认为不设置

将 student 数据表保存到 Excel 表格，代码如下：

```
> library(xlsx)
> write.xlsx(student, "c:/mydata.xlsx")
```

3.1.2 数据表读取

本节介绍从文件读取数据表到 R 语言中，使用的函数主要有 read.table()、scan()、read.fwf()、read.xlsx()。

1. read.table()函数

read.table()函数的作用是读取文本文件，它的部分参数如表 3-4 所示，其语法格式为：

```
read.table(file, header = FALSE, sep = "", quote = "\"'", dec = ".", numerals
= c("allow.loss", "warn.loss", "no.loss"), row.names, col.names, as.is
= !stringsAsFactors, na.strings = "NA", colClasses = NA, nrows = -1, skip = 0,
check.names = TRUE, fill = !blank.lines.skip, strip.white = FALSE,
blank.lines.skip = TRUE, comment.char = "#",allowEscapes = FALSE, flush = FALSE,
stringsAsFactors = default.stringsAsFactors(), fileEncoding = "", encoding =
"unknown", text, skipNul = FALSE)
```

表 3-4　read.table()函数的部分参数

参　数	解　释
file	一个带分隔符的文本文件
header	逻辑值 TRUE 或 FALSE，若 header 设置为 TRUE，则将数据表的第一行作为标题；若 header 设置为 FALSE，则为数据表的标题自动赋值
sep	数据的分隔符。默认 sep=""
quote	字符串是否使用引号包围，默认值是 TRUE，使用双引号或者单引号包围；若为 FALSE，则不使用引号包围
dec	decimal，用于指明数据文件中小数的小数点
numerals	字符串类型，用于指定文件中的数字转换为双精度数据时丢失精度如何进行转换
row.names	设置文件的行名。可以使用此参数以向量的形式给出每行的实际行名，或者要读取的表中包含行名的列序号或列名字符串。在数据文件中有行头且首行的字段名比数据列少一个的情况下，数据文件中第 1 列将被视为行名。除此情况外，在没有给定 row.names 参数时，读取的行名将会自动编号。可以使用 row.names = NULL 强制行进行编号

参 数	解 释
col.names	设置文件的列名。默认情况下是由 V 加上列序号构成，即 V1,V2,V3…
as.is	该参数用于确定 read.table()函数读取字符串型数据时是否转换为因子型数据。当其取值为 FALSE 时，该函数将把字符串型数据转换为因子型数据；当取值为 TRUE 时，仍将其保留为字符串型数据。其取值可以是逻辑型向量（必要时可以循环赋值）、数值型向量或字符串型向量，以控制哪些列不被转换为因子。可以通过设置参数 colClasses = "character"来阻止所有列转换为因子，包括数值型的列
na.strings	可选的用于表示缺失值的字符向量，na.strings=c("-9","?")表示把-9 和？值在读取数据时转换成 NA

用 read.table()函数读取 "C:/data" 目录下的 test.dat 文件，代码如下：

```
> setwd("C:/data")
> Price <-read.table(file = "test.dat")
```

若要将数据的第一行做表头，则设置 header 为 TRUE，代码如下：

```
> Price <-read.table("test.dat", header = TRUE)
```

与 read.table()类似的函数还有如下几种。

（1）读取逗号分隔符的数据：read.csv()、read.csv2()。

（2）读取其他分隔符的数据：read.delim()、read.delim2()。

2．scan()函数

scan()函数的部分参数如表 3-5 所示。scan()函数比 read.table()函数更灵活，但要指定要读取数据的变量类型，其语法格式为：

```
scan(file = "", what = double(), nmax = -1, n = -1, sep = "",
quote = if(identical(sep, "\n")) "" else "'\"", dec = ".",
skip = 0, nlines = 0, na.strings = "NA",
flush = FALSE, fill = FALSE, strip.white = FALSE,
quiet = FALSE, blank.lines.skip = TRUE, multi.line = TRUE,
comment.char = "", allowEscapes = FALSE,
fileEncoding = "", encoding = "unknown", text, skipNul = FALSE)
```

表 3-5　scan()函数的部分参数

参 数	解 释
file	用于指定要读取文件的路径和名字，若为空或""，则将从键盘获取数据。若指定的文件名字使用的是相对路径（只有文件名称），则默认从当前工作目录中寻找文件（当前工作目录可以使用 getwd()函数获取）；若指定了绝对路径（文件存放的路径加文件名称），则 scan()函数要按照绝对路径读取文件
what	给出要读取的数据类型，支持的数据类型包括 logical, integer, numeric, complex, character, raw 及 list
nmax	整型值，用于指定要读取数据的最大数量。若 what 被指定为列表（list），则 nmax 表示要读取的最大记录数或行数。若忽略 nmax 参数，或该参数被指定为非负整数，或该参数被设定为无效值（同时 nlines 参数没有被设定为负数），则 scan()函数将会读取到该文件的末尾
n	整型值，要读取的数据的最大数量，默认情况下没有限制。若指定无效的值，将会被忽略
sep	用于指出文件中数据的分隔符，scan 默认以空格进行数据分隔，另外，也可以指定其他单个字符作为数据的分隔符
quote	用于指定包围字符串的字符，该参数必须是一个单字符，如单引号或双引号

续表

参　　数	解　　释
dec	用于表示小数点的字符，该参数只能包含单个字符的字符串或零长度的字符串。默认为"."
skip	用于指定读取数据时，忽略文件前面的行数
nlines	用于指定要读取文件中数据的最大行数
na.strings	字符向量，用于指定表示数据缺失值的字符串，默认为 NA。在逻辑型、整型、数值型和复数型数据域中，空白域也被看作缺失值

用 what 参数指定对应的变量类型，从而读取数据，代码如下：

```
> mydata <-scan("data.dat", what = list("", 0, 0))
> mydata <-scan("data.dat", what = list(Sex="", Weight=0, Height=0))
```

3. read.fwf()函数

read.fwf()函数的作用是读取文件中一些固定宽度的数据，依据设定的宽度将数据读取成指定的列，它的参数如表 3-6 所示，其语法格式为：

```
read.fwf(file, widths, header = FALSE, sep = "\t", skip = 0, row.names, col.names,
n = -1, buffersize = 2000, fileEncoding = "", …)
```

表 3-6　read.fwf()函数的参数

参　　数	解　　释
file	被读取的文件名，或是一个链接，需要时被打开，函数调用结束后被关闭
widths	整型向量，给出一行中多列的固定宽度，例如，将"001 2022.02.12 21:01:37 A"分为"001""2022.02.12 21:01:37"　"A"三列，则可设置 widths=c(4,20,1)，空格占 1 个字符，所以"001"的宽度设置为 4
header	逻辑值 TRUE 或 FALSE，若 header 设置为 TRUE，则将数据表的第一行作为标题；若 header 设置为 FALSE，则为数据表的标题自动赋值
sep	字符串型，内部使用的分隔符；需是文件中没有出现的字符（标头中除外）
skip	跳过的文件开头的行数
row.names	设置行名
col.names	设置列名
n	要读取的最大记录（行）数，默认为无限制
buffersize	一次读取的最大行数
fileEncoding	字符串：若是非空声明文件（不是连接）上使用的编码，则可以对字符串数据进行重新编码
…	要传递给 read.table 的更多参数。有用的此类参数包括 as.is、na.strings、colClasses 和 strip.white

用 read.fwf()函数读取数据，代码如下：

```
> mydata <-read.fwf("data.txt", widths=c(2, 3, 4), col.names=c("A","B","C"))
```

4. read.xlsx()函数

read.xlsx()函数是程序包 XLSX 中的函数，要使用这个函数，需先安装 XLSX 包。read.xlsx()函数的作用是读取 Excel 文件，它的参数如表 3-7 所示，其语法格式为：

```
read.xlsx(file, sheetIndex, sheetName = NULL, rowIndex = NULL, startRow = NULL,
```

```
endRow = NULL, colIndex = NULL, as.data.frame = TRUE, header = TRUE, colClasses
= NA, keepFormulas = FALSE, encoding = "unknown", …)
```

表 3-7　read.xlsx()函数的参数

参　　数	解　　释
file	要读取文件的路径和名称
sheetIndex	要读取的工作表在工作薄中的索引数字
sheetName	要读取的工作表在工作薄中的名称
rowIndex/colIndex	为空则提取所有行/列数据，为数字向量则指定想要提取的行/列
header	逻辑值 TRUE 或 FALSE，若 header 设置为 TRUE，则将数据表的第一行作为标题；若 header 设置为 FALSE，则为数据表的标题自动赋值
encoding	设定字符串编码格式
startRow/endRow	指定要开始/结束读取数据的行数，例如，startRow=2，则从数据表的第 2 行开始读取

读取 Excel 数据，代码如下：

```
> library(xlsx)
> data <-read.xlsx("c:/data/madata.xlsx",1)    #1 代表 sheet 的索引数字
```

3.1.3　选取子集

在数据分析中，往往并不需要对整个数据集进行分析，只需要对其中的某些列或行进行分析，所以在数据分析中，选取数据集的子集（某些列或行）是常用的操作。

创建一个用于示例的数据框，代码如下：

```
> StuID <-c(1001, 1002, 1003, 1004, 1005)
> date <-c("06/24/19", "06/27/19", "06/25/19", "06/28/19", "06/30/19")
> gender <-c("M", "M", "F", "M", "F")
> age <-c(22, 22, 21, 23, 21)
> C1 <-c(75, 83, 79, 91, 82)
> C2 <-c(64, 85, 67, 74, 69)
> C3 <-c(82, 76, 93, 75, 86)
> C4 <-c(87, 65, 94, NA, 76)
> C5 <-c(77, 95, 83, 91, NA)
> StuResult <-data.frame(StuID, date, gender, age, C1, C2, C3, C4, C5,
stringsAsFactors = FALSE)
```

选取子集的方法有如下 7 种。

（1）通过行数、列数选取子集。

语法格式为：

```
dataframe[row indices, colum indices]
```

代码如下：

```
> newdata <-StuResult [, c(2:5)]
```

（2）通过列名选取子集，代码如下：

```
> newdata <-StuResult [c("C1", "C2", "C3", "C4", "C5")] #只需要写列名即可，行
数取全量
```

（3）通过生成逻辑向量法选取子集，即根据给定的条件判断每一行是否满足条件，满足则为 TRUE，再通过 which()函数将值为 TRUE 的行所在的行号取出，最终将满足条件的行从数据集中取出，代码如下：

```
> newdata <-StuResult [which(StuResult$gender == "M" &StuResult$age > > 22),]
#which()函数给出了向量中值为 TRUE 元素的下标（行号）
```

（4）通过 subset()函数选取子集，此方法是将数据集、行筛选条件、列筛选条件分别作为 subset()函数的参数，通过此函数将满足条件的子集取出，代码如下：

```
> newdata <-subset(StuResult, age > = 35 | age < 24, select = c(C1, C2, C3,
C4))
> newdata <-subset(StuResult, gender == "M" & age > > 22, select = gender:C4)
```

（5）通过随机抽样选取子集。

从 StuResult 数据集中随机抽取一个大小为"3"（3 行）的样本，通过 sample()函数随机生成包含在数据集所有行号内的 3 个行号，以此行号为索引取出子集，代码如下：

```
> mysample <-StuResult [sample(1:nrow(StuResult),3,replace = F),]
```

（6）通过删除对应的行数、列数选取子集，代码如下：

```
> newdata <-StuResult [,-c(1:2)] #基于列
> newdata <-StuResult [-c(1:2),] #基于行
```

（7）通过 dplyr 包选取子集。

dplyr 包是用于数据整理的包，它提供了便捷的数据操作方式，用于选取子集的函数有 filter()、select()、sample_frac()、sample_n()。

安装及加载 dplyr 包，代码如下：

```
> install.packages("dplyr")
> library(dplyr)
```

选取年龄大于 22 岁的子集，代码如下：

```
> filter(StuResult,age> 22)
```

随机选取部分数据作为子集，以 0.5 为比例，随机选取数据集中一半行数的子集，代码如下：

```
> sample_frac(StuResult,0.5)
```

随机选择三条数据作为子集，代码如下：

```
> sample_n(StuResult,3)
```

使用 select()函数选择需要的列，代码如下：

```
> select(StuResult,age)
```

除选取子集外，dplyr 包还可以对数据进行排序、计算、重命名和格式转换等。

arrange()函数的作用是对数据集的所有行进行升序或者降序排列，代码如下：

```
> arrange(StuResult, age)#升序排列
> arrange(StuResult, desc(age))#降序排列
```

使用 mutate()函数进行列计算，对数据集中已有列进行数据运算，将运算后的结果添加为数据集的新列，并保存已有列和新列，代码如下：

```
> StuResult <-mutate(StuResult, C6 = C1+C2, C7 = 2 * C4)#创建新列
```

使用 rename()函数对字段进行重命名，代码如下：

```
> rename(StuResult, newC1 = C6, newC2 = C7)
```

格式转换将数据集的 data.frame 类型转化为 tibble 类型（tibble 是 R 语言中一个用来替换 data.frame 类型的扩展数据框，tibble 继承了 data.frame，同时与 data.frame 有相同的语法，使用起来更方便），从而使数据集更易于查看，代码如下：

```
> tbl_df(iris)
```

3.1.4 连接数据库

R 语言中的 RMySQL 包提供了连接和操作 MySQL 数据库的方法，包中有封装好的函数，可以对数据库进行数据存取等固定操作，也支持通过自定义的 SQL 语句对数据库进行操作。

安装并加载所需库，代码如下：

```
> install.packages("RMySQL")
> library(RMySQL)
```

连接和操作 MySQL 数据库的步骤如下。

1. 连接数据库

使用 dbConnect()函数连接数据库，其语法格式为：

```
dbConnect(驱动, dbname = "数据库名", username=" 用户名", password="密码", host="
主机名/ip", port=端口)
```

连接数据库，代码如下：

```
> mycon <-dbConnect(MySQL(), dbname = "z_demo", username=" root", password=
"1234", host="localhost", port=3306)
```

如果数据库中的数据表含有中文，那么要用以下语句设置编码，并要确保数据库的编码和设置的编码一致，否则容易出现中文乱码，代码如下：

```
> dbSendQuery(mycon,'SET NAMES GBK')#设置编码
```

查看数据库中的所有表名，代码如下：

```
> dbListTables(mycon)
```

关闭连接，代码如下：

```
> dbDisconnect(mycon)
```

2. 读取表

从数据库中读取表有三种方式，分别为使用 dbReadTable()函数、dbGetQuery()函数和 dbSendQuery()函数。

1）方式 1

使用 dbReadTable()函数读取表，其语法格式为：

```
dbReadTable(连接名，"表名"，…)
```

使用 dbReadTable()函数读取数据库中的 test 数据表，代码如下：

```
> db <-dbReadTable(mycon,"test")    #从连接 mycon 中读取名为"test"的表
```

2）方式 2

使用 dbGetQuery()函数获取查询结果，其语法格式为：

```
dbGetQuery(连接名，"SQL 语句"，…)    #通过 SQL 语句查询数据
```

使用 dbGetQuery()函数读取数据库中的 test 数据表，代码如下：

```
> db <-dbGetQuery(mycon, "SELECT * FROM test limit 3")#从连接 mycon 中读取名为
"test"的表的前 3 行
```

3）方式 3

使用 dbSendQuery()函数发送查询，其语法格式为：

```
dbSendQuery(连接名，SQL 语句，…)
```

使用 dbSendQuery()函数读取数据库中的 test 数据表，代码如下：

```
> z_test <-dbSendQuery(mycon, "SELECT * FROM test")
```

dbSendQuery()函数发送查询，此时并不会直接将查询结果读取到 R 语言中，而是生成一个查询结果的接口（游标），通过游标可对查询结果进行二次筛选，避免将查询结果一次性全部读取到内存中，此时可以用 dbFetch()函数二次筛选并获取游标结果，代码如下：

```
> db <-dbFetch(z_test, n=2)       #取前 2 条数据，n=-1 时是获取所有数据
> dbClearResult(z_test)           #清除游标
```

RMySQL 支持批量查询，在连接数据库时，设置参数 client.flag 为 CLIENT_MULTI_STATEMENTS，用于批量查询，代码如下：

```
> mycon <-dbConnect(MySQL(),dbname = "z_demo",username = "root",password =
"1234", host = "localhost",port = 3306,client.flag = CLIENT_MULTI_STATEMENTS)
> dbSendQuery(mycon,'SET NAMES GBK')                    #设置编码
> sql <-"SELECT * FROM Subject;SELECT * FROM test"#用 ";" 分开多个 select
> z_test1 <-dbSendQuery(mycon,sql)                     #发送 SQL 语句
> dbFetch(z_test1, n = -1)                             #默认获取第一个 select 的结果
```

```
> z_test2 <-dbNextResult(mycon)                    #切换下一个查询
> dbFetch(z_test2, n = -1)
> dbClearResult(z_test1)
> dbClearResult(z_test2)
```

3. 写入表

使用 dbWriteTable()函数将 R 语言中的数据表写入数据库中的数据表,其语法格式为:

```
dbWriteTable(连接名, "表名", 数据框, append= , overwrite= )
```

其中,append=T 表示追加新数据到数据库的原表中,overwrite=T 表示覆盖数据库中原表的数据。

如果表名不存在,那么自动在数据库中新建对应的数据表。

将 db 数据框追加到数据库的 z_test1 数据表中,代码如下:

```
> dbWriteTable(mycon," z_test1", db, append=T)
```

4. 删除表

使用 dbRemoveTable()函数删除数据库中的数据表,其语法格式为:

```
dbRemoveTable(连接名,"表名")
```

删除名为 z_test1 的表,代码如下:

```
> dbRemoveTable(mycon," z_test1")
```

3.2 数据分组、分割、合并和变形

在分析一个大型的结构化的数据集时,往往会从数据集中抽取出部分数据进行专项分析。结构化的数据集,更易于进行分组、分割、合并等处理,处理后的数据可以进行组内数据对比等分析。

3.2.1 数据分组

数据分组是将数据分成多个片段或组的方法。在统计学中,数据分组是非常重要的分析方法。它根据统计研究的需要,可以将原始数据按照某种标准划分成不同的组别。分组后的数据称为分组数据。

在 R 语言中可以通过 cut()函数和 plyr 包中的 ddply()函数进行数据分组。

1. cut()函数

cut()函数的作用是将连续型变量 x 分割为 n 个水平因子,它的参数如表 3-8 所示,其语法格式为:

```
cut(x, breaks, labels = NULL, include.lowest = FALSE, right = TRUE,
ordered_result = FALSE)
```

表 3-8　cut()函数的参数

参　　数	解　　释
x	要分割的数据对象
breaks	数值型数据，大于或等于 2，表示要分割成几个水平因子
labels	逻辑值 TRUE 或 FALSE，若是 TRUE 则表示输出因子水平标签
include.lowest	逻辑值 TRUE 或 FALSE，表明分组时分组的临界点是否包含在组内
right	逻辑值 TRUE 或 FALSE，默认值为 TRUE，为左开右闭（当 right = FALSE 时，区间左闭右开）
ordered_result	逻辑值 TRUE 或 FALSE，表明分组后是否转换成有序型因子

将数据自动平均分成 3 个分组，代码如下：

```
> x<-c(1:15)
> cut(x,3)
```

输出结果为：

```
[1]  (0.986,5.67]  (0.986,5.67]   (0.986,5.67]   (0.986,5.67]   (0.986,5.67]
(5.67,10.3]  (5.67,10.3]  (5.67,10.3]  (5.67,10.3]
[10] (5.67,10.3]  (10.3,15]    (10.3,15]    (10.3,15]    (10.3,15]    (10.3,15]
Levels: (0.986,5.67] (5.67,10.3] (10.3,15]
```

使用 cut()函数可以对日期型对象按照日期粒度（如周、月、季度或者年）进行分组。

创建日期向量，使用 as.Data()函数将文本转换成日期对象，代码如下：

```
> dates <-as.Date(c("2019-03-01", "2019-05-12", "2019-06-16", "2019-07-21"))
> dates
```

输出结果为：

```
[1] "2019-03-01" "2019-05-12" "2019-06-16" "2019-07-21"
```

将 dates 向量按月份分组，代码如下：

```
> dates.bymonth <-cut(dates, breaks = "month")
```

输出结果为：

```
[1] 2019-03-01 2019-05-01 2019-06-01 2019-07-01
Levels: 2019-03-01 2019-04-01 2019-05-01 2019-06-01 2019-07-01
```

将 dates 与 dates.bymonth 组合成新的数据框，代码如下：

```
> Dates <-data.frame(dates, dates.bymonth)
> Dates
```

输出结果为：

```
   dates dates.bymonth
1 2019-03-01    2019-03-01
2 2019-05-12    2019-05-01
```

```
3 2019-06-16    2019-06-01
4 2019-07-21    2019-07-01
```

2. plyr 包

plyr 包中有 ddply()函数，ddply()函数可以对数据进行分组，它的参数如表 3-9 所示，其语法格式为：

```
ddply(.data,.variables,.fun = NULL)
```

表 3-9   ddply()函数的参数

参　　数	解　　释
data	要分组的数据框
variables	要依据分组的字段
fun	在分组的基础上，应用于各个新字段汇总的函数，如 summarise

将鸢尾花数据集（R 语言自带的数据集）根据 Species 字段进行分组，代码如下：

```
> library(plyr)
> ddply(iris, "Species", summarise, N=length(Species), mean=mean(Sepal.Length),
sd=sd(Sepal.Length))
```

输出结果为：

```
  Species    N  mean       sd
1    setosa  50  5.006  0.3524897
2 versicolor  50  5.936  0.5161711
3 virginica  50  6.588  0.63587961
```

3.2.2　数据分割

数据分割指将数据分割成多个小片段。和数据分组不同的是，数据分割保留了数据的完整性，数据分割后还可以还原，而数据分组后可能无法还原回分组前的数据。对数据的分割转换，可以采用 split()函数来进行处理。split()函数的参数如表 3-10 所示，其语法格式为：

```
group <-split(X,f)
```

表 3-10   split()函数的参数

参　　数	解　　释
X	待分组的向量、矩阵或数据框
f	分割的依据

按照鸢尾花数据集的 Species 进行分割，代码如下：

```
> a<-split(iris,iris$Species)
```

计算 a 对象内各分组的长度，代码如下：

```
> sapply(a,length)
```

输出结果为：

```
setosa   versicolor    virginica
  5           5            5
```

split()函数还有一个逆函数 unsplit()，它可以让分割后的数据还原为原数据。和 split()函数功能接近的函数有 strsplit()函数（对字符串分割）及 subset()函数（对向量、矩阵或数据框按给定条件取子集）等。

3.2.3　数据合并

在实际应用中，需要分析的数据可能来自不同的数据集，如产品销售额来自销售报表，产品库存来自库存报表，此时就需要对销售报表与库存报表进行合并，数据合并可以将多个数据集合并成一个数据集。

1．横向合并

进行横向合并的前提是待合并的数据集中必须都有一个（或者多个）相同的关键变量，此关键变量是连接两个表的依据，只有具有相同关键变量的数据集才可以进行横向合并。数据横向合并可使用 merge()函数，其语法格式为：

```
merge(x, y, by = , by.x = , by.y = , all = , all.x = , all.y = , sort = , suffixes
= , incomparables = , …)
```

在使用 merge()函数时有以下注意事项。

（1）merge(a,b)指纯粹地把两个数据集合在一起，没有指定连接 a,b 数据集的关键变量by，这样出现的数据很多，相当于 a×b 条数据。

（2）merge()函数可设置多种连接方式，通过设置 all 相关参数实现。

- all=F 代表内连接，为默认值，可以匹配到 a,b 数据集的并集，即两个数据集中都有的数据才会被匹配出来进行合并。
- all=T 代表全连接，即将 a,b 表所有的数据都进行合并，匹配到的数据行合并到同一行，没有匹配到的数据直接合并到新的一行，同时将没有匹配到的字段填充为NA。
- all.x=T 代表左连接，以左表 a 为主表，右表 b 为副表，将 b 表中与 a 表匹配的部分合并到 a 表中。
- all.y=T 代表右连接，以左表 a 为副表，右表 b 为主表，将 a 表中与 b 表匹配的部分合并到 b 表中。

创建两张学生信息表，进行内连接合并（All=F，默认值，省略），代码如下：

```
> StuID<-c(1001,1002,1003,1004)
> name<-c("A","B","C","D")
> Result<-c(76,59,84,91)
> student1<-data.frame(StuID,name)
```

```
> student2<-data.frame(StuID,Result)
> student<-merge(student1,student2,by="StuID")
```

输出结果为：

```
  StuID name Result
1 1001    A    76
2 1002    B    59
3 1003    C    84
4 1004    D    91
```

用 merge()函数进行全连接合并（all=T），代码如下：

```
> a<-c("2","5","6")
> b<-c("6","7","8")
> x1<-data.frame(a,b)
> a<-c("2","5","9")
> c<-c("5","1","7")
> x2<-data.frame(a,c)
> merge(x1,x2,by="a",all=T) #所有数据列都放进来，空缺的补值为"NA"
```

输出结果为：

```
  a   b    c
1 2   6    5
2 5   7    1
3 6   8 <NA>
4 9 <NA>   7
```

用 merge()函数进行内连接合并（all=F，不省略），代码如下：

```
> merge(x1,x2,by="a",all=F) # all=F 为默认值，只取两者的共有的部分
```

输出结果为：

```
  a b c
1 2 6 5
2 5 7 1
```

2．纵向合并

纵向合并也称为追加合并，指在同一张表（具备相同字段）的基础上追加数据，列的数量不变，只增加行的数量。纵向合并可使用 rbind()函数，其参数如表 3-11 所示，其语法格式为：

```
rbind(…, deparse.level = 1, make.row.names = TRUE,
stringsAsFactors = default.stringsAsFactors(), factor.exclude = NA)
```

表 3-11　rbind()函数的部分参数

参　　　数	解　　　释
…	待合并的向量或者矩阵

参　　数	解　　释
deparse.level	整数值，控制非矩阵（向量）连接时构造标签（合并后矩阵的行标签）的方式。deparse.level = 0 是默认情况，不用构造标签。deparse.level = 1 时，从向量的对象名构造标签
make.row.names	仅适用于数据框，可创建行名称

用 rbind()函数合并两张数据框表格，代码如下：

```
> StuID<-c(1001,1002,1003)
> name<-c("A","B","C")
> student1<-data.frame(StuID,name)
> StuID<-c(1004,1005,1006)
> name<-c("D","E","F")
> student2<-data.frame(StuID,name)
> student<-rbind(student1,student2)
Student
```

输出结果为：

```
  StuID name
1  1001    A
2  1002    B
3  1003    C
4  1004    D
5  1005    E
6  1006    F
```

3.2.4　数据变形

数据变形用于改变数据框、列表等数据结构的维度结构。最基本的变形函数是 t()、stack()和 unstack()。t()为转置函数，stack()函数可以将多维表转变成一维，unstack()函数可以将一维表转变成多维表，还可以使用 reshape2 包的 melt()函数对数据进行多种变形。

1. t()函数

t()为转置函数，可将数据框做 90° 的旋转，即行变成列，列变成行。

对 iris 数据集做结构变形，代码如下：

```
> head(iris) #先观察 iris 的原有数据结构
```

输出结果为：

```
  Sepal.Length Sepal.Width Petal.Length Petal.Width Species
1          5.1         3.5          1.4         0.2  setosa
2          4.9         3.0          1.4         0.2  setosa
3          4.7         3.2          1.3         0.2  setosa
4          4.6         3.1          1.5         0.2  setosa
```

| 5 | 5.0 | 3.6 | 1.4 | 0.2 | setosa |
| 6 | 5.4 | 3.9 | 1.7 | 0.4 | setosa |

对 iris 数据集做转置，代码如下：

```
> head(t(iris))
```

输出结果为：

```
             [,1]     [,2]     [,3]     [,4]     [,5]
Sepal.Length "5.1"    "4.9"    "4.7"    "4.6"    "5.0"
Sepal.Width  "3.5"    "3.0"    "3.2"    "3.1"    "3.6"
Petal.Length "1.4"    "1.4"    "1.3"    "1.5"    "1.4"
Petal.Width  "0.2"    "0.2"    "0.2"    "0.2"    "0.2"
Species      "setosa" "setosa" "setosa" "setosa" "setosa"
```

2. unstack()函数

使用 unstack()函数生成多维表，代码如下：

```
> head(unstack(iris[c("Sepal.Length","Species")]))
```

输出结果为：

```
  setosa  versicolor  virginica
1   5.1       7.0        6.3
2   4.9       6.4        5.8
3   4.7       6.9        7.1
4   4.6       5.5        6.3
5   5.0       6.5        6.5
6   5.4       5.7        7.6
```

3. stack()函数

使用 stack()函数将多维表转变成一维表，代码如下：

```
> head(stack(unstack(iris[c("Sepal.Length","Species")])))
```

输出结果为：

```
  values  ind
1   5.1   setosa
2   4.9   setosa
3   4.7   setosa
4   4.6   setosa
5   5.0   setosa
6   5.4   setosa
```

4. melt()函数

使用 reshape2 包的 melt()函数实现数据变形。melt()函数的语法格式为：

```
melt(data, …, na.rm = FALSE, id.var="var", variable.name = " variable ",value.
name = "value")
```

其中，id.vars 可以指定一系列变量，生成的新数据会保留 id.vars 中指定的所有列，还会增加两个新列：variable 和 value，这两列由表中除 id.vars 指定之外的所有列变形而成，其中 variable 由原数据中的原列名组成，value 由原数据中的每行的数据值组成。

安装并加载 reshape2 包，代码如下：

```
> install.packages("reshape2")
> library(reshape2)
```

创建数据框，代码如下：

```
> student<-data.frame(StuID = c("1001","1002","1003","1004","1005"),
            Name = c("A","B","C","D","E"),
            score2013 = c(65,78,85,77,68),
            score2014 = c(75,58,78,56,78),
            score2015 = c(68,95,78,85,69),
            score2016 = c(86,75,76,85,95))
> student  #查看数据框
```

输出结果为：

```
  StuID Name score2013 score2014 score2015 score2016
1 1001   A      65        75        68        86
2 1002   B      78        58        95        75
3 1003   C      85        78        78        76
4 1004   D      77        56        85        85
5 1005   E      68        78        69        95
```

使用 melt()函数对数据进行变形，代码如下：

```
>melt(student,id.vars=c("StuID","Name"),variable.name="Year",value.name="score")
```

输出结果为：

```
   StuID Name      Year score
1  1001   A score2013    65
2  1002   B score2013    78
3  1003   C score2013    85
4  1004   D score2013    77
5  1005   E score2013    68
6  1001   A score2014    75
7  1002   B score2014    58
8  1003   C score2014    78
9  1004   D score2014    56
10 1005   E score2014    78
11 1001   A score2015    68
12 1002   B score2015    95
13 1003   C score2015    78
14 1004   D score2015    85
15 1005   E score2015    69
16 1001   A score2016    86
```

17	1002	B score2016	75
18	1003	C score2016	76
19	1004	D score2016	85
20	1005	E score2016	95

3.3 缺失值、异常值、重复值处理

在实际应用中，数据收集时由于各种硬件或软件问题，收集到的数据常常是不完整（缺失数据）、有噪声（异常数据干扰）、不一致的。在开始分析前要发现并纠正数据文件中可识别的错误，包括检查数据一致性，处理缺失值、异常值和重复值等。

3.3.1 缺失值

缺失值是指数据集中未知、未收集的值，如果缺失值会影响到后续的数据分析，则必须要对缺失值进行处理。R 语言处理缺失值时主要用到 mice 包和 VIM 包。

处理缺失值的步骤如下。

（1）识别缺失值。

（2）检查导致数据缺失的原因。

（3）删除包含缺失值的实例或用合理的数值代替（插补）缺失值。

1. 识别缺失值

在 R 语言中有如下几种缺失值类型。

NA：代表缺失值。

NaN：代表不可能的值。

Inf：代表正无穷。

-Inf：代表负无穷。

R 语言提供了如下一系列的函数识别缺失值。

is.na()：识别缺失值。

is.nan()：识别不可能值。

is.infinite()：识别无穷值。

complete.cases()：识别矩阵或数据框中没有缺失值的行，若每行都包含完整的实例，则返回 TRUE；若每行有一个或多个缺失值，则返回 FALSE。

is.na()、is.nan()和 is.infinite()函数的返回值示例，如表 3-12 所示。

表 3-12 判断缺失值的函数返回值示例

x	is.na（x）	is.nan（x）	is.infinite（x）
x<-NA	TRUE	FALSE	FALSE
x<-0/0	TRUE	TRUE	FALSE
x<-1/0	FALSE	FALSE	TRUE

1）使用 mice 包识别缺失值

mice 包中的 md.pattern()函数可以生成一个以矩阵或数据框形式展示缺失值的表格，代码如下：

```
> install.packages("mice")
> install.packages("VIM")
> library(mice)
> data(sleep,package="VIM")    #加载 VIM 包中的 sleep 数据集
> md.pattern(sleep)
```

输出结果为：

```
   BodyWgt BrainWgt Pred Exp Danger Sleep Span Gest Dream NonD
42       1        1    1   1      1     1    1    1     1    0
 9       1        1    1   1      1     1    1    0     0    2
 3       1        1    1   1      1     1    0    1     1    1
 2       1        1    1   1      1     0    1    1     1    1
 1       1        1    1   1      1     0    1    0     0    3
 1       1        1    1   1      1     0    0    1     1    2
 2       1        1    1   1      0     1    1    1     0    2
 2       1        1    1   1      0     1    1    0     0    3
         0        0    0   0      0     4    4    4    12    14   38
```

结果中 1 为无缺失，0 为缺失，结果分析如下。

从行的角度看，第一行 "42 1 1 1 1 1 1 1 1 1 1 0" 包括 12 个值，第 2~10 个值 "1 1 1 1 1 1 1 1 1" 组成了缺失特征（数据集中每一个字段的缺失情况）；第 1 个值 "42" 表示的是数据集中第 2~10 个值所组成的缺失特征的样本数量；最后一个值 "0" 表示这个缺失特征中缺失值的数量。

从列的角度看，第 2~10 列显示的是每一列的缺失特征中的缺失情况，每列最后一行的值为汇总值，第 2 列表示 BodyWgt 字段没有缺失值，为 0。

2）使用 VIM 包识别缺失值

VIM 包中提供了一些能将数据的缺失值情况进行图形可视化呈现的函数：aggr()、matrixplot()、scattMiss()等。

aggr()函数的参数如表 3-13 所示。aggr()函数可生成两张描述数据集的缺失值图（见图 3-1），左图显示各字段的缺失值数量，右图显示各种缺失特征和对应的样本数量。

表 3-13　aggr()函数的参数

参　　数	解　　释
x	向量、矩阵或数据框
prop	逻辑值 TRUE 或 FALSE，指示是否应使用缺失/估算值和组合的比例
plot	逻辑值 TRUE 或 FALSE，指示是否应绘制结果（默认为 TRUE）
...	可传递给 plot.aggr（作图）的其他参数和图形参数。如不传递其他参数，将自动设置图形

aggr()函数的语法格式为：

```
aggr(x, prop = TRUE, plot = TRUE, …)
```

使用 aggr()函数查看 sleep 数据集的缺失值，代码如下：

```
> library(VIM)
> aggr(sleep,prop=FALSE,numbers=TRUE)
```

输出结果如图 3-1 所示。

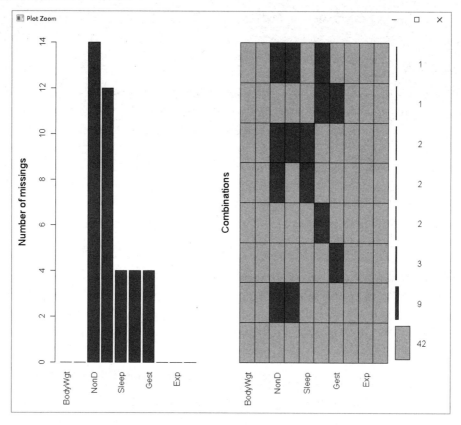

图 3-1　缺失值数量及分布

从图 3-1 的左图可以知道数据集中缺失 NonD 字段的数据高达 14 个，从右图可以知道有 42 个样本是完整的，有 9 个样本同时缺失了 NonD 和 Dream 字段。

marginplot()函数的参数如表 3-14 所示，marginplot()函数可生成一幅散点图，在图形边界展示两个变量之间的缺失值信息，其语法格式为：

```
marginplot(x, col = c("skyblue", "red", "red4", "orange", "orange4"),pch = c(1,
16))
```

表 3-14　marginplot()函数的参数

参　　数	解　　释
x	有两列的矩阵或数据框
col	用于显示图形中的颜色
pch	用于设置图形的显示样式

使用 marginplot()函数查看 sleep 数据集的缺失值分布，代码如下：

```
> library(VIM)
> marginplot(sleep[c("Gest","Dream")],pch=c(20),col=c("darkgray","red","blue"))
```

输出结果如图 3-2 所示。

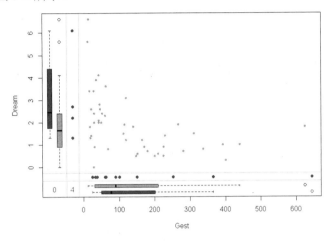

图 3-2　Dream 与 Gest 的数据及缺失值分布（扫码看彩图）

图 3-2 中，从散点图的分布情况可以看出 Dream 和 Gest 基本呈负相关，左边 4 个红色点表示 Dream 有值但 Gest 缺失值的 Dream 值，右边 12 个红色点表示 Gest 有值但 Dream 缺失值的 Gest 值，最左侧的两个箱线图分别是缺失了 Gest 值的 Dream 值和正常 Dream 值的数值大小分布，最下方的两个箱线图分别是缺失了 Dream 值的 Gest 值和正常 Gest 值的数值大小分布，此方法的缺陷是只能同时看两个指标。

3）使用 matrixplot()函数识别缺失值

matrixplot()函数可生成展示每个实例数据的图形，其部分参数如表 3-15 所示，其语法格式为：

```
matrixplot(x, delimiter = NULL, sortby = NULL, col = c("red", "orange"),
 fixup = TRUE, xlim = NULL, ylim = NULL, main = NULL, sub = NULL,
 xlab = NULL, ylab = NULL, axes = TRUE, labels = axes, xpd = NULL,
 interactive = TRUE, …)
```

表 3-15　matrixplot()函数的部分参数

参　数	解　释
x	一个矩阵或数据框
sortby	一个数字或字符串值，该变量用于对数据矩阵进行排序，若该变量等于 NULL，则在不进行排序的情况下绘图
xlim, ylim	坐标轴的取值极限
main, sub	主标题和子标题
xlab, ylab	坐标轴标签
axes	逻辑值 TRUE 或 FALSE，指示是否要在图中绘制坐标轴
labels	逻辑值 TRUE 或 FALSE，指示是否要在每列下绘制标签，或者用一个字符向量给定标签

使用 matrixplot()函数查看 sleep 数据集的数据示例分布，代码如下：

```
> matrixplot(sleep)
```

输出结果如图 3-3 所示。

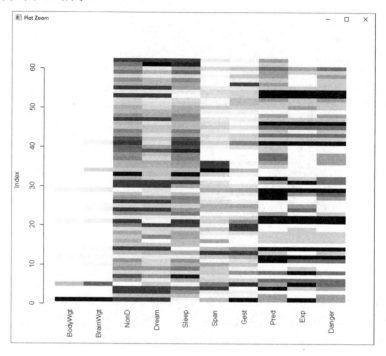

图 3-3　缺失值分布及数值分布（扫码看彩图）

图 3-3 中，Index 表示的是数据集的行索引，灰度颜色越浅表示对应的值越小，灰度颜色越深表示值越大，红色表示对应的值为缺失值。

4）用相关性识别缺失值

用数值 1 和 0 替代数据集中的数据（1 表示缺失，0 表示存在），这样生成的新数据集称为影子矩阵。

求这些指示变量间和它们对应的初始（可观测）变量间的相关性，有助于观察哪些变量常一起缺失，以及分析变量"缺失"与其他变量间的关系。

创建 sleep 数据集的影子矩阵，代码如下：

```
> x <-as.data.frame(abs(is.na(sleep)))
> head(x,n=5)
```

输出结果为：

	BodyWgt	BrainWgt	NonD	Dream	Sleep	Span	Gest	Pred	Exp	Danger
1	0	0	1	1	0	0	0	0	0	0
2	0	0	0	0	0	0	0	0	0	0
3	0	0	1	1	0	0	0	0	0	0
4	0	0	1	1	0	1	0	0	0	0
5	0	0	0	0	0	0	0	0	0	0

相关性函数为 cor()，cor() 函数的参数如表 3-16 所示，其语法格式为：

```
cor(x, y = NULL, use = "everything", method = c("pearson", "kendall", "spearman")),
na.rm=FALSE)
```

表 3-16　cor()函数的参数

参　　数	解　　释
x	数值型向量、矩阵或数据框
y	默认为 NULL，或者是向量、矩阵和 x 的维度对应的数据框
na.rm	逻辑值 TRUE 或 FALSE，表示是否要移除缺失值
use	可选字符串，提供了一种在缺失值的情况下计算协方差的方法，必须是以下字符串之一："everything" "all.obs" "complete.obs" "na.or.complete"或"pairwise.complete.obs"
method	指示要计算哪个相关系数（或协方差）的字符串。"pearson"（默认），"kendall"或"spearman"可以缩写

通过对每一列求方差，筛选出方差大于 0 的列，即有缺失值的列，再求有缺失值的列与 sleep 所有列之间的相关性，代码如下：

```
> y <-x[which(apply(x,2,sd)>0)]              #筛选出有缺失值的列
> cor(sleep,y,use="pairwise.complete.obs")   #查看有缺失值的列和其他变量的相关性
```

输出结果为：

```
             NonD        Dream        Sleep        Span          Gest
BodyWgt   0.22682614   0.22259108   0.001684992 -0.05831706  -0.05396818
BrainWgt  0.17945923   0.16321105   0.007859438 -0.07921370  -0.07332961
NonD            NA           NA           NA     -0.04314514  -0.04553485
Dream    -0.18895206          NA    -0.188952059  0.11699247   0.22774685
Sleep    -0.08023157  -0.08023157          NA     0.09638044   0.03976464
Span      0.08336361   0.05981377   0.005238852          NA   -0.06527277
Gest      0.20239201   0.05140232   0.159701523 -0.17495305          NA
Pred      0.04758438  -0.06834378   0.202462711  0.02313860  -0.20101655
Exp       0.24546836   0.12740768   0.260772984 -0.19291879  -0.19291879
Danger    0.06528387  -0.06724755   0.208883617 -0.06666498  -0.20443928
```

2. 检查导致缺失值产生的原因

在数据收集的阶段，如果收集时没有填写对应的资料就会导致缺失值的产生。在处理数据时也可能因操作失误产生缺失值。

3. 处理缺失值

处理缺失值可使用多重插补（MI）法，多重插补法是一种基于重复模拟的缺失值处理方法。它是把一个包含缺失值的数据集填补缺失值后生成一个完整的模拟数据集，再重复该填补过程以生成多个模拟数据集的方法。每个模拟数据集中，缺失值将使用蒙特卡洛方法（通过随机抽样来预测缺失值的数值）来填补。此时，对每个模拟数据集用标准的统计方法（线性回归等）统计并输出一组结果，再通过组合输出结果并给出估计的结果，确定缺失值的填补值。在 R 语言中 Amelia、mice 和 MI 等包可使用多重插补法处理缺失值，本

节将介绍 mice 包。

mice 包中的 mice()函数首先对一个包含缺失值的数据框进行多次的缺失值插补，然后返回一个包含多个完整数据集的对象。每个完整数据集都是通过对原始数据框中的缺失值进行插补而生成的。mice()函数的部分参数如表 3-17 所示。

mice()函数的语法格式为：

```
mice(data, m = 5, method = vector("character", length = ncol(data)),
where = is.na(data), visitSequence = NULL,
defaultMethod = c("pmm","logreg", "polyreg", "polr"),
maxit = 5, printFlag = TRUE, seed = NA,
imputationMethod = NULL, defaultImputationMethod = NULL, data.init = NULL, …)
```

表 3-17 mice()函数的部分参数

参 数	解 释
data	数据框或者包含不完全数据的矩阵，缺失值被编码为 NA
m	多重插补数，默认为 m=5
method	一个字符串，或者长度与数据集列数相同的字符串向量，用于指定数据中的每一列采用的插补方法，单一字符串指定所有列用相同的方法插补，字符串向量指定不同列采用不同的方法插补，默认插补法取决于需要插补的目标列，并由 defaultMethod 指定参数
where	具有与数据相同维度的数据框或矩阵，指示应在数据中的何处创建插补。默认 where = is.na（data），指定应估算丢失的数据
visitSequence	指定在随机抽样时的序列
defaultMethod	一个向量，用于指定每个数据集采用的插补建模方法，可供选择的方法有多种，"pmm"表示用预测的均值匹配，"logreg"表示用逻辑回归拟合，"polyreg"表示多项式拟合，"polr"表示采用比例优势模型拟合等
maxit	迭代次数。默认值为 5
printFlag	如果为 TRUE，将在控制台上打印历史记录
seed	用于 set.seed()函数的参数，可抵消随机抽取，产生一个特定的伪随机序列
data.init	用于在迭代过程开始之前初始化插补
…	其他参数

mice 包中的 with()函数可依次对每个完整数据集应用统计方法模型。mice 包中的 pool()函数将这些单独的分析结果整合为一组结果，并通过最终模型的标准误差和 p 值评估结果，标准误差和 p 值都可以准确地反映因缺失值和多重插补产生的不确定性。

基于 mice 包的插补过程，代码如下：

```
> library(mice)
> data(sleep,package="VIM")
> head(sleep)
```

输出结果为：

```
  BodyWgt BrainWgt NonD Dream Sleep Span Gest Pred Exp Danger
1 6654.000  5712.0   NA    NA   3.3 38.6  645    3   5      3
2    1.000     6.6  6.3   2.0   8.3  4.5   42    3   1      3
3    3.385    44.5   NA    NA  12.5 14.0   60    1   1      1
4    0.920     5.7   NA    NA  16.5   NA   25    5   2      3
```

```
5   2547.000    4603.0   2.1  1.8   3.9  69.0   624   3   5   4
6     10.550     179.5   9.1  0.7   9.8  27.0   180   4   4   4
```

对 sleep 数据集进行缺失值插补，代码如下：

```
> imp<-mice(sleep, m = 5, meth = "pmm", seed = 1234)
```

"m=5"指的是插补数据集的数量，"5"是默认值。"meth="pmm""指的是使用预测均值匹配（Predictive Mean Matching，PMM）作为插补方法，代码如下：

```
> summary(imp)
> imp$imp  #查看插补的数据
```

使用 complete()函数可观察 5 个插补数据集中的任意一个，action 参数用于指定查看哪一个插补数据集，代码如下：

```
> head(complete(imp,action=3))
```

输出结果为：

```
  BodyWgt   BrainWgt  NonD Dream Sleep Span Gest  Pred Exp Danger
1 6654.00     5712.0   3.3   0.5   3.3 38.6  645    3   5      3
2    1.00        6.6   6.3   2.0   8.3  4.5   42    3   1      3
3    3.38       44.5  10.4   2.3  12.5 14.0   60    1   1      1
4    0.92        5.7  14.3   2.2  16.5  2.0   25    5   2      3
5 2547.00     4603.0   2.1   1.8   3.9 69.0  624    3   5      4
6   10.55      179.5   9.1   0.7   9.8 27.0  180    4   4      4
```

如果要删除缺失值的话，可以使用 complete.cases()函数或 na.omit()函数，两种方法的结果一致，代码如下：

```
> sleep[complete.cases(sleep),]
```

```
> na.omit(sleep)
```

3.3.2　异常值

异常值（Outlier）又称离群值，指一组测定值中与平均值的偏差超过两倍标准差的测定值。与平均值的偏差超过三倍标准差的测定值，称为高度异常的异常值。异常值一般明显大于或小于其他观测值，故不难发现或剔除。常见的异常值处理办法是删除法、盖帽法、插补法。除了直接删除，还可以先把异常值变成缺失值，然后使用插补法补齐缺失值。

实践中，处理异常值一般先把异常值划分为 NA 缺失值，然后使用插补法补齐缺失值；或者将数据返回到收集阶段，对数据进行修整。

1. 箱线图检测异常值

箱线图检测包括四分位数检测和异常值数据点检测。箱线图绘画结果中会自带异常值，异常值根据上下边界进行判定。上下边界，分别是 $Q3+(Q3-Q1)$ 和 $Q1-(Q3-Q1)$，其中 Q3 表示该组数据的四分之三位数（75%分位数），Q1 表示该组数据的四分之一位数（25%分位数）。

用箱线图检测异常值，代码如下：

```
> name<-c("A","B","C","D","E","F")
> score<-c(79,82,86,67,92,63)
> scoredata<-data.frame(name,score)
> boxplot(scoredata$score)
```

图 3-4 中，在箱型上标记出来的点就是离群点，也称为异常值。

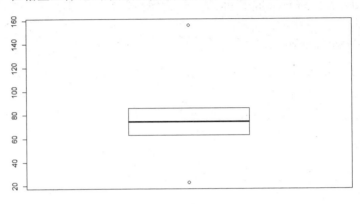

图 3-4   箱线图

2. 盖帽法处理异常值

盖帽法是指将数据集的最大和最小的一部分数据切割掉或者替换成指定的值，比如，替换数据集中 99%分位数以上和 1%分位数以下的点，使 99%分位数以上的点值等于 99%分位数的点值，小于 1%分位数的点值等于 1%分位数的点值。

获取数据集 scoredata 的异常数据，代码如下：

```
> q1<-quantile(scoredata$score, 0.01)      #取得1%分位数的点值
> q99<-quantile(scoredata$score, 0.99)     #取得99%分位数的点值
> scoredata[scoredata$score<q1,]           #取得小于1%分位数的数据值
```

输出结果为：

```
  name score
1    A    23
```

代码如下：

```
> q<-scoredata[scoredata$score> q99,]      #取得大于99%分位数的数据值
> q
```

输出结果为：

```
  name score
5    E   156
```

用 which()函数找到异常值，代码如下：

```
> which(scoredata$score==q$score)
```

输出结果为：

```
[1] 5
```

使用丢弃法剔除异常值，代码如下：

```
> scoredata.s<-scoredata[-which(scoredata$score==q$score),]
> scoredata.s
```

输出结果为：

```
  name score
1    A    23
2    B    82
3    C    86
4    D    67
6    F    63
```

使用均值替换异常值，代码如下：

```
> scoredata[which(scoredata$score==q$score),2]<-mean(scoredata.s$score)
> scoredata
```

输出结果为：

```
  name score
1    A  23.0
2    B  82.0
3    C  86.0
4    D  67.0
5    E  64.2
6    F  63.0
```

3.3.3　重复值

重复值是指数据集中相同的数据或行。数据集中出现重复值一般需要进行删除。unique()函数用于删除重复项，其参数如表 3-18 所示，其语法格式为：

```
unique(x, incomparables = FALSE, fromLast = FALSE, nmax = NA, MARGIN = 1, …)
```

表 3-18　unique()函数的参数

参　　数	解　　释
x	向量、数据框、数组
incomparables	指定不去重的值。FALSE 是默认值，表示可以比较所有值
fromLast	逻辑值 TRUE 或 FALSE，为 TRUE 时表示从反方向（数据集结尾开始比较）去重
nmax	期望非重复项的最大个数
MARGIN	默认值为 1，表示按行进行去重
…	特定方法的参数

创建带有重复值的数据集，第 1 条和第 3 条记录是重复的，代码如下：

```
> name<-c("A","B","A","D","E","F")
> score<-c(86,82,86,67,156,87)
> scoredata<-data.frame(name,score)
```

unique()函数默认的是 fromLast=FALSE，即若样本点重复出现，则取首次出现的，否则取最后一次出现的。列名不变，去掉重复样本值之后的行名位置仍为原先的行名位置，代码如下：

```
> unique(scoredata)
```

输出结果为：

```
  name score
1   A    86
2   B    82
4   D    67
5   E   156
6   F    87
```

取最后一次出现的重复数据，代码如下：

```
> unique(scoredata,fromLast = TRUE)
```

输出结果为：

```
  name score
2   B    82
3   A    86
4   D    67
5   E   156
6   F    87
```

3.4　数据类型的转换

数据类型的转换是指将数据（变量、数值、表达式的结果等）从一种类型转换为另一种类型。在 R 语言中读取数据后某些字段的数据类型并不符合字段的原类型，或者不符合即将分析时所需要的数据类型，此时就需进行数据类型的转换。

3.4.1　判断数据类型函数

R 语言中有多种数据类型，许多数据操作会指定数据类型，可以使用特定的函数判断数据类型，判断数据类型的函数如表 3-19 所示。

表 3-19　判断数据类型的函数

函　　数	解　　释
is.numeric()	判断是否为数值型数据
is.character()	判断是否为字符串型数据
is.vector()	判断是否为向量数据

函　数	解　释
is.matrix()	判断是否为矩阵数据
is.data.frame()	判断是否为数据框数据
is.factor()	判断是否为因子数据
is.logical()	判断是否为逻辑型数据

运行判断数据类型函数后，会依据数据的类型判断是否匹配并返回逻辑值 TRUE 或 FALSE。

判断数据类型，代码如下：

```
> a<-c(1,2,3)
> is.numeric(a)
```

输出结果为：

```
[1] TRUE
```

代码如下：

```
> is.vector(a)
```

输出结果为：

```
[1] TRUE
```

3.4.2　转换数据类型的函数

在某些场景中数据类型需要进行转换，转换数据类型的函数如表 3-20 所示。

表 3-20　转换数据类型的函数

函　数	解　释
as.numeric()	转换为数值型
as.character()	转换为字符串型
as.vector()	转换为向量
as.matrix()	转换为矩阵
as.data.frame()	转换为数据框
as.factor()	转换为因子
as.logical()	转换为逻辑型

将数值向量转换为字符串向量，代码如下：

```
> a<-c(1,2,3)
> a
```

输出结果为：

```
[1] 1 2 3
> a<-as.character(a)
```

```
> a
```

输出结果为:

```
[1] "1" "2" "3"
```

代码如下:

```
> is.numeric(a)
```

输出结果为:

```
[1] FALSE
```

代码如下:

```
> is.vector(a)
```

输出结果为:

```
[1] TRUE
```

代码如下:

```
> is.character(a)
```

输出结果为:

```
[1] TRUE
```

3.5 提取字符

提取字符是指从一段字符串中提取某些符合要求的字符。在实际应用中,分析时需要的数据往往包含在一个字符串中,例如,字符串"售价:19 元",分析时所需的信息只有"19",此时,就要从该字符串中提取字符。R 语言中常用 stringr 包处理字符串。

3.5.1 截取字符

截取字符是从字符串中将目标字符提取出来,截取字符可使用 substring()函数,其参数如表 3-21 所示,其语法格式为:

```
substring(x,first,last)
```

表 3-21   substring()函数的参数

参　　数	解　　释
x	字符向量输入
first	需提取的字符起始位置
last	需提取字符的结束位置

用 substring()函数提取字符操作,代码如下:

```
> a<-c("name","gender","score")
> substring(a,1,2)
```

输出结果为：

```
[1] "na" "ge" "sc"
```

3.5.2　正则表达式

正则表达式，又称规则表达式，通常被用来检索、替换那些符合某个模式（规则）的文本。在 R 语言中调用正则表达式可使用 grep 函数族。grep 函数族可通过正则表达式在给定的对象中搜索文本。其中，grep()函数输出向量的下标或值；grepl()函数返回匹配与否的逻辑值；regexpr()、gregexpr()和 regexec()函数可以查找到某些字符在字符串中出现的具体位置和字符串长度信息，可以用于字符串的提取操作。

1．grep()函数

grep()函数的参数如表 3-22 所示，其语法格式为：

```
grep(pattern, x, ignore.case= FALSE, perl = FALSE, value = FALSE, fixed = FALSE,
useBytes = FALSE, invert = FALSE)
```

表 3-22　grep()函数的参数

参　　数	解　　释
pattern	字符串表示的正则表达式，或者字符串（fixed = TRUE）
x	寻求匹配的字符向量，或可以通过 as.charerer 强制转换为字符向量的对象，支持长向量
ignore.case	逻辑值，FALSE 表示区分大小写，TRUE 表示不区分
perl	逻辑值，是否使用 perl 风格的正则表达式，FALSE 表示不使用，TRUE 表示使用
value	逻辑值，FALSE 返回匹配元素的下标，TRUE 返回匹配的元素值
fixed	逻辑值，FALSE 表示正则表达式匹配，TRUE 为精确匹配
useBytes	逻辑值，FALSE 表示按字符匹配，TRUE 表示按字节匹配
invert	逻辑值，FALSE 查找匹配值，TRUE 返回不匹配元素下标或值（根据 value 值）

查找含有字符"a"或者"d"的字符串，返回匹配的下标，代码如下：

```
> grep("[ad]",c("name", "gender", "score"))
```

输出结果为：

```
[1] 1 2
```

查找含有字符"a"或者"d"的字符串，返回不匹配的下标，代码如下：

```
> grep("[ad]",c("name", "gender", "score"), invert = TRUE)
```

输出结果为：

```
[1] 3
```

点号（.）匹配任意字符，返回下标，代码如下：

```
> grep("m.u",c("nose", "mouse", "mouth"))
```

输出结果为：

```
[1] 2 3
```

点号（.）匹配任意字符，将 value 设置为 TRUE，返回匹配的值，代码如下：

```
> grep("m.u",c("nose", "mouse", "mouth"), value = TRUE)
```

输出结果为：

```
[1] "mouse" "mouth"
```

"$"匹配一个字符串的结尾，返回以"e"结尾的字符串，代码如下：

```
> grep("e$",c("nose", "mouse", "mouth"), value = TRUE)
```

输出结果为：

```
[1] "nose" "mouse"
```

^匹配一个字符串的开始，返回以"m"开始的字符串，代码如下：

```
> grep("^m",c("nose", "mouse", "mouth"), value = TRUE)
```

输出结果为：

```
[1] "mouse" "mouth"
```

匹配以"e"开头（不一定要求是字符串第一个字符），接着方括号中任意一个字符，最后以"r"结尾的字符串，代码如下：

```
> grep("e[acdfg]r",c("ear", "hear", "face"), value = TRUE)
```

输出结果为：

```
[1] "ear" "hear"
```

[^a]表示匹配任意不是"a"的元素，代码如下：

```
> grep("e[^a]r",c("ear", "error", "face"), value = TRUE)
```

输出结果为：

```
[1] "error"
```

(a|r)表示匹配"a"或者"r"，代码如下：

```
> grep("e(a|r)r",c("ear", "error", "face"), value = TRUE)
```

输出结果为：

```
[1] "ear"   "error"
```

r{2}表示匹配字符串"rr"，{n}表示匹配 n 个字符，代码如下：

```
> grep("r{2}",c("ear", "error", "face"), value = TRUE)
```

输出结果为：

```
[1] " error"
```

(an){2}表示匹配字符串"anan"，{n}表示匹配 *n* 个字符，代码如下：

```
> grep("(an){2}",c("apple", "pear", " banana"), value = TRUE)
```

输出结果为：

```
[1] " banana"
```

?表示匹配前面的子表达式零次或一次，代码如下：

```
> grep("e(a)?r",c("ear", "error", "face"), value = TRUE)
```

输出结果为：

```
[1] "ear"   "error"
```

*表示匹配前面的子表达式任意次，可匹配任意次的"a"，代码如下：

```
> grep("ea*r",c("ear", "error", "eaaar"), value = TRUE)
```

输出结果为：

```
[1] "ear"   "error" "eaaar"
```

+匹配前面的子表达式一次或多次（大于或等于 1），代码如下：

```
> grep("ea+r",c("ear", "error", "eaaar"), value = TRUE)
```

输出结果为：

```
[1] "ear"   "eaaar"
```

查找含有字符"a"或"d"的字符串，返回与向量长度相同的逻辑向量，代码如下：

```
> grepl("[ad]",c("name", "gender", "score"))
```

输出结果为：

```
[1]  TRUE  TRUE FALSE
```

2. gregexpr()函数

gregexpr()函数返回匹配结果的具体位置及字符串长度信息，可以用于字符串的提取操作，其函数的参数如表 3-23 所示，语法格式为：

```
gregexpr(pattern, text, ignore.case = FALSE, perl = FALSE, fixed = FALSE,
useBytes = FALSE)
```

返回匹配列表包含字符的位置及匹配长度（匹配多次），不匹配字符返回-1，代码如下：

```
> gregexpr("ea*r",c("ear", "error", "eaaar"))
```

输出结果为：

```
[[1]]
[1] 1
attr(,"match.length")
[1] 3
```

```
attr(,"index.type")
[1] "chars"
attr(,"useBytes")
[1] TRUE

[[2]]
[1] 1
attr(,"match.length")
[1] 2
attr(,"index.type")
[1] "chars"
attr(,"useBytes")
[1] TRUE

[[3]]
[1] 1
attr(,"match.length")
[1] 5
attr(,"index.type")
[1] "chars"
attr(,"useBytes")
[1] TRUE
```

表 3-23　gregexpr()函数的参数

参　　数	解　　释
pattern	包含要在给定字符向量中匹配正则表达式的字符串（或 fixed = TRUE 的字符串）
text	寻求匹配的字符向量，或表示可以通过 as.charerer 强制转换为字符向量的对象，支持长向量
ignore.case	逻辑值 TRUE 或 FALSE，若为 FALSE，则模式匹配区分大小写；若为 TRUE，则在匹配期间忽略大小写
perl	逻辑值 TRUE 或 FALSE，表示是否使用 perl 风格的正则表达式，FALSE 表示不使用，TRUE 表示使用
fixed	逻辑值 TRUE 或 FALSE，若为 TRUE，则表示精确匹配；若为 FALSE，则为正则表达式匹配
useBytes	逻辑值 TRUE 或 FALSE，若为 TRUE，则匹配是逐字节进行的，而不是逐字符进行的

第4章 探索性数据分析

【内容概述】
1）掌握 R 语言中的描述性统计方法。
2）掌握 R 语言中箱线图、直方图、散点图、饼图的制作方法。

4.1 描述性统计方法

描述性统计是指运用制表、分类、图形及计算概括性数据来描述数据特征的各项活动。描述性统计分析要对调查总体所有变量的有关数据进行统计性描述，主要包括数据的频数分析、集中趋势分析、离散程度分析、分布及一些基本的统计图形。

4.1.1 常用统计指标

描述性统计包含多种基本描述统计指标，让用户对于数据结构可以有一个初步的认识，包含以下几种。

- 基本信息：样本数、总和。
- 集中趋势：均值、中位数、众数。
- 离散趋势：方差（标准差）、变异系数、全距（最小值、最大值）、内四分位距（25%分位数、75%分位数）。
- 分布描述：峰度系数、偏度系数。

用户可选择多个变量同时进行计算，也可选择分组变量进行多组别的统计指标计算。R 语言提供了不同统计指标的实现方式。

1）样本数

定义：样本数即样本量，是一个样本中所包含的单位数。

函数：length(x)

2）总计

定义：数值的相加总和。

函数：sum(x)

3）均值

定义：均值也称为平均数，是表示一组数据集中趋势的量数，是指在一组数据中所有数据之和再除以这组数据的个数。

函数：mean(x)

4）中位数

定义：中位数描述数据中心位置的数字特征。大体上比中位数大或小的数据个数为整个数据的一半。对于对称分布的数据，均值与中位数比较接近；对于偏态分布的数据，均值与中位数不同。中位数的又一显著特点是不受异常值的影响，具有稳健性，因此它是数据分析中相当重要的统计量。

函数：median(x)

5）众数

定义：众数是在统计分布上具有明显集中趋势点的数值，代表数据的一般水平（众数可以不存在或多于一个）。

实现方法：names(table(x))[which.max(table(x))]

6）方差、标准差

定义：样本中各数据与样本平均数的差的平方和的平均数叫作样本方差；样本方差的算术平方根叫作样本标准差。样本方差和样本标准差都是衡量一个样本波动大小的量，样本方差或样本标准差越大，样本数据的波动就越大。

函数：方差 var(x)，标准差 sd(x)

7）变异系数

定义：在概率论和统计学中，变异系数又称"离散系数"，是概率分布离散程度的一个归一化量度。

实现方法：sd(x)/mean(x)

8）全距、最小值、最大值

定义：全距（Range）又称极差，是用来表示统计资料中的变异量数（Measures of Variation）最大值与最小值之间的差距，即最大值减最小值后所得之数据。全距可以用 ω（读作 omega）来表示。

函数：最大值 max(x)、最小值 min(x)、全距 range(x)

9）四分位距

定义：四分位距（Interquartile Range，IQR）又称四分差，是描述性统计中的一种方法，可以确定第三四分位数和第一四分位数的分别（即 Q_1，Q_3 的差距）。与方差、标准差一样，表示统计资料中各变量分散情形，但四分差更多为一种稳健统计（Robust Statistic）。

函数：quantile(x)、fivenum(x)

4.1.2 数据总结

R 语言提供了大量对数据集进行描述性统计的包，以方便用户调用。

1. summary()函数

summary()函数可以获取描述性统计指标，提供最小值、最大值、四分位距和数值型变量的均值，以及因子向量和逻辑型向量的频数统计。例如，summary(iris)的输出结果为：

```
 Sepal.Length    Sepal.Width     Petal.Length    Petal.Width
 Min.   :4.300   Min.   :2.000   Min.   :1.000   Min.   :0.100
 1st Qu.:5.100   1st Qu.:2.800   1st Qu.:1.600   1st Qu.:0.300
 Median :5.800   Median :3.000   Median :4.350   Median :1.300
 Mean   :5.843   Mean   :3.057   Mean   :3.758   Mean   :1.199
 3rd Qu.:6.400   3rd Qu.:3.300   3rd Qu.:5.100   3rd Qu.:1.800
 Max.   :7.900   Max.   :4.400   Max.   :6.900   Max.   :2.500
       Species
 setosa    :50
 versicolor:50
 virginica :50
```

2. psych 包中的 describe()函数

psych 包拥有一个名为 describe()的函数，它可以计算非缺失值的数量、平均数、标准差、中位数、截尾均值、绝对中位差、最小值、最大值、值域、偏度、峰度和平均值的标准误差。例如，describe(iris)的输出结果为：

```
             vars   n mean   sd median trimmed  mad min max
Sepal.Length    1 150 5.84 0.83   5.80    5.81 1.04 4.3 7.9
Sepal.Width     2 150 3.06 0.44   3.00    3.04 0.44 2.0 4.4
Petal.Length    3 150 3.76 1.77   4.35    3.76 1.85 1.0 6.9
Petal.Width     4 150 1.20 0.76   1.30    1.18 1.04 0.1 2.5
Species*        5 150 2.00 0.82   2.00    2.00 1.48 1.0 3.0
             range  skew kurtosis   se
Sepal.Length   3.6  0.31    -0.61 0.07
Sepal.Width    2.4  0.31     0.14 0.04
Petal.Length   5.9 -0.27    -1.42 0.14
Petal.Width    2.4 -0.10    -1.36 0.06
Species*       2.0  0.00    -1.52 0.07
```

3. str()函数

以简洁的方式显示对象的数据结构及内容，可以查看数据框中每个变量的属性。例如，str(iris)的输出结果为：

```
'data.frame':  150 obs. of  5 variables:
$ Sepal.Length: num 5.1 4.9 4.7 4.6 5 5.4 4.6 5 4.4 4.9 …
$ Sepal.Width : num 3.5 3 3.2 3.1 3.6 3.9 3.4 3.4 2.9 3.1 …
$ Petal.Length: num 1.4 1.4 1.3 1.5 1.4 1.7 1.4 1.5 1.4 1.5 …
$ Petal.Width : num 0.2 0.2 0.2 0.2 0.2 0.4 0.3 0.2 0.2 0.1 …
$ Species     : Factor w/ 3 levels "setosa","versicolor",..: 1 1 1 1 1 1 1 1
1 1 …
```

4．attributes()函数

可以提取对象除长度和模式以外的各种属性。例如，attributes(iris)的输出结果为：

```
$names
[1] "Sepal.Length" "Sepal.Width"  "Petal.Length"
[4] "Petal.Width"  "Species"

$class
[1] "data.frame"

$row.names
  [1]   1   2   3   4   5   6   7   8   9  10  11  12  13  14
 [15]  15  16  17  18  19  20  21  22  23  24  25  26  27  28
 [29]  29  30  31  32  33  34  35  36  37  38  39  40  41  42
 [43]  43  44  45  46  47  48  49  50  51  52  53  54  55  56
 [57]  57  58  59  60  61  62  63  64  65  66  67  68  69  70
 [71]  71  72  73  74  75  76  77  78  79  80  81  82  83  84
 [85]  85  86  87  88  89  90  91  92  93  94  95  96  97  98
 [99]  99 100 101 102 103 104 105 106 107 108 109 110 111 112
[113] 113 114 115 116 117 118 119 120 121 122 123 124 125 126
[127] 127 128 129 130 131 132 133 134 135 136 137 138 139 140
[141] 141 142 143 144 145 146 147 148 149 150
```

4.2 数据可视化

数据可视化是关于数据视觉表现形式的科学技术研究。这种数据视觉表现形式被定义为一种以某种概要形式抽取出来的信息，包括相应信息单位的各种属性和变量。无论数据简单与否，观察数据是必不可少的一个步骤。R 语言提供了数据可视化的各种函数，可以将变量进行可视化展示。

4.2.1 箱线图

箱线图是一种用来显示一组数据分散情况资料的统计图，包含 5 个数据节点，分别为数据的最大值、上四分位数、中位数、下四分位数和最小值。箱线图是能同时反映数据统计量和整体分布的图形。

使用 boxplot()函数绘制箱线图，其部分参数如表 4-1 所示，其语法格式为：

```
boxplot(formula,x, …, range = 1.5, width = NULL, varwidth = FALSE,
        notch = FALSE, outline = TRUE, names, plot = TRUE,
        border = par("fg"), col = "lightgray", log = "",
        pars = list(boxwex = 0.8, staplewex = 0.5, outwex = 0.5),
        ann = !add, horizontal = FALSE, add = FALSE, at = NULL )
```

表 4-1　boxplot() 函数的部分参数

参　数	解　释
formula	公式，形如 y～grp，其中 y 为向量，grp 是数据的分组，通常为因子
data	数据框或列表，用于提供公式中的数据
range	数值，默认为 1.5，表示触须的范围
width	箱体的相对宽度，当有多个箱体时，设置此参数才会生效
varwidth	逻辑值 TRUE 或 FALSE，控制箱体的宽度，只有图中有多个箱体时才发挥作用，默认为 FALSE，所有箱体的宽度相同；当其值为 TRUE 时，代表每个箱体的样本量作为其相对宽度
notch	逻辑值 TRUE 或 FALSE，若该参数设置为 TRUE，则在箱体两侧会出现凹口，默认为 FALSE
outline	逻辑值 TRUE 或 FALSE，若该参数设置为 FALSE，则箱线图中不会绘制离群值，默认为 TRUE
names	绘制在每个箱线图下方的分组标签
plot	逻辑值 TRUE 或 FALSE，表示是否绘制箱线图，若设置为 FALSE，则不绘制箱线图，而给出绘制箱线图的相关信息，如 5 个点的信息等
border	箱线图的边框颜色
col	箱线图的填充色
horizontal	逻辑值 TRUE 或 FALSE，指定箱线图是否水平绘制，默认为 FALSE

以 usedcars 数据集为例，绘制箱线图，如图 4-1 和图 4-2 所示（为了清晰展现箱线图的各组成部分，下列图上标注为手动添加），代码如下：

```
> mileage<-scan('clipboard',what='')#读取剪切板的数据
> price<-scan('clipboard',what = '')
> price<-as.numeric(price)#转换为数值型
> mileage<-as.numeric(mileage)
> usedcars<-data.frame(mileage,price,stringsAsFactors = F)#创建数据框
> boxplot(usedcars$price, main="Boxplot of Used Car Prices",ylab="Price ($)")
```

输出结果如图 4-1 所示。

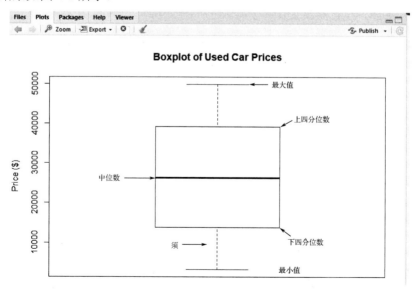

图 4-1　箱线图 1

```
> boxplot(usedcars$mileage, main="Boxplot of Used Car Mileage",ylab="Odometer
(mi.)")
```

输出结果如图 4-2 所示。

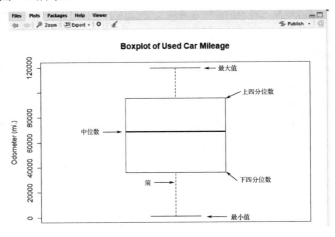

图 4-2　箱线图 2

4.2.2　直方图

直方图是一种二维统计图表，它的两个坐标分别是统计样本和该样本对应的某个属性的度量。它可用于整理统计数据，了解统计数据的分布特征，即数据分布的集中或离散状况。

使用 hist()函数绘制直方图，其参数和 boxplot()函数相同，其语法格式为：

```
hist(x, …)
```

以 usedcars 数据集为例，绘制直方图，用 main 参数设置直方图的标题，用 xlab 参数设置横坐标轴标题，运行结果如图 4-3 所示，代码如下：

```
> hist(usedcars$price, main = "Histogram of Used Car Prices", xlab = "Price ($)")
```

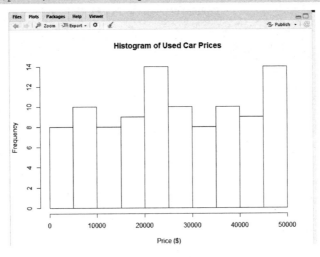

图 4-3　直方图 1

自定义分组数与颜色绘制直方图，用 breaks 指定组数，col 指定颜色，结果如图 4-4 所示，代码如下：

```
> hist(usedcars$price, breaks=5, col="red", main = "Histogram of Used Car
Prices",xlab ="Price ($)")
```

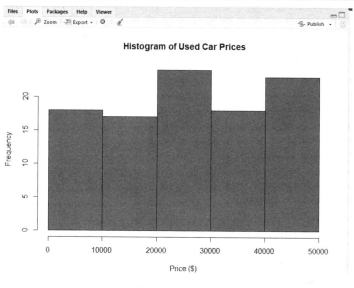

图 4-4　直方图 2

4.2.3　散点图

散点图是指在回归分析中，数据点在直角坐标系平面上的分布图，散点图表示因变量随自变量而变化的大致趋势，据此可以选择合适的函数对数据点进行拟合。

使用 plot() 函数可以绘制散点图（plot() 函数可以绘制多种图形），其参数如表 4-2 所示，其语法格式为：

```
plot(x, y, type = NULL, main = NULL, sub = NULL, xlab = NULL, ylab = NULL, asp)
```

表 4-2　plot() 函数的参数

参　　　数	解　　　释
x	图中点的 x 坐标
y	图中点的 y 坐标
type	指定图形类型，"p" 代表点图；"l" 代表线图；"b" 代表点线图，线不穿过点；"c" 代表虚线图；"o" 代表点线图，线穿过点；"h" 代表直方图（histogram）；"s" 代表阶梯图；"n" 代表无图
main	指定图的名称，位置在图的上方
sub	指定图的名称，位置在图的下方
xlab	指定 x 轴名称
ylab	指定 y 轴名称
asp	指定 y 轴和 x 轴的比值

以 usedcars 数据集为例，进行散点图的绘制，结果如图 4-5 所示，代码如下：

```
> plot(x = usedcars$mileage, y = usedcars$price, main = "Scatterplot of Price
vs. Mileage", xlab = "Used Car Odometer (mi.)", ylab = "Used Car Price ($)")
```

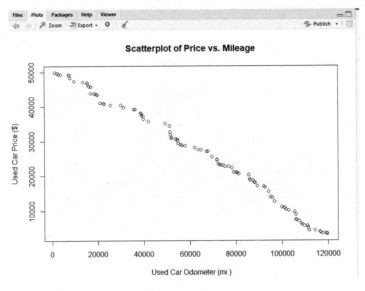

图 4-5　散点图

abline()函数的功能是在一张图表上添加直线，lwd 控制线条粗细，lty 控制线的类型，用 lm()函数来拟合线性回归模型，结果如图 4-6 所示，代码如下：

```
> abline(lm(usedcars$price~usedcars$mileage),col = "blue",lwd = 2,lty = 1)
#lty 为线条的类型，lwd 为线条的宽度
```

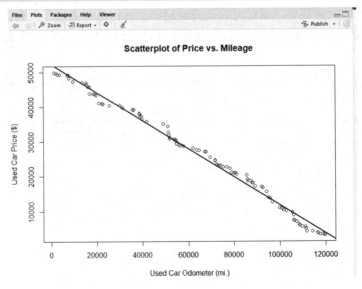

图 4-6　线性回归模型

lines()函数的功能是制作连线图。用 lowess()函数对 usedcars 数据集进行局部回归拟合，

并用 lines()函数对拟合结果制作连线图，结果如图 4-7 所示，代码如下：

```
> lines(lowess(usedcars$price,usedcars$mileage),col = "blue",lwd = 2,lty = 2)
```

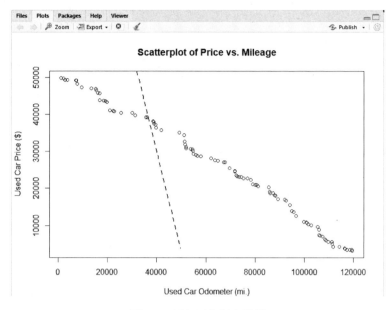

图 4-7　局部回归拟合结果

4.2.4　饼图

饼图主要用于表现不同类目的数据在总和中的占比，其中弧度表示数据数量的比例。饼图适合表现数据相对于总数的百分比等关系。

使用 pie()函数绘制饼图，其参数如表 4-3 所示，其语法格式为：

```
pie(x, labels = names(x), edges = 200, radius = 0.8, clockwise = FALSE, init.angle
= if(clockwise) 90 else 0, density = NULL, angle = 45, col = NULL, border = NULL,
lty = NULL, main = NULL, …)
```

表 4-3　pie()函数的参数

参　　数	解　　释
x	非负数值量的向量，x 中的值显示为饼图切片的区域
labels	用于给出每个扇区的标签
edges	绘制饼图时，饼图的外轮廓是由多边形近似表示的。理论上，edges 的数值越大，饼图看上去越圆
radius	饼图绘制在以 radius 为边的正方形中，其取值范围为-1～1。取值为-1 时，默认 0 度是从正左边逆时针开始，否则是从正右边逆时针开始
clockwise	逻辑值 TRUE 或 FALSE，指示绘制扇区时是逆时针方向排列（FALSE），还是顺时针方向排列（TRUE）。默认为逆时针
init.angle	开始绘制扇区时的初始角度。默认情况下，逆时针时第一个扇区的开始边为 0 度（3 点钟方向），并向逆时针方向展开。如果 clockwise 取值为 TRUE，那么第 1 个扇区的开始边为 90 度（12 点钟方向），并向顺时针方向展开

续表

参　　数	解　　释
density	阴影线的密度。若设置该参数，且为正值，则饼图以阴影线进行填充；若为负值，且未指定每个扇区的颜色时，则整体为黑色，不能体现出分区；若是0值，则没有填充色，也没有阴影线
angle	阴影线的斜率，默认为45度
col	一个颜色向量，用于给出扇区的填充色或阴影线的颜色（当设置了density参数时，就是阴影线的颜色）
border	每个扇区的边框颜色
lty	每个扇区的线型（0：无，1：实线；2：短画线；3：点线；4：点画线；5：长画线；6：双画线）
main	指定绘图的标题

以模拟数据集为例，进行饼图的绘制介绍，代码如下：

```
> slices<-c(3,5,2,9,4,6) #设定水果数量
> fruits<-c("Apple","bayberry","cstrawberry","cherry","coconut","dates")#设定水果类型
> pie(slices,labels =fruits, main="fruits pie chart") #第一个参数的值决定了饼图中每个扇形的大小，第二个参数labels用于给出每个扇区的标签
```

输出结果如图4-8所示。

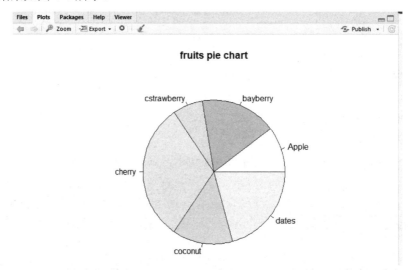

图4-8　饼图1

在饼图上显示百分比，代码如下：

```
> fruits<-c("Apple","bayberry","cstrawberry","cherry","coconut","dates")
> slices<-c(3,5,2,9,4,6)                    #设定水果数量
> pct<-round(slices/sum(slices)*100)        #计算水果比例
> lbis2<-paste(fruits,"",pct,"%",sep="")    #连接水果类型与比例
> pie(slices,labels =lbis2, main ="fruits pie chart",col=rainbow(length
(fruits)))                                  #颜色种类
```

输出结果如图4-9所示。

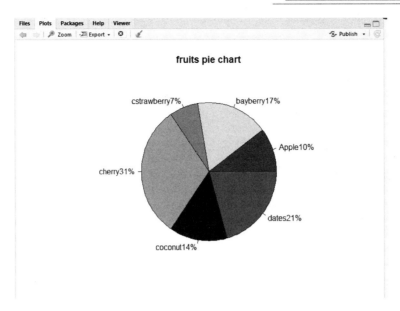

图 4-9 饼图 2

第5章　数据采集

【内容概述】

1）了解数据采集的原理。

2）掌握 R 语言中的数据采集方法。

3）掌握 R 语言中解决 IP 限制、验证码、自动登录等问题的方法。

5.1　网络数据采集的原理

采集网络数据实际上就是采集网页上的元素，要获取网页上的元素就需要与服务器进行通信，所以在进行数据采集之前需要了解网页通信的过程、URL 构成、请求数据的方法及网页的组成元素。

如图 5-1 所示，人们眼前的网页上的信息是经过服务器的请求和响应实现的，通信的底层是各种协议，通过协议可以进行数据的传输。向服务器请求数据有规定的方法，服务器会根据请求的信息返回相应的数据。

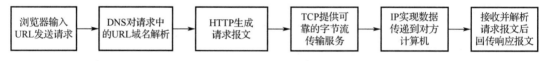

图 5-1　网页通信的过程

5.1.1　网页通信的过程

在浏览互联网上的信息时，人们可以轻松地利用浏览器获取网页上的内容，但是这个简单行为的背后却是后台经过一系列的工作才得以实现的。数据采集的目标网页是一个统一资源定位符（Uniform/Universal Resource Locator，URL）地址，这个 URL 地址遵循相关的协议内容，在客户端和服务器之间进行通信，从而接收服务器发送的数据，过程如图 5-1所示。

1．客户端和服务器的通信过程

客户端和服务器的通信过程包含以下 6 个步骤。

1）浏览器输入 URL 发送请求

用户在客户端的浏览器上输入 URL 并发送请求。

2）DNS 对请求中的 URL 域名解析

DNS（Domain Name System）服务是和 HTTP 一样位于应用层的协议，它提供域名到 IP 地址之间的解析服务。

计算机既可以被赋予 IP 地址，也可以被赋予主机名和域名，用户通常使用主机名或域名来访问对方的计算机，而不是直接通过 IP 地址访问，但计算机相对更容易处理一组数字，为此 DNS 服务应运而生。DNS 协议提供通过域名查找 IP 地址（或逆向从 IP 地址反查域名）的服务。

3）HTTP 生成请求报文

HTTP 位于应用层，可决定从客户端到服务器等一系列通信内容及方式，该步骤通过生成报文并发送完成通信。

4）TCP 提供可靠的字节流传输服务

TCP 位于传输层，为传输过程提供了可靠的字节流传输服务，其中，字节流服务（Byte Stream Service）为了方便传输，将大块数据分割成以报文段（Segment）为单位的数据包进行管理。

可靠的传输服务能够把数据准确可靠地传给对方。TCP 采用了三次握手连接（客户端与服务器通信 3 次进行确认后才开始传输数据）等策略保证传输的可靠性。

5）IP 实现数据传递到对方计算机

IP（Internet Protocol）位于网络层。IP 的作用是实现数据包传递到对方计算机的 IP 地址。而 IP 间的通信依赖于 MAC 地址（网卡所属的固定地址），还需要再通过 ARP（Address Resolution Protocol，地址解析协议）并根据通信方的 IP 地址反查出对应的 MAC 地址。

6）接收并解析请求报文后回传响应报文

接收端（服务器）响应报文同样利用 TCP/IP 通信回传。

2．URL 构成

URL 是用于完整地描述 Internet 上网页和其他资源地址的一种标识方法。互联网的每个文件都有其对应的唯一一个 URL。

URL 的一般由多个部分组成，其语法格式如图 5-2 所示。

图 5-2　URL 的语法格式

1）Protocol（协议）

指定使用的传输协议，数据采集中最常遇到的是 HTTP/HTTPS。

2）Hostname（主机名）

存放资源的服务器的域名系统（DNS）主机名或 IP 地址。

3）Port（端口号）

各种传输协议都有默认的端口号，如 HTTP 的默认端口号为 80。若输入时省略，则使用默认端口号。

4）Path（路径）

由零或多个"/"符号隔开的字符串，一般用来表示主机上的一个目录或文件地址。

5）Parameters（参数）

用于指定特殊参数的可选项。

6）Query（查询）

可选，用于给动态网页传递参数，可有多个参数，用"&"符号隔开，每个参数的名和值用"="符号隔开。

7）Fragment（信息片段）

用于指定网络资源中的片段。例如，一个网页中有多个名词解释，可使用 Fragment 直接定位到某一名词解释。

3．TCP/IP 及其通信

TCP/IP 是互联网信息通信中十分重要的协议。

1）TCP/IP 协议族

TCP/IP 协议族的作用是通过建立规则使计算机之间可以进行信息交换，通常人们说的 TCP/IP 协议族是互联网相关的各类协议族的总称。

相互通信的双方必须基于相同的方法，比如，由哪一边先发起通信、使用哪种语言进行通信、怎样结束通信等规则都需要事先确定，人们就把这种规则称为协议。

TCP/IP 协议族按层次可以分为 4 层：应用层、传输层、网络层和链路层。

（1）应用层：决定了向用户提供应用服务时的通信活动。应用层负责传送各种最终形态的数据，是直接与用户打交道的层，应用层对应应用协议，典型协议是 HTTP、FTP 等。

（2）传输层：负责传送文本数据。传输层对应传输协议，传输层有两个性质不同的协议：传输控制协议（Transmission Control Protocol，TCP）和用户数据报协议（User Data Protocol，UDP）。

（3）网络层：负责分配地址和传送二进制数据，网络层对应网际协议，主要协议是 IP。

（4）链路层：负责建立电路连接，是整个网络的物理基础，链路层对应路由器控制协议，典型的协议包括以太网、ADSL 等。

2）TCP/IP

传输控制协议/网际协议（Transmission Control Protocol/Internet Protocol，TCP/IP）是指能够在多个不同网络间实现信息传输的协议簇。TCP/IP 不仅仅指的是 TCP 和 IP 两个，而是指一个由 FTP、SMTP、TCP、UDP、IP 等构成的协议簇，只是因为在 TCP/IP 中 TCP 和 IP 最具代表性，所以被称为 TCP/IP。

3）TCP/IP 通信传输流

TCP/IP 各功能层之间数据流动传输的过程如下。

（1）作为发送端的客户端在应用层（HTTP）发出 HTTP 请求，并生成 HTTP 请求报文。

（2）为了传输方便，在传输层（TCP）把从应用层处收到的数据（HTTP 请求报文）进行分割，并在各个报文上打上标记序号及端口号后转发给网络层。

（3）在网络层（IP），增加作为通信目的地的 MAC 地址后转发给链路层。

（4）给这些数据附加上以太网首部并进行发送处理，生成的以太网数据包将通过物理层传输给接收端。

（5）接收端的服务器在链路层接收到数据，按序往上层发送，一直到应用层。当传输到应用层，才能算真正接收到由客户端发送过来的 HTTP 请求。

在通信过程中每经过一层必定会被打上一个该层所属的首部信息。反之，接收端在层与层传输数据时，每经过一层时会把对应的首部消去。

4. HTTP

超文本传输协议（HyperText Transfer Protocol，HTTP）是一个简单的请求-响应协议，它通常运行在 TCP 之上。它指定了客户端可能发送给服务器什么样的消息及得到什么样的响应。请求和响应消息的头以 ASCII 码形式给出，而消息内容则具有一个类似 MIME 的格式。这个简单模型是早期 Web 成功的关键，因为它使得开发和部署直截了当。

HTTP 是基于客户/服务器模式，且面向连接的。典型的 HTTP 事务处理有如下过程。

（1）客户与服务器建立连接。

（2）客户向服务器提出请求。

（3）服务器接受请求，并根据请求返回相应的文件作为应答。

（4）客户与服务器关闭连接。

客户与服务器之间的 HTTP 连接是一种一次性连接，它限制每次连接只处理一个请求，当服务器返回本次请求的应答后便立即关闭连接，下次请求再重新建立连接。这种一次性连接主要考虑到 WWW 服务器面向的是 Internet 中成千上万个用户，且只能提供有限个连接，故服务器不会让一个连接处于等待状态，及时地释放连接可以大大提高服务器的执行效率。

HTTP 是一种无状态协议，即服务器不保留与客户交易时的任何状态。这就大大减轻了服务器记忆负担，从而保持较快的响应速度。HTTP 是一种面向对象的协议，允许传送任意类型的数据对象。它通过数据类型和数据长度来标识所传送的数据内容和数据大小，并允许对数据进行压缩传送。

当用户在一个 HTML 文档中定义了一个超文本链后，浏览器将通过 TCP/IP 与指定的服务器建立连接。建立连接的过程是：用户在一个特定的 TCP 端口（端口号一般为 80）上打开一个套接字，若服务器一直在这个周知的端口上倾听连接，则该连接便会建立起来，客户通过该连接向服务器发送一个包含请求方法的请求块。

5. HTTP 报文

HTTP 报文有请求报文和响应报文。请求报文用于向服务器请求通信，响应报文用于向客户端反馈请求结果。

1）请求报文

请求由客户端向服务器发出，一个 HTTP 请求报文由请求行（Request Line）、请求头（Request Header）、空行（Blank Line）和请求体（Request Body）4 个部分组成。请求报文的格式如图 5-3 所示。

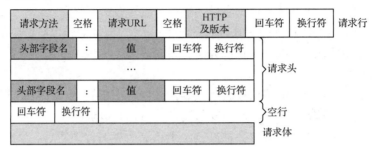

图 5-3　请求报文的格式

（1）请求行用于说明请求类型、要访问的资源及所使用的 HTTP 版本，包含请求方法、请求 URL、HTTP 及版本。

请求方法：HTTP1.0 定义了三种请求方法，分别是 GET、POST 和 HEAD 方法，用于表明请求 URL 指定的资源不同的操作方式。HTTP1.1 中共定义了 8 种方法，新增了 5 种请求方法，分别是 OPTIONS、PUT、DELETE、TRACE 和 CONNECT 方法。

请求 URL：服务器的文件地址，互联网上每个文件都有一个唯一的 URL。

HTTP 及版本：超文本传输协议的版本（现行 HTTP1.1 为主流版本）。

其中最重要的是请求方法和请求 URL，它们共同构成了数据采集的目标和方法。

（2）请求头，用来说明服务器要使用的附加信息，比较重要的信息有 cookie、Referrer、User-Agent 等。下面简要说明一些常用的头信息。

Accept：请求报头域，用于指定客户端可接收哪些类型的信息。

Accept-Language：指定客户端可接收的语言类型。

Accept-Encoding：指定客户端可接收的内容编码。

Host：用于指定请求资源的主机 IP 和端口号，其内容为请求 URL 的原始服务器或网关的位置。请求必须包含此内容。

cookie：这是网站为了辨别用户进行会话跟踪而存储在本地的数据。相关内容将在下文详细展开。

Referrer：此内容用来标识这个请求是从哪个页面发过来的，服务器可以拿到这一信息并做相应的处理。

User-Agent：简称 UA，它是一个特殊的字符串头，可以使服务器识别客户使用的操作系统及版本、浏览器及版本等信息。在做爬虫时加上此信息，可以伪装为浏览器，而不加则可能被识别为爬虫。

Content-Type：也称互联网媒体类型或 MIME 类型，在 HTTP 请求头中，它用来表示具体请求中的媒体类型信息。例如，text/html 代表 HTML 格式，image/gif 代表 gif 图片格式，application/json 代表 json 类型等。因此，请求头是请求的重要组成部分，在写爬虫时，大部分情况下都需要设定请求头。

请求头的最后会有一个空行，表示请求头结束，接下来为请求体。

（3）请求体一般承载的内容是 POST 请求中的表单数据，GET 请求的请求数据为空。例如，图 5-4 为登录京东时捕获到的部分请求。登录之前已填写了用户名和密码信息，提交时这些内容就会以表单数据的形式提交给服务器，此时需要注意，在 Request Headers 中指定 Content-Type 为 application/x-www-form-urlencoded，才会以表单数据的形式提交。另外，我们也可以将 Content-Type 设置为 application/json 来提交 json 数据，或者设置为 multipart/form-data 来上传文件。在爬虫中，如果要构造 POST 请求，需要使用正确的 Content-Type，并了解各种请求库的各参数设置时使用的是哪种 Content-Type，不然可能会导致 POST 请求提交后无法正常响应。

图 5-4　POST 提交表单数据的 Content-Type

2）响应报文

HTTP 响应报文由状态行（Status Line）、响应头（Response Headers）、空行（Blank Line）和响应体（Response Body）4 个部分组成，如图 5-5 所示。

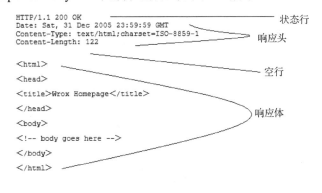

图 5-5　响应报文

（1）状态行由三部分组成，分别为协议版本、状态码、状态码描述。其中协议版本与请求报文一致，状态码描述是对状态码的简单描述。

常见状态码类型如表 5-1 所示，其中最为常见的状态码如下：200 代表服务器正常响应，404 代表页面未找到，500 代表服务器内部发生错误。在爬虫中，我们可以根据状态码来判断服务器响应状态，若状态码为 200，则证明成功返回数据，再进行进一步的处理。

表 5-1　常见状态码类型

状态码类型	状态码和状态信息	含　义
1xx 信息	100 Continue	服务器收到了客户端的请求行和头信息，告诉客户端继续发送数据部分。客户端通常要先发送 Expect：100 Continue 头部字段告诉服务器自己还有数据要发送
2xx 成功	200 OK	请求成功
3xx 重定向	301 Moved Permanently	资源被转移，请求将被重定向
	302 Found	通知客户端资源能在其他地方找到，但需要使用 GET 方法来获得
	304 Not Modified	表示被申请的资源没有更新，和之前获得的相同
	307 Temporary Redirect	通知客户端资源能在其他地方找到。与 302 不同的是，客户端可以使用和原始请求相同的请求方法来访问目标资源
4xx 客户端错误	400 Bad Request	通用客户请求错误
	401 Unauthorized	请求需要认证信息
	403 Forbidden	访问被服务器禁止，通常是由于客户端没有权限访问该资源
	404 Not Found	资源没有找到
	407 Proxy Authentication Required	客户端需要先获得代理服务器的认证
5xx 服务器错误	500 Internal Server Error	通用服务器错误
	503 Service Unavailable	暂时无法访问服务器

（2）响应头包含了服务器对请求的应答信息，如 Content-Type、Server、Set-Cookie 等。常用的头信息如下。

Data：标识响应产生的时间。

Content-Encoding：指定响应内容的编码。

Server：包含服务器的信息，如名称、版本号等。

Content-Type：文档类型，指定返回的数据类型是什么，决定浏览器将以什么形式、什么编码读取这个文件，如 text/html 代表返回 HTML 文档，常见的 Content-Type 如表 5-2 所示。

表 5-2　常见的 Content-Type

Content-Type	格　式　类　型
text/html	HTML 格式
text/plain	纯文本格式
text/xml	XML 格式
image/gif	gif 图片格式
image/jpeg	jpg 图片格式
image/png	png 图片格式

Set-Cookie：设置 cookie。响应头中的 Set-Cookie 告诉浏览器需要将此内容放在 cookie 中，下次请求携带 cookie 请求。

Expires：指定响应的过期时间，可以使代理服务器或浏览器将加载的内容更新到缓存中。再次访问时，就可以直接从缓存中加载，从而降低服务器负载，缩短加载时间。

（3）响应体。响应报文最重要的当属响应体的内容。响应的正文数据都在响应体中，比如，请求网页时，它的响应体是网页 HTML 代码；请求一张图片时，它的响应体就是图片的二进制数据。在浏览器开发者工具中单击"Preview"按钮，就可以看到网页的源代码，即响应体的内容。

5.1.2　请求数据的方法

请求数据的方法直接决定了采集数据的方法和复杂程度，本节详细介绍常见的 GET 请求方法和 POST 请求方法。

1．GET 请求方法

GET 请求方法是 HTTP 中发送请求的方法，HTTP 是基于 TCP/IP 的关于数据如何在万维网中如何通信的协议。

GET 请求方法提交的参数会直接填充在请求报文的 URL 上，如"https://www.baidu.com/s?ie=utf-8&f=8&rsv_bp=1"中，"？"号划分域名和 GET 提交的参数，A=B 中的 A 是参数名，B 是参数值，多个参数之间用&进行分割，若参数值是中文，则会通过 URL 编码转换成诸如"%ab%12"的 16 进制码。一般来说，浏览器处理的 URL 最大限度长度为 1024B（不同浏览器不一样），所以 GET 请求方法提交参数长度有限制。GET 请求方法可以用来传输一些可以公开的参数信息，解析也比较方便，如百度搜索的关键词。GET 请求方法有以下特点。

（1）GET 请求的参数通过 URL 传递。

（2）GET 请求在浏览器回退时是无害的（即可被缓存）。

（3）GET 请求的 URL 地址可以被收藏为书签。

（4）GET 请求保留在浏览器历史记录中。

（5）GET 请求只能进行 URL 编码。

（6）GET 请求有长度限制。

（7）因为 GET 请求参数直接暴露在 URL 上，所以不能用来传递敏感信息。

2．POST 请求方法

POST 请求方法提交的参数会附在正文上，一般请求正文的长度是没有限制的，但表单中所能处理的长度一般为 100KB（不同协议不同浏览器不一样），并且需要考虑下层报文的传输效率，因此请求正文的长度不宜过长。

在 POST 请求时，浏览器先发送 header（请求头），服务器响应表示可以继续之后，浏览器再发送 data（请求体），服务器接收到数据后根据要求返回数据。POST 请求方法有以下特点。

（1）POST 请求参数放在请求体中。

（2）POST 请求在浏览器回退时会再次提交请求。

（3）POST 请求产生的 URL 地址不可以被收藏为书签。

（4）POST 请求不会被浏览器保留记录。

（5）POST 请求支持多种编码方式。

（6）POST 请求对数据长度没有要求。

（7）POST 请求更安全。

3．其他传输方法

HTTP 服务器至少可以实现 GET、HEAD 和 POST 方法，其他方法都是可选的，特定的 HTTP 服务器还支持自定义的方法。除了 GET 和 POST 方法，还有以下 6 种方法。

（1）OPTIONS：返回服务器并针对特定资源所支持的 HTTP 请求方法。

（2）HEAD：向服务器索取与 GET 请求相一致的响应，只不过响应体将不会被返回。这一方法在不必传输整个响应内容的情况下，就可以获取包含在响应头消息中的元信息。

（3）PUT：向指定资源位置上传其最新内容。

（4）DELETE：请求服务器删除 Request-URL 所标识的资源。

（5）TRACE：回显服务器收到的请求，主要用于测试或诊断。

（6）CONNECT：HTTP/1.1 中预留给能够将连接改为管道方式的代理服务器。

5.1.3　网页的组成元素

网页的组成大体上分为 HTML、CSS、JavaScript 三大部分。

- HTML：决定了网页的框架结构。
- CSS：决定了网页的风格样式。
- JavaScript：决定了网页的功能。

1．HTML

HTML 称为超文本标记语言，是一种标识性的语言。它包括一系列标记标签，通过这些标签可以将网络上的文档（图片、文字等）格式统一，将分散的文档连接为一个逻辑整体来描述网页。HTML 文本是由 HTML 命令组成的描述性文本，HTML 命令可以说明文字、图形、动画、声音、表格、链接等。

超文本是一种组织信息的方式，它通过超级链接方法将文本中的文字、图表与其他信息媒体相关联。这些相互关联的信息媒体可能在同一文件中，也可能在不同的文件中，或是地理位置相距遥远的某台计算机上的文件中。这种组织信息方式将分布在不同位置的信息资源进行连接，为人们查找、检索信息提供方便。例如，\<head>\</head>标签内部的代码表示头部信息；\<body>\</body>标签内部的代码表示网页主体内容；\<table>\</table>标签内部的代码表示表格；\<p>\</p>标签内部的代码表示段落等。这些标签之间的各种嵌套组合，组成了用户看到的网页。

以下是一段 HTML 代码：

```
<html>
<head>
    <title> Python3 爬虫与数据预处理入门与实战</title>
</head>
<body>
```

```
<div>
    <p> Python3 爬虫与数据预处理入门与实战</p>
</div>
<div>
    <ul>
        <li><a href="http://www.******.com">爬虫</a></li>
        <li>数据预处理</li>
    </ul>
</div>
</body>
</html>
```

在 HTML 中，所有的标签都称为节点，所有的节点构成了一个树形的结构，称为节点树。

这些节点之间具有层级关系，有上级的父（parent）节点，下级的子（child）节点，同级的兄弟（sibling）节点等。

有了这些节点以后，层叠样式表（Cascading Style Sheets，CSS）就可以根据 CSS 选择器功能，去定位需要的节点，之后为节点设置对应的样式。比如，定位"<li>数据预处理</li>"的 HTML 节点路径为：

```
html->body->div[1]->ul->li[1]
```

2. CSS

HTML 只是设定了一个网页基本结构，但是还没办法形成美观、颜色丰富的网页，这部分功能是通过 CSS 实现的。

CSS 是一种用来表现 HTML 文件样式的计算机语言。CSS 不仅可以静态地修饰网页，还可以配合各种脚本语言动态地对网页各元素进行格式化。

CSS 能够对网页中元素位置的排版进行像素级精确控制，支持几乎所有的字体和字号样式，拥有对网页对象和模型样式编辑的能力。

以下是一段 CSS 代码：

```
.ClassHead-wrap a {
    display: inline-block;
    float: left;
    padding: 0px 20px;
    _padding: 0px 15px;
    line-height: 33px;
    height: 33px;
    cursor: pointer;
    color: #0474c8;
    border-width: 2px 1px 0px 1px;
    border-color: #fff;
    border-style: solid;
}
```

一般不会把 CSS 代码直接写在页面中，负责前端的程序员会把 CSS 代码统一写好后，放入到以.css 为后缀的样式文件中，在网页中使用 link 标签连接到样式文件，可调用其中的样式库。

3. JavaScript

JavaScript，简称为 JS，是一种具有函数优先的轻量级、解释型、即时编译型的高级编程语言。虽然它是作为开发 Web 页面的脚本语言而出名的，但是它也被用到了很多非浏览器环境中，JavaScript 是基于原型编程、多范式的动态脚本语言，并且支持面向对象、命令式和声明式（如函数式编程）风格。

JavaScript 是 1995 年由 Netscape 公司的 Brendan Eich 在网景导航者浏览器上设计实现而成的。因为 Netscape 与 Sun 合作，Netscape 管理层希望它的外观看起来像 Java，所以取名为 JavaScript。但实际上它的语法风格与 Self 及 Scheme 较为接近。

JavaScript 的标准是 ECMAScript。截至 2012 年年底，所有浏览器都完整地支持 ECMAScript 5.1，旧版本的浏览器至少支持 ECMAScript 3 标准。2015 年 6 月 17 日，ECMA 国际组织发布了 ECMAScript 的第 6 版，该版本的正式名称为 ECMAScript 2015，但通常被称为 ECMAScript 6 或者 ES6。

JavaScript 的代码通常单独放在以.js 为后缀的文件中，在网页中通过<script src=""></script>标签调用。

以下是一段 JavaScript 代码，定义了一个弹出框及内容：

```
<script type = "text/javascript">
    let a = "Python";
    console.log( typeof a);
</script>
```

5.2 数据采集入门

在大数据时代，谁能掌握大数据，谁就有可能获得商机，谁就有可能获得收益。收集大数据除了要收集大量的自身数据，还要收集大量的外部数据，这时候就需数据采集的支持。

数据采集（Web Crawler）是一种按照一定的规则，自动地抓取互联网信息的程序或者脚本，它们被广泛用于互联网搜索引擎或其他类似网站，可以自动采集所有其能够访问到的页面内容，以获取或更新这些网站的内容和检索方式。

5.2.1 数据采集常用包概述

1. RCurl 包

RCurl 是对 curl 的封装，curl 是利用 URL 语法在命令行方式下工作的开源文件传输工具，curl 被广泛应用在 Unix、多种 Linux 发行版中，并且有 DOS 和 Win32、Win64 下的移植版本。

RCurl 包提供了 R 语言与 HTTP Servers 交流的机制，可以通过 RCurl 包提供的函数下载 URL 的网页源代码。一般 RCurl 包需要结合 XML 包对数据进行提取。

2．rvest 包

rvest 包是 R 语言中使用率最多的数据采集包，它简洁的语法可以解决大部分的数据采集问题。

3．httr 包

httr 包是一个功能全面的数据采集包，可使用 GET、PUT、POST、DELETE 等方式，也可以和 rvest 包协作，满足日常的数据采集需求。

4．Rselenium 包

Selenium 是一个用于 Web 应用程序测试的工具。Selenium 测试直接运行在浏览器中，就像真正的用户在操作一样。支持的浏览器包括 IE、Mozilla Firefox、Safari、Google Chrome、Opera 等。这个工具的主要功能包括：测试与浏览器的兼容性，测试你的应用程序是否能够很好地工作在不同浏览器和操作系统之上；测试系统功能，创建回归测试检验软件功能和用户需求；支持自动录制动作和自动生成 Net、Java、Perl 等不同语言的测试脚本。

Rselenium 是对 Selenium 的封装，让用户可以在 R 语言中调用 Selenium 来访问 URL。

5．downloader 包

downloader 包用于下载文件，使用这个包的函数可以正确下载文件。

6．XML 包

R 语言提供 XML 包，可以方便载入 XML 文件并提取有用信息、转换成 R 对象。在使用 XML 包时，需要使用 XPath 来获得需要的节点。

5.2.2　数据采集前的准备

在实施数据采集前需做如下准备。

1）部署好 R 语言的开发环境

安装好 R 语言和数据采集对应的包，保证数据采集工作的正常开展。

2）确认抓取对象的权限声明

大多数网站都有一个名为 robots.txt 的文档，当然也有部分网站没有设定 robots.txt。对于没有设定 robots.txt 的网站可以通过数据采集获取没有口令加密的数据，也就是该网站所有页面数据都可以爬取。如果网站有 robots.txt 文档的话，就要判断是否有禁止访客获取的数据。

以淘宝网为例，在浏览器访问淘宝网时，淘宝网允许百度爬虫访问其目录，而对于没有指定的用户，则是全部禁止爬取，robots 代码如下：

```
User-agent: Baiduspider
Disallow: /
```

5.2.3 编写第一个数据采集

本节尝试抓取 NBA 数据网中的 NBA 热门球员信息，如图 5-6 所示，观察发现数据以明文的形式出现在源码中。

图 5-6　NBA 数据网首页

1. 观察网站源码

在 NBA 数据网首页，按【Ctrl+U】快捷键打开源码页面，如图 5-7 所示。

2. 网页请求的方法

GET：最常见的方法，一般用于获取或者查询资源信息，也是大多数网站使用的方式，响应数据快。

POST：相对于 GET，多了以表单的形式上传参数的机能，因此除查询信息外，还可以修改信息。

所以，在数据采集前要先确定向谁发送请求，用什么方式发送。

```
1  <!--
2  To change this template, choose Tools | Templates
3  and open the template in the editor.
4  -->
5  <!DOCTYPE html>
6  <html style="overflow:-moz-scrollbars-vertical;overflow-y:scroll;">
7     <head>
8         <meta http-equiv="Content-Type" content="text/html; charset=UTF-8"/>
9         <meta name="keywords" content="nba球员列表,历史球员,aba球员,nba历史巨星" />
10        <meta name="description" content="stat-nba,nba球员列表,历史球员,aba球员,nba历史球星" />
11        <link href="/css/common.css" rel="stylesheet" type="text/css" />
12        <link href="/css/playerList/playerList.css" rel="stylesheet" type="text/css" />
13
14        <title>球员列表|数据nba|stat-nba|历史数据|技术统计|最全最专业中文nba数据库</title>
15
16        <script type="text/javascript">
17            function js_submit(){
18                name = document.getElementById("inputname").value;
19                name = name.replace(/('\s*)|(\s*$)/g, "");
20                if(name == "" || name == "请输入球员/教练姓名")
21                {
22                    document.getElementById("inputname").onfocus();
23                    document.getElementById("inputname").value = "请输入球员/教练姓名";
24                    document.getElementById("inputname").select();
25                    return;
26                }
27                document.getElementById("tform").submit();
28            }
29        </script>
30    </head>
31    <body>
32        <div id="page">
33            <div id="background">
34
35 <script language="javascript" type="text/javascript" src="/common/jquery.js"></script>
36 <div style="display:none">
37 <!--    <script type="text/javascript">
38    var _bdhmProtocol = (("https:" == document.location.protocol) ? " https://" : " http://");
39    document.write(unescape("%3Cscript src='" + _bdhmProtocol + "hm.baidu.com/h.js%3F102e5c22af038a553a8610096bcc0bd4' type='text/javascript'%3E%3C/script%3E"));
40    </script>
41 -->
42    <script>
43        /*$(document).ready(function(){
44            adList = $.ajax({url:"/ad.php",async:false}).responseText.split('------');
45
46            $("#adHengfu")[0].outerHTML = (adList[0]);
47            //$("#adCebianLeft").html(adList[1]);
48            //$("#adCebianRight").html(adList[2]);
49            //$("head").append(adList[3]);
50        });*/
51    </script>
52 </div>
53
54 <div class="header" style="margin-bottom: 0px;">
55    <div class="logo">
56        <a hidefocus="true" href="/index.php"></a>
57    </div>
58    <div style="float:right;width:755px;">
59    <div class="announcement" id="announcement">
60    </div>
```

图 5-7　NBA 数据网的源码

3．接下来复制任意一个球员的姓名，在源码页面按【Ctrl+F】快捷键调出搜索框，将标题粘贴在搜索框中，并按回车键

球员姓名可以在源码中搜索到，请求对象是"http://www.stat-nba.com/playerList.php"，请求方法是 GET（所有在源码中的数据请求方法都是 GET），如图 5-8 所示。

4．编程实现

本节使用的函数是 rvest 包中 read_html()及 html_nodes()两个函数。确认方法后，在 Rstudio 中键入代码。

安装并加载 rvest 包，代码如下：

```
> install.packages("rvest")
> library(rvest)
```

使用 rvest 包的 read_html 函数获取 HTML，代码如下：

```
> url<-" http://www.stat-nba.com/playerList.php"
> strhtml<-read_html(url)
> strhtml
```

获取到的数据是一个 XML 文档，包含<head>和<body>两个标签的部分，输出结果为：

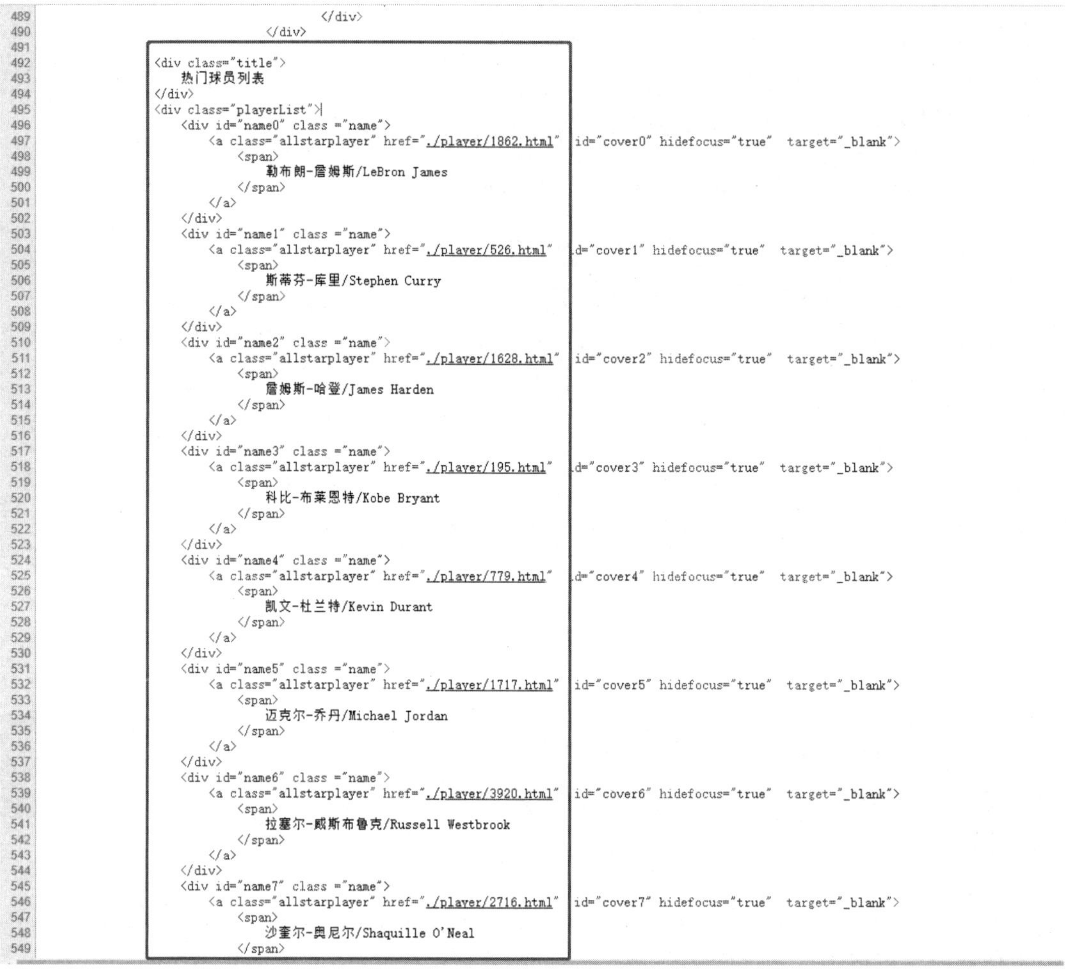

图 5-8　在源码中定位数据

```
{html_document}
<html style="overflow:-moz-scrollbars-vertical;overflow-y:scroll;">
[1]      <head>\n<meta      http-equiv="Content-Type"      content="text/html;
charset=UTF-8">\n<meta name="keywords" content="nba 球 ...
[2]  <body>\n\t\t<div  id="page">\n\t\t\t<div  id="background">\n\r\n<script
language="javascript" type="text/javascrip ...
```

　　使用 html_nodes()函数，利用 CSS 定位目标数据位置，按【F12】键打开浏览器开发者模式，如图 5-9 所示，观察发现球员姓名元素在 ".allstarplayer span" 路径下，语法是<div 标签><css 标签>，如果 div 标签后不需要 css 标签，则可以省略，div 标签之间用空格符号隔开。

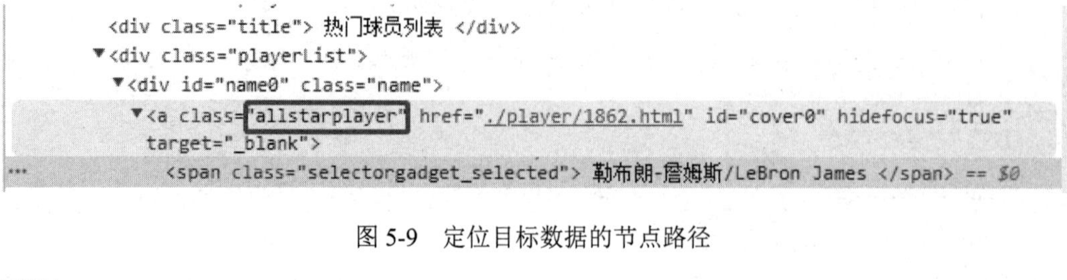

图 5-9　定位目标数据的节点路径

```
> name<-html_nodes(strhtml,".allstarplayer span")
> name <-html_text(data_html)
> name <- gsub('\n\t\t\t\t\t\t\t','',name) #对姓名中的空格及字符进行替换
> name <- gsub('\t','',name) #对姓名中的空格及字符进行替换
> name
```

由于定位了球员姓名，因此提取出来的结果就是热门球员的姓名，输出结果为：

```
[1] "勒布朗-詹姆斯/LeBron James"        "斯蒂芬-库里/Stephen Curry"
[3] "詹姆斯-哈登/James Harden"          "科比-布莱恩特/Kobe Bryant"
[5] "凯文-杜兰特/Kevin Durant"          "迈克尔-乔丹/Michael Jordan"
[7] "拉塞尔-威斯布鲁克/Russell Westbrook"  "沙奎尔-奥尼尔/Shaquille O'Neal"
```

通过观察球员姓名链接在< allstarplayer >标签的 href 属性，用下式提取球员姓名链接：

```
> href <-html_nodes(strhtml,'.allstarplayer') %>% html_attr("href")
> href
```

由于定位了球员姓名链接，因此提取出来的结果就是链接地址，输出结果为：

```
[1]     "./player/1862.html"   "./player/526.html"     "./player/1628.html"
"./player/195.html"  "./player/779.html"
 [6]     "./player/1717.html"    "./player/3920.html"    "./player/2716.html"
"./player/2864.html" "./player/4034.html"
[11]     "./player/2135.html"    "./player/2315.html"      "./player/785.html"
"./player/1690.html" "./player/45.html"
```

"%>%"符号是管道操作符，就是把左侧准备的数据或表达式，传递给右侧的函数调用或表达式进行运行，可以连续操作，就像一个链条一样。

现实原理如图 5-10 所示，使用"%>%"把左侧程序的数据集 A 传递给右侧程序的 B 函数，B 函数的结果数据集再向右侧传递给 C 函数，最后完成数据计算。

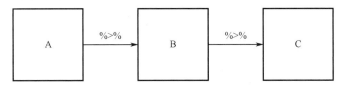

图 5-10　管道操作符的示意图

使用 data.frame()函数组合数据框，代码如下：

```
> data<-data.frame(name=name,href=href)
> data
```

输出结果为：

```
                         name              href
1        勒布朗-詹姆斯/LeBron James ./player/1862.html
2        斯蒂芬-库里/Stephen Curry  ./player/526.html
3        詹姆斯-哈登/James Harden ./player/1628.html
4        科比-布莱恩特/Kobe Bryant  ./player/195.html
5        凯文-杜兰特/Kevin Durant  ./player/779.html
```

使用 write.csv()函数将数据框保存成 csv 格式的文件，参数 row.names=FALSE 是指定不导出行名。代码如下：

```
> write.csv(data,file="data.csv",row.names = FALSE)
```

5.3 使用常用的 R 包采集数据

RCurl、rvest、httr 三个包是 R 语言采集数据最常用的三个包。RCurl 包功能强大且广泛，支持 FTP/FTPS/TFTP（上传和下载）、SSL/HTTPS、telnet、dict、ldap，还支持 cookie、重定向、身份验证等。rvest 包是 R 语言中使用率最高的爬虫包，它简洁的语法可以解决大部分的爬虫问题。httr 包可以从网站开放的 API（Application Programming Interface，应用程序接口）中读取数据。

5.3.1 使用 RCurl 包获取网络数据

RCurl 包和 XML 包搭配使用可以提取网页中的数据，使用 getURL()函数读取网页源代码，再使用 htmlTreeParse()、getNodeSet()函数获取网页源代码中相应的 XML 节点内容。getURL()函数的常用参数如表 5-3 所示。

表 5-3　getURL()函数的常用参数

常 用 参 数	解　释
url	要请求的网页链接
curl	通常使用 curl = getCurlHandle()生成 curl 句柄，这个句柄可用来多次网页请求 getCurlHandle()函数内配置了请求信息，可以提供给全局使用，可多次使用并维持整个会话状态，而.opt 参数内的各项配置信息只作用于当前 GET 请求，它会覆盖和修改 curl 句柄函数内的初始化信息
.encoding	字符集编码，通常可通过请求头中 ContType 获取，常用的有"UTF-8""gb2312"等，默认也可不设置
.opts	配置参数，可使用一组 list 参数，包括 httpheader、proxy、timeout、verbose 等
httpheader	自定义网络请求头
verbose	逻辑值 TRUE 或 FALSE，值为 TRUE 表示输出访问的交互信息，反之不输出

例 1：使用 RCurl 和 XML 包实现 NBA 数据网的信息获取。

目标数据在"//*[@id="background"]/div[6]/a" xpath 规则路径中，其中"//"代表所有符合规则的数据，css 标签用[@id="]表示。

安装并加载数据采集所需的包，代码如下：

```
> install.packages("RCurl")
> install.packages("XML")
> library(RCurl)
> library(XML)
```

获取网页源码，代码如下：

```
> url<-" http://www.stat-nba.com/season/1946.html "
> strhtml<-getURL(url)
```

用 XML 包中的 htmlTreeParse()函数将 strhtml 转变成结构化的 html，参数 encoding=用于设置编码，useInternalNodes =用于设置是否使用内部节点，trim=用于对前后空格进行修整，代码如下：

```
> pagetree<-htmlTreeParse(strhtml,encoding="utf-8",useInternalNodes = TRUE,
trim=TRUE)
```

用 XML 包中的 getNodeSet()函数调用 xpath 路径以定位数据，代码如下：

```
> node<-getNodeSet(pagetree, " //*[@id="background"]/div[6]/a ")
```

提取 xpath 节点对应的文本，代码如下：

```
> title<-sapply(node,xmlValue)
```

提取 xpath 节点对应的属性内容，代码如下：

```
> href<-sapply(node,xmlGetAttr,"href")
```

例 2：使用 RCurl 包提取淘宝搜索框关键词 GET 数据。

设置观测到的目标 URL，代码如下：

```
> url<-" https://suggest.taobao.com/sug?code=utf-8&q=dafenji&_ksTS=166927444
7622_3636&callback=jsonp3637&k=1&area=c2c&bucketid=13 "
```

设置请求头，包含 cookie，如果不设置请求头将无法获取正确的数据，代码如下：

```
> myHttpheader<-c(
+    "Accept"="*/*",
+    "Accept-Encoding"="gzip, deflate, br",
+    "Accept-Language"=" zh-CN,zh;q=0.9 ",
+    "Connection"="keep-alive",
+"Cookie"="thw=cn;
enc=Xm8j9keWk%2FWcDSGJHFrxwrPRTOqvhDw4mwGL1sNTN9FfMwkXiVMQJLFTOqQUhTYmnHld7
L9FoomG2mwp8Ggo7g%3D%3D;
ariaDefaultTheme=undefined;cna=7OPSGWnLt0MCATy6p8nGxKXs;
lgc=%5Cu77F3%5Cu5934%5Cu5F20%5Cu5F71%5Cu5B50;
tracknick=%5Cu77F3%5Cu5934%5Cu5F20%5Cu5F71%5Cu5B50;
t=c3e8d7cae0643cc9e6df492961c33ef0; mt=ci=-1_0;……",###cookie 包含个人账号等隐私
信息，请改成自己的 cookie
+    "Referer"=" https://s.taobao.com/ ",
+    "User-Agent"=" Mozilla/5.0 (Windows NT 10.0; Win64; x64) AppleWebKit/537.36
(KHTML, like Gecko) Chrome/107.0.0.0 Safari/537.36 "
+ )
```

携带请求头使用 GET 请求方法获取数据，代码如下：

```
> KW_data<-getURL(url,httpheader=myHttpheader,encoding="utf8")
```

5.3.2　使用 rvest 包获取网络数据

rvest 包是用户常用的数据采集包，它简洁的语法可以解决大部分的数据采集问题，先使用 read_html()函数读取网页，再通过 css 或 xpath 获取所需要的节点并使用 html_nodes 获取节点内容，还可以结合 stringr 等包对获取的数据进行清理。

1．提取数据

rvest 包提供以下多个用于提取数据的函数。

1）read_html()函数：读取 HTML 文档

read_html()函数用于访问网站，可下载网站的 HTML 源码，函数的参数如表 5-4 所示，其语法格式为：

```
read_html(x, encoding = "")
```

表 5-4　read_html()函数的参数

参　数	解　释
x	需请求的 URL 链接
encoding	HTML 或 XML 文档的编码形式

应用实例：读取某网站的 HTML 文档，代码如下。

```
> read_html("http://www.cntour.cn/",encoding="utf-8")
```

2）html_nodes()函数：选择提取文档中指定元素的部分

html_nodes()函数用于定位标签元素，定位元素后便于提取特定内容，其语法格式为：

```
html_nodes(x, css, xpath)
html_node(x, css, xpath)
```

html_node()函数只提取节点中的一个元素。html_nodes()函数可以提取节点的多个元素，给定一个节点列表，html_nodes()函数将返回一个长度相等的列表。html_node()函数的参数如表 5-5 所示。

表 5-5　html_node()函数的参数

参　数	解　释
x	网页文档、节点列表或单个节点
css, xpath	要收集节点的 css 或 xpath 表达式

应用实例：NBA 数据网中的荣誉/排名，代码如下。

```
> temp<-read_html("http://www.stat-nba.com/award/item8.html")
> title<-html_nodes(temp," .chooser div")
> head(title)
```

在网页中的荣誉/排名处右击选择"审查元素"选项，可观察到的源码标签如图 5-11 所示，html_nodes()函数默认支持 CSS 选择器，荣誉/排名的标签数据在 class="chooser"的 div 标签中，所以该数据的 css 表达式可写为".chooser div"。

3）html_name()函数：提取标签名称

html_name()函数用于定位元素，支持标签名的方式定位，其语法格式为：

```
html_name(x)
```

图 5-11　审查元素可观察到的数据

参数 x 的解释：网页文档、节点列表或单个节点。

应用实例：获取某网站的标签名称，代码如下。

```
> temp<-read_html("http://www.stat-nba.com/award/item8.html")
> title<-html_nodes(temp," .chooser div ")
> html_name(title)
```

4）html_text()函数：提取标签内的文本

html_text()函数用于提取标签中的文本，其参数如表 5-6 所示，其语法格式为：

```
html_text(x, trim = FALSE)
```

表 5-6　html_text()函数的参数

参　　数	解　　释
x	网页文档、节点列表或单个节点
trim	若为 TRUE，则过滤元素内容的前后空格

应用实例：提取某网站的新闻标题，代码如下。

```
> temp<-read_html("http://www.stat-nba.com/award/item8.html")
> title<-html_nodes(temp," .chooser div ")
> html_text(title)%>%head()
```

5）html_attr()函数：提取指定属性的内容

html_attr()函数用于定位元素，支持根据属性定位，其语法格式为：

```
html_attr(x, name, default = NA_character_)
html_attrs(x)
```

html_attr()函数只提取一个元素。此函数的参数如表 5-7 所示，html_attrs()函数可以提取多个元素，当给定一个节点列表时，html_attrs()函数将返回一个长度相等的列表。

表 5-7　html_attr()函数的参数

参　　数	解　　释
x	网页文档、节点列表或单个节点
name	要提取的属性名
default	若任何一个节点的属性不存在，则用这里设置的 string 参数

应用实例：提取出荣誉/排名的链接，代码如下。

```
> temp<-read_html("http://www.stat-nba.com/award/item8.html")
> title<-html_nodes(temp," .chooser")
> html_attr(title,"href")%>%head()
```

6）html_table()函数：解析并下载网页中数据表的数据到 R 语言的数据框中

html_table()函数用于定位网页中的 table 标签，其参数如表 5-8 所示，其语法格式为：

```
html_table(x, header = NA, trim = TRUE, fill = FALSE, dec = ".")
```

表 5-8　html_table()函数的参数

参　　数	解　　释
x	网页文档、节点列表或单个节点
header	若为 TRUE，则第一行为列名；若为 NA，当有\<th\>标签时，第一行为列名
trim	若为 TRUE，则过滤每个单元格前后的空格
fill	若为 TRUE，则自动填充缺失值为 NA
dec	将字符转换为 10 进制

应用实例：提取某网站球队的成绩，代码如下。

```
> temp<-read_html("http://www.stat-nba.com/team/HOU.html")
> table<-html_table(temp)  #提取 temp 文档中的 table 标签，该标签中的元素为球队数据
> head(table[[1]])
```

输出结果为：

```
# A tibble: 6 x 23
   ``     球员      出场  首发  时间  投篮  命中  出手  三分  命中  出手  罚球  命中  出手
篮板 前场 后场 助攻 抢断
  <chr> <chr>    <chr> <chr> <chr> <chr> <chr> <chr> <chr> <chr> <chr> <chr> <chr> <chr>
<chr> <chr> <chr> <chr> <chr> <chr> <chr>
1 ""     詹姆斯-哈~ 61    61    36.7  43.5% 9.9   22.7  "35.~ 4.4   12.6  86.1% 10.1
11.8  6.3   1.0   5.3   7.4   1.7
2 ""     拉塞尔-威~ 53    53    35.9  47.4% 10.7  22.6  "25.~ 1.0   3.8   77.7% 5.1
6.5   8.1   1.8   6.3   7.0   1.7
3 ""     埃里克-戈~ 34    13    28.6  37.0% 4.8   12.9  "31.~ 2.7   8.5   75.7% 2.3
3.0   1.9   0.2   1.7   1.5   0.6
4 ""     克林特-卡~ 39    39    32.9  62.9% 6.3   9.9   ""    0.0   0.0   52.9% 1.4
2.7   13.8  4.3   9.5   1.2   0.9
5 ""     罗波特-考~ 14    13    32.6  42.1% 4.6   10.9  "35.~ 2.9   8.0   78.6% 0.8
1.0   7.9   1.3   6.6   1.3   1.0
6 ""     杰夫-格林  10    0     20.1  62.1% 4.1   6.6   "41.~ 1.4   3.4   80.0% 0.8
1.0   3.2   0.9   2.3   1.2   0.9
# ... with 4 more variables: 盖帽 <chr>, 失误 <chr>, 犯规 <chr>, 得分 <chr>
```

7）html_form()函数：提取表单

html_form()函数用于定位标签，仅支持定位 form 标签，其语法格式为：

```
html_form(x)
```

应用实例：获取某网站的 form 标签，代码如下。

```
> temp<-read_html("https://gitee.com/login ")
> html_form(temp)
```

2．乱码处理

rvest 包提供两个处理乱码的函数：guess_encoding( )函数和 HTML repair_encoding( )
函数。

1）guess_encoding()函数

guess_encoding()函数用于探测网页文档的编码，方便在读入 HTML 文档时设置正确的
编码格式，其语法格式为：

```
guess_encoding(x)
```

参数 x 为字符型向量。

应用实例:

```
> table<-readHTMLTable("http://www.stat-nba.com/team/HOU.html",header=T)
> head(table[[1]])
```

输出结果为:

```
# A tibble: 6 x 23
   ``    球员       出场  首发  时间  投篮  命中  出手  三分  命中  出手  罚球  命中  出手
篮板  前场  后场  助攻  抢断
   <chr> <chr>     <chr> <chr> <chr> <chr> <chr> <chr> <chr> <chr> <chr> <chr> <chr>
<chr> <chr> <chr> <chr> <chr> <chr> <chr>
1 ""    詹姆斯-哈~ 61    61    36.7  43.5% 9.9   22.7  "35.~ 4.4   12.6  86.1% 10.1
11.8  6.3   1.0   5.3   7.4   1.7
2 ""    拉塞尔-威~ 53    53    35.9  47.4% 10.7  22.6  "25.~ 1.0   3.8   77.7% 5.1
6.5   8.1   1.8   6.3   7.0   1.7
3 ""    埃里克-戈~ 34    13    28.6  37.0% 4.8   12.9  "31.~ 2.7   8.5   75.7% 2.3
3.0   1.9   0.2   1.7   1.5   0.6
4 ""    克林特-卡~ 39    39    32.9  62.9% 6.3   9.9   ""    0.0   0.0   52.9% 1.4
2.7   13.8  4.3   9.5   1.2   0.9
5 ""    罗波特-考~ 14    13    32.6  42.1% 4.6   10.9  "35.~ 2.9   8.0   78.6% 0.8
1.0   7.9   1.3   6.6   1.3   1.0
6 ""    杰夫-格林  10    0     20.1  62.1% 4.1   6.6   "41.~ 1.4   3.4   80.0% 0.8
1.0   3.2   0.9   2.3   1.2   0.9
# ... with 4 more variables: 盖帽 <chr>, 失误 <chr>, 犯规 <chr>, 得分 <chr>
```

```
> names(table[[1]])
```

输出结果为:

```
 [1] ""      "球员" "出场" "首发" "时间" "投篮" "命中" "出手" "三分" "命中" "出手" "
罚球" "命中" "出手" "篮板" "前场"
[17] "后场" "助攻" "抢断" "盖帽" "失误" "犯规" "得分"
```

```
> guess_encoding(names(table[[1]]))
```

输出结果为:

```
    encoding language confidence
1       UTF-8             1.00
2 windows-1252      no    0.53
3 windows-1253      el    0.17
4    UTF-16BE             0.10
5    UTF-16LE             0.10
6    Shift_JIS     ja     0.10
7    GB18030       zh     0.10
8       Big5       zh     0.10
9      KOI8-R      ru     0.06
```

2）repair_encoding()函数

repair_encoding()函数用于修复 HTML 文档读入后的乱码问题，此函数的参数如表 5-9 所示，其语法格式为：

```
repair_encoding(x, from = NULL)
```

表 5-9　repair_encoding()函数的参数

参　　数	解　　释
x	字符型向量
from	字符的实际编码格式

应用实例：自动识别编码的代码如下。

```
> repair_encoding(names(table[[1]]))
```

指定编码：

```
> repair_encoding(names(table[[1]]),from="utf-8")
```

3．行为模拟

行为模拟是模拟用户在网页上的行为，如输入账号密码，或者在搜索框输入关键词等。rvest 包提供的行为模拟相关函数如下。

1）set_values()函数：修改表单

它的参数如表 5-10 所示，其语法格式为：

```
set_values(form, …)
```

表 5-10　set_values()函数的参数

参　　数	解　　释
form	要修改的表单
…	针对要修改控件的名-值对

应用实例：模拟用户在百度搜索关键词的行为，代码如下。

```
> temp<-read_html("http://www.baidu.com")
> search<-html_form(temp)
```

输出结果为：

```
<form> 'form' (GET http://www.baidu.com/s)
 <field> (hidden) ie: utf-8
 <field> (hidden) f: 8
 <field> (hidden) rsv_bp: 1
 <field> (hidden) rsv_idx: 1
 <field> (hidden) ch:
 <field> (hidden) tn: baidu
 <field> (hidden) bar:
 <field> (text) wd:
```

```
<field> (submit) : 百度一下
<field> (hidden) rn:
<field> (hidden) fenlei: 256
<field> (hidden) oq:
<field> (hidden) rsv_pq: 0xa561849e00010aff
<field> (hidden) rsv_t: 548adWmox3RSDSi5n...
<field> (hidden) rqlang: en
```

```
> set_values(search[[1]], wd="金华")    #wd 为搜索关键词参数
```

输出结果为：

```
<form> 'form' (GET http://www.baidu.com/s)
<field> (hidden) ie: utf-8
<field> (hidden) f: 8
<field> (hidden) rsv_bp: 1
<field> (hidden) rsv_idx: 1
<field> (hidden) ch:
<field> (hidden) tn: baidu
<field> (hidden) bar:
<field> (text) wd: 金华
<field> (submit) : 百度一下
<field> (hidden) rn:
<field> (hidden) fenlei: 256
<field> (hidden) oq:
<field> (hidden) rsv_pq: 0xa561849e00010aff
<field> (hidden) rsv_t: 548adWmox3RSDSi5n...
<field> (hidden) rqlang: en
```

2）submit_form( )函数：提交表单

它的参数如表 5-11 所示，其语法格式为：

```
submit_form(session, form, submit = NULL, ···)
```

表 5-11　submit_form()函数的参数

参　　数	解　　释
session	要提交表单的会话
form	要提交的表单
submit	上传使用的 button 名，如果没有设置，则默认为 form 第一个上传的 button
···	GET()和 POST()的附加参数

应用实例：提交百度搜索表单，如图 5-12 所示，代码如下。

```
> baidu_session<-html_session("http://www.baidu.com")
> temp<-read_html("http://www.baidu.com")
> search<-html_form(temp)
> search<-set_values(search[[1]],wd="金华")
> test<-submit_form(baidu_session,search)
```

图 5-12　百度搜索表单

3）html_session( )函数：模拟 HTML 浏览器会话

它的参数如表 5-12 所示，其语法格式为：

```
html_session(url, …)
```

表 5-12　html_session()函数的参数

参　　数	解　　　释
url	开始 session 的 URL 地址
…	session 的其他参数

html_session(函数可用于与目标网页进行交互时保持会话状态，如保持 cookie，并在交互后获取最新的网页源码。session 会话中可以提取网页源码的标签内容。

应用实例：

```
> cntour_session<-html_session("http://www.cntour.cn/")
> cntour_session
> html_nodes(cntour_session,'.newsList li.top a')%>%html_text()
```

4）jump_to( )函数：得到相对或绝对链接

它的参数如表 5-13 所示，其语法格式为：

```
jump_to(x, url, …)
```

表 5-13　jump_to()函数的参数

参　　数	解　　　释
x	一个会话
url	要访问的地址（相对或绝对）

应用实例：

```
> baidu_session<-html_session("http://www.baidu.com")
> jump_to(baidu_session,"/more/")  #请求 http://www.baidu.com/more/
```

5）follow_link( )函数：通过表达式找到当前页面下的链接

它的参数如表 5-14 所示，其语法格式为：

```
follow_link(x, i, css, xpath, …)
```

表 5-14 follow_link()函数的参数

参　数	解　释
x	一个会话
i	若为整型，则选择第 i 个链接；若为字符串，则选择包含该文本信息的第一个链接
css, xpath	要选择的节点
…	能应用到这个请求的任何 HTTP 配置

应用实例：

```
> cntour_session<-html_session("http://www.cntour.cn/")
> follow_link(cntour_session,1)
```

输出结果为：

```
Navigating to /
<session> http://www.cntour.cn/
 Status: 200
 Type:  text/html; charset=UTF-8
 Size:  1548423

> follow_link(cntour_session,2)
```

输出结果为：

```
Navigating to /headlines.html
<session> http://www.cntour.cn/headlines.html
 Status: 200
 Type:  text/html; charset=UTF-8
 Size:  620536
```

5.3.3　使用 httr 包获取网络数据

httr 包常用的函数是 get()、post()、use_proxy()。

get()函数的参数如表 5-15 所示，其语法格式为：

```
get(url,use_proxy(ip,port))
```

表 5-15 get()函数的参数

参　数	解　释
url	要请求的 URL 链接
use_proxy	可选，ip 是代理服务器的地址，port 是代理服务器的端口

post()函数的部分参数如表 5-16 所示，其语法格式为：

```
post(url,add_headers(.headers=header),set_cookies(.cookies=cookie),body=parse,
use_proxy(ip,port))
```

表 5-16 post()函数的部分参数

参　　数	解　　释
add_headers	用于设置请求头，header 是自定义的表头，用向量的形式组合请求头
set_cookies	用于设置 cookie，cookie 是自定义的 cookie
body	请求正文，parse 是请求正文，用列表的形式组合请求正文

示例：使用 httr 包提取淘宝搜索框关键词数据。

设置请求头，代码如下：

```
> myHttpheader <-c(
+   "Accept"="*/*",
+   "Accept-Encoding"="gzip, deflate, br",
+   "Accept-Language"=" zh-CN,zh;q=0.9 ",
+   "Connection"="keep-alive",
+   "Referer"=" https://s.taobao.com/ ",
+   "User-Agent"=" Mozilla/5.0 (Windows NT 10.0; Win64; x64) AppleWebKit/537.36
(KHTML, like Gecko) Chrome/107.0.0.0 Safari/537.36 "
+ )
```

设置 cookie，代码如下：

```
>Cookie<-"thw=cn;
enc=Xm8j9keWk%2FWcDSGJHFrxwrPRTOqvhDw4mwGL1sNTN9FfMwkXiVMQJLFTOqQUhTYmnHld7
L9FoomG2mwp8Ggo7g%3D%3D;
ariaDefaultTheme=undefined;
cna=7OPSGWnLt0MCATy6p8nGxKXs;
lgc=%5Cu77F3%5Cu5934%5Cu5F20%5Cu5F71%5Cu5B50;
tracknick=%5Cu77F3%5Cu5934%5Cu5F20%5Cu5F71%5Cu5B50;
t=c3e8d7cae0643cc9e6df492961c33ef0; mt=ci=-1_0;……"
```

设置观察到的 URL，代码如下：

```
>url<-"https://suggest.taobao.com/sug?code=utf-8&q=dafenji&_ksTS=1669274447
622_3636&callback=jsonp3637&k=1&area=c2c&bucketid=13"
```

获取数据，代码如下：

```
>html<-read_html(httr::POST(url,add_headers(.headers=myHttpheader),set_cook
ies(.cookies=Cookie))) # httr::POST 表示在不 library 的情况下直接调用 httr 包的 post()
函数
```

5.4 爬虫限制处理

网站防采集机制是指由于爬虫以访问服务器的方式获取数据，当服务器被批量请求时，服务器的资源就会被大量占用，甚至会影响正常用户的访问，因此工程师会为了防止大量的数据爬取影响正常的用户访问，在服务器加入有关反爬虫机制，通过限制访问频率、身份验证等手段，阻止别人批量获取网站信息。

5.4.1 解决 IP 限制问题

在频繁访问服务器爬取数据时，服务器很容易察觉到某个 IP 的访问次数远远大于正常的访客，因此会对访问次数过大的 IP 进行限制，并在一定时间范围内拒绝访问。此时就需要采取换 IP 的方式继续采集数据，换 IP 需要使用 IP 代理服务器。

代理服务器的工作机制很像生活中常常提及的代理商，假设客户端计算机为 A 机，想获得的数据由 B 机提供，代理服务器为 C 机。首先，A 机需要 B 机的数据，它与 C 机建立连接，C 机接收 A 机的数据请求后，与 B 机建立连接，下载 A 机所请求的 B 机上的数据到本地，再将此数据发送至 A 机，完成代理任务，如图 5-13 所示。

图 5-13　代理服务器数据传输路径示意图

在 R 语言中解决此问题的方法是使用代理池，代理池包含多个代理服务器，代理池可以付费购买服务，也可以自建，两者的特点如下。

（1）付费购买代理池：代理服务器网速和连接相对稳定，可用代理服务器数量多。

（2）自建代理池：免费，代理服务器网速和连接相对不稳定，可用代理服务器数量少。

使用购买的代理池只需访问 API，使用起来非常方便。自建代理池需要从网络上获取免费的代理列表。

1）爬取代理列表

寻找网络中可提供免费代理的网站，观察 URL 规律。

```
> getProies<-function(){
+   my.proxies=c()
+   for (i in 1:10){
+     url<-paste("http://www.ip3366.net/?stype=1&page=",i,sep="")
+     html<-read_html(url)
+     agent<-html_table(html)
+     for(i in 1:10){
+       ip<-paste(agent[[1]][i,1],":",agent[[1]][i,2],sep="")
+       my.proxies<-c(my.proxies,ip)
+     }
+   }
+   return(my.proxies)
+ }
```

2）检验代理 IP 是否有效

使用每个代理 IP 分别访问百度，可以正常访问则代表代理 IP 有效。

```
> testProies<-function(myproxies){
+   use.proxies=c()
+   url<-"https://www.baidu.com"
+   d<-debugGatherer()
```

```
+  for (i in myproxies){
+chandle<-getCurlHandle(debugfunction=d$update,followlocation=TRUE,proxy=i,
verbose=TRUE)
+error<-try(getURL(url,curl=chandle,.opts=list(maxredirs=2,ssl.verifypeer=
FALSE,verbose=TRUE,timeout=5)),silent=TRUE)
+    if(!'try-error' %in% class(error)){
+      use.proxies<-c(use.proxies,i)
+    }else{
+      next
+    }
+    Sys.sleep(1)
+    }
+  return(use.proxies)
+}
```

　　3）执行程序

```
> library(Rcurl)
> library(rvest)
> myip<-getProies()
> usebleip<-testProies(myip)
```

5.4.2　验证码处理

　　在爬取网络数据的时候，由于程序频繁访问服务器，可能会触发验证，验证方式最为常见的是验证码。

　　验证码是一种判断用户为计算机还是人的全自动程序，可以防止恶意破解密码、刷票、论坛灌水，有效防止某个黑客对某一个特定注册用户通过特定程序暴力破解方式进行不断的登录尝试。

　　处理验证码的步骤如下。

　　（1）判断是否触发了验证码。

　　（2）获取页面源代码，下载验证码图片，下载验证码的代码如下。

```
> install.packages("downloader")
> library(RCurl)
> library(downloader)
> url<-"https://accounts.douban.com/login"
> login_html<-getURL(url)
> captcha<-htmlTreeParse(login_html,error=function(…){},useInternalNodes=
TRUE,trim=TRUE)%>%getNodeSet("//*[@id='captcha_image']")%>%sapply(xmlGetAtt
r,"src") ##定位验证码标签，获取验证码图片链接，若没有该标签，则 captcha 为空
#如果有验证码则执行下载图片
> if(length(captcha)!=0){  #如果 captcha 的长度不为 0，说明有验证码
#下载图片
+  download(captcha,"d:/123.jpg",mode="wb")
+}
```

（3）使用专业打码平台的 API（打码服务一般为收费服务），将验证码图片或者图片路径上传到打码平台，API 返回打码结果。

（4）填写验证码并提交表单。验证码以表单的形式提交给服务器进行验证。

5.4.3 登录问题处理

在爬取网络数据的时候，有些数据需要在登录网站后才可以获取，登录账号及密码一般以表单的形式提交给服务器进行验证，此时可以通过提交表单实现自动登录。

以浙江师范大学的官网登录为例，实现代码如下：

```
> library(rvest)
> session<-html_session("http://authserver.zjnu.edu.cn/authserver/login")
> temp<-read_html("http://authserver.zjnu.edu.cn/authserver/login")
> search<-html_form(temp) #获取登录表单
> search
```

输出结果为：

```
[[1]]
<form> 'casLoginForm' (POST /authserver/login)
 <input text> 'username':
 <input password> '':
 <input text> 'password':
 <input checkbox> 'rememberMe':
 <button submit> '<unnamed>
 <input hidden> 'lt': LT-14998-heyFRGR0795BtW4UKIkZdFRsq72jWD1584799777981-
9WYa-idssso2
 <input hidden> 'dllt': userNamePasswordLogin
 <input hidden> 'execution': e1s1
 <input hidden> '_eventId': submit
 <input hidden> 'rmShown': 1
 <input hidden> '': q9I57A4rlqXM5Mza
```

设置账号和密码，代码如下：

```
> search<-set_values(search[[1]], 'username'="*******@qq.com", password="******")
#填写表单
```

提交表单，代码如下：

```
> login<-submit_form(session,search) #提交登录表单
> login  #打印登录结果, Status: 200, 状态码为 200, 则表示登录成功
```

输出结果为：

```
<session> http://authserver.zjnu.edu.cn/au  thserver/login
 Status: 200
 Type:  text/html; charset=UTF-8
 Size:  9614
```

第6章　时间序列算法

【内容概述】

1）了解时间序列的相关理论。

2）掌握 R 语言中时间序列分析建模的方法。

6.1　时间序列算法概述

时间序列是将某种现象的某一个统计指标在不同时间上的各个数值，按时间先后顺序排列而形成的序列，时间序列是现实的、真实的一组数据，而不是在数理统计中做实验得到的数据。既然是真实的，它就是反映某一现象的统计指标，其背后是某一现象的变化规律。时间序列分析的主要目的是根据已有的历史数据洞悉其规律并对未来进行预测。

根据数据的波动可以将数据分为平稳序列和非平稳序列两大类。平稳序列是不存在趋势只存在随机性的序列，非平稳序列则是包含趋势、季节性和随机性的序列。

（1）趋势：时间序列在长时间内呈现出来的长期上升或下降的变动。

（2）季节性：时间序列在一年内出现的周期性波动，比如，航空业的销售淡季和销售旺季。

（3）随机性：时间序列的偶然性波动。

时间序列分析是定量预测方法之一，是根据系统观测得到的时间序列数据，通过曲线拟合和参数估计来建立数学模型的理论和方法。它包括一般统计分析（如自相关分析、谱分析等）、统计模型的建立与推断，以及关于时间序列的最优预测、控制与滤波等内容。经典的统计分析都假定数据序列具有独立性，而时间序列分析则侧重研究数据序列的互相依赖关系。后者实际上是对离散指标随机过程的统计分析，所以又可看作随机过程统计的一个组成部分。

时间序列（以下简称为时序）分析分为确定性时序分析和随机性变化分析两种。

1．确定性时序分析

确定性时序分析是为了克服其他因素的影响，或单纯测出某一个确定性因素对序列的影响，或推断出各种确定性因素彼此之间的相互作用关系及它们对序列的综合影响。

有些时序具有非常显著的趋势，分析的目的就是要找到序列中的这种趋势，并利用这种趋势对序列的发展做出合理的预测。

确定性时序分析的常用方法是趋势拟合法和平滑法。

（1）趋势拟合法就是把时间作为自变量，相应的序列观察值作为因变量，建立序列观察值随时间变化的回归模型的方法，包括线性拟合和非线性拟合。

线性拟合的使用场合为长期趋势呈现线性特征的场合，参数估计方法为最小二乘估计，其模型为：

$$X_t = a + bt + I_t$$
$$E(I_t) = 0$$
$$\text{Var}(I_t) = \sigma^2$$

式中，t 表示某个观测时间点；a 表示常数；b 表示自变量系数；I_t 表示随机项；$E(I_t) = 0$ 表示随机项的均值为 0；$\text{Var}(I_t) = \sigma^2$ 表示随机项的方差等于标准差的平方。

非线性拟合的使用场合为长期趋势呈现非线性特征的场合，其参数估计的思想是把能转换成线性模型的都转换成线性模型，用线性最小二乘法进行参数估计。不能转换成线性模型的，就用迭代法进行参数估计，其模型为：

$$T_t = a + bt + ct^2$$
$$T_t = ab^t$$
$$T_t = a + bc^t$$

式中，T_t 为对原始非线性变量进行转换后的线性变量；a 表示常数；b，c 表示自变量系数。

（2）平滑法是进行趋势分析和预测时常用的一种方法。它是利用修匀技术，削弱短期随机波动对序列的影响，使序列平滑化，从而显示出长期趋势变化规律的方法。

2. 随机性变化分析

随机时序模型（Nime Series Modeling）是指仅用它的过去值及随机扰动项建立起来的模型，有 AR、MA、ARMA 模型等，其一般形式为：

$$Y_n = F(Y_{n-1}, Y_{n-2}, \cdots, \mu_n)$$

取线性方程、一期滞后及白噪声随机扰动项（$\mu_n = \varepsilon_n$）。模型将是一个 1 阶自回归过程 AR(1)：$Y_n = aY_{n-1} + \varepsilon_n$。这里，$\varepsilon_n$ 特指白噪声。

一般的 p 阶自回归过程 AR(p)是

$$Y_n = a_1Y_{n-1} + a_2Y_{n-2} + \cdots + a_pY_{n-p} + \mu_n$$

式中，Y_{n-1} 表示过去的某个观测值；μ_n 表示随机扰动项。

若随机扰动项是一个白噪声（$\mu_n = \varepsilon_n$），则称上式为一纯 AR(p)过程〔Pure AR(p) Process〕，记为：

$$Y_n = a_1Y_{n-1} + a_2Y_{n-2} + \cdots + a_pY_{n-p} + \varepsilon_n$$

若 μ_n 不是一个白噪声，则通常认为它是一个 q 阶的移动平均（Moving Average）过程 MA(q)，也称为纯 MA(q)过程，记为：

$$\mu_n = \varepsilon_n - c_1\varepsilon_{n-1} - c_2\varepsilon_{n-2} - \cdots - c_q\varepsilon_{n-q}$$

式中，c 表示移动系数。

将纯 AR(p)与纯 MA(q)结合，得到一个一般的自回归移动平均（Aunoregressive Moving Average）过程 ARMA(p,q)：

$$Y_n = a_1Y_{n-1} + \cdots + a_pY_{n-p} + \varepsilon_n - C_1\varepsilon_{n-1} - C_2\varepsilon_{n-2} - \cdots - C_q\varepsilon_{n-q}$$

该式表明：

（1）一个随机时序可以通过一个自回归移动平均过程生成，即该序列可以由其自身的过去或滞后值及随机扰动项来解释。

（2）如果该序列是平稳的，即它的行为并不会随着时间的推移而变化，那么就可以通过该序列过去的行为来预测未来。这也正是随机时序模型的优势所在。需要说明的是，上述 ARMA(p,q) 模型中均未包含常数项。如果包含常数项，则常数项并不影响模型的原有性质，因为通过适当的变形，可以将包含常数项的模型转换为不含常数项的模型。

时序建模的基本步骤如下。

（1）用观测、调查、统计、抽样等方法取得被观测系统的时序动态数据。

（2）根据动态数据作相关图，进行相关分析，求自相关函数。相关图能显示出变化的趋势和周期，并能发现跳点和拐点。跳点是指与其他数据不一致的观测值。若跳点是正确的观测值，则在建模时应考虑进去，若是反常现象，则应把跳点调整到期望值。拐点则是指时序从上升趋势突然变为下降趋势的点。若存在拐点，则在建模时必须用不同的模型去分段拟合该时序，如采用门限回归模型。

（3）时序分析的难点是辨识合适的随机模型进行曲线拟合，即用通用随机模型去拟合时序的观测数据。对于短的或简单的时序，可用趋势模型和季节模型加上误差来进行拟合。对于平稳时序，可用通用 ARMA 模型（自回归滑动平均模型）及其特殊情况的自回归模型、滑动平均模型来进行拟合。当观测值多于 50 个时一般都采用 ARMA 模型。对于非平稳时序，则要先将观测到的时序进行差分运算去除趋势和不平稳性，并用 ARIMA 模型来进行拟合。

6.1.1　时序对象

将时序对象转化为时序形式是进行时序分析的前提，将数据转化成时序对象后，可进行时序分析、建模与绘图，例如：

```
> sales<-c(14,13,17,20,26,21,47,33,57,41,29,12,25,34,29,46,49,51,64,46,70,27,
46,38)
```

ts() 函数可生成连续的时序对象，其中，frequency 参数用于设置每个单位包含的观测值数量，frequency=12 对应生成月度数据，frequency=4 对应生成季度数据，代码如下：

```
> tsales<-ts(sales,start =c(2017,1),frequency=12)
> tsales
```

输出结果为：

```
     Jan Feb Mar Apr May Jun Jul Aug Sep Oct Nov Dec
2017  14  13  17  20  26  21  47  33  57  41  29  12
2018  25  34  29  46  49  51  64  46     70  27  46  38
```

6.1.2　时序平滑处理

时序数据中往往存在显著的随机误差数据，而数据平滑处理可以通过画出一条平滑曲线自动排除随机误差。获取平滑曲线最简单的方法就是简单移动平均，其原理为：

$$S_t = \frac{(Y_{t-q} + \cdots + Y_t + \cdots + Y_{t+q})}{2q+1}$$

其中，S_t 为时间点 t 的平滑值，$k=2q+1$ 为观测值个数。forecast 包中的 ma(x,order)函数可对时序数据进行平滑处理，其中 x 是要进行平滑处理的时序数据，order 就是上式的 k 参数。以尼罗河流量和年份的关系为例，进行简单移动平均的统计计算介绍，绘制尼罗河流量和年份的关系图，代码如下：

```
> install.packages("forecast")
> library(forecast)
> ylim<-c(min(Nile),max(Nile))
> plot(Nile,main="raw time series")
```

输出结果如图 6-1 所示。

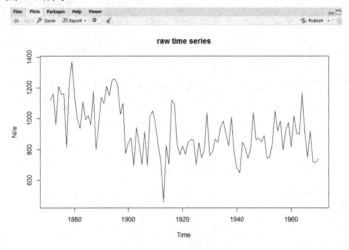

图 6-1　尼罗河流量和年份的关系图

用 ma()函数进行平滑处理，通过改变 k 参数值进行图像平滑处理，结果如图 6-2、图 6-3 和图 6-4 所示。

使 $k=3$，代码如下：

```
> plot(ma(Nile,3),main="Nile simple moving average (k=3)",ylim=ylim)
```

输出结果如图 6-2 所示。

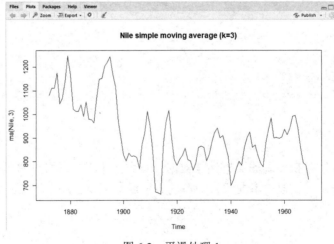

图 6-2　平滑处理 1

使 $k=7$，代码如下：

```
> plot(ma(Nile,7),main="Nile simple moving average (k=7)",ylim=ylim)
```

输出结果如图 6-3 所示。

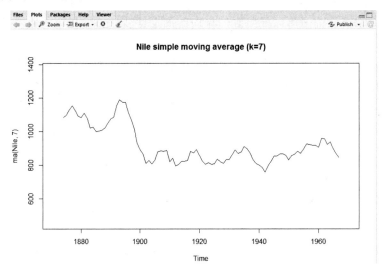

图 6-3　平滑处理 2

使 $k=15$，代码如下：

```
> plot(ma(Nile,15),main="Nile simple moving average (k=15)",ylim=ylim)
```

输出结果如图 6-4 所示。

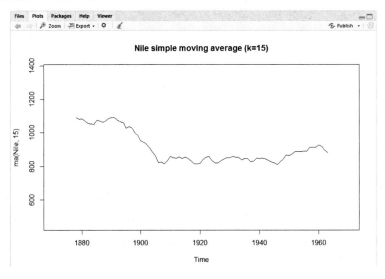

图 6-4　平滑处理 3

从以上三张图可发现，随着 k 值的增大，图像变得越来越平滑，但关于 k 值的确定，并没有什么便捷的方法，需要不断尝试直至找出最合适的 k 值。

6.1.3 时序季节性分解

存在季节性因素的时序可以分解为趋势因子、季节性因子和随机因子。趋势因子能捕捉到长期变化；季节性因子可以捕捉到一年内的周期性变化；随机因子则能捕捉到不能被趋势或季节效应解释的变化。

统计学认为，季节性因子是由于季节更换的固定规律作用而发生的周期性变动，季节变动的周期比较稳定，通常为一年，故可将数据做季节性分解，以剔除数据的季节性影响。

以 AirPassengers 数据集中年份和乘客数量的关系为例，介绍时序季节性分解，绘制年份和乘客数量的关系图，代码如下：

```
> plot(AirPassengers)
```

输出结果如图 6-5 所示。

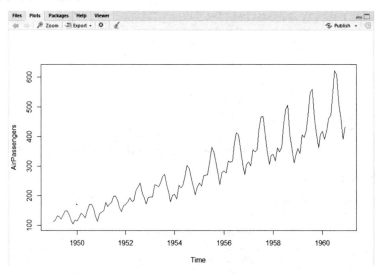

图 6-5　年份和乘客数量的关系图 1

对数变换 AirPassengers 序列，稳定序列波动，代码如下：

```
> lAirpassengers<-log(AirPassengers)
> plot(lAirpassengers,ylab = 'log(Airpassengers)')
```

输出结果如图 6-6 所示。

使用 stl(x, s.window)函数对对数变换后的 AirPassengers 进行稳健回归分解，其中，x 是要进行分解的时序数据集，s.window 是要预测的窗口时间。时序被分解为季节效应图、趋势图及随机波动图，如图 6-7 所示，代码如下：

```
> fit<-stl(lAirpassengers,s.window = 'period')
> plot(fit)
```

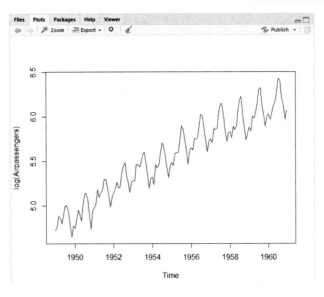

图 6-6 年份和乘客数量的关系图 2

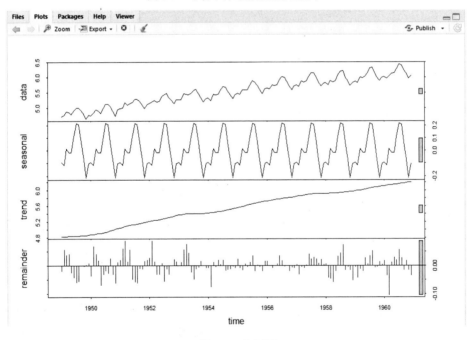

图 6-7 分解图

stl()函数把时序分解为三个部分：趋势项（Trend Component）、季节项（Seasonal Component）和余项（Remainder Component）。

```
> fit$time.series
```

输出结果为：

		seasonal	trend	remainder
Jan	1949	-0.09164042	4.829389	-0.0192493585
Feb	1949	-0.11402828	4.830368	0.0543447685

```
Mar  1949   0.01586585   4.831348   0.0355884457
Apr  1949  -0.01402759   4.833377   0.0404632511
May  1949  -0.01502478   4.835406  -0.0245905300
Jun  1949   0.10978976   4.838166  -0.0426814256
Jul  1949   0.21640041   4.840927  -0.0601151688
Aug  1949   0.20960587   4.843469  -0.0558624690
Sep  1949   0.06747156   4.846011  -0.0008273977
Oct  1949  -0.07024836   4.850883  -0.0015112948
Nov  1949  -0.21352774   4.855756   0.0021630667
Dec  1949  -0.10063625   4.864586   0.0067346600
```

用 monthplot()函数与 seasonplot()函数将数据进行月度图可视化与季度图可视化，结果如图 6-8 所示，代码如下：

```
> par(mfrow=c(2,1))#设置一个绘图区中绘制 2 行 1 列的图片
> monthplot(AirPassengers,xlab='',ylab='')
> seasonplot(AirPassengers,year.labels = T,main = '')
```

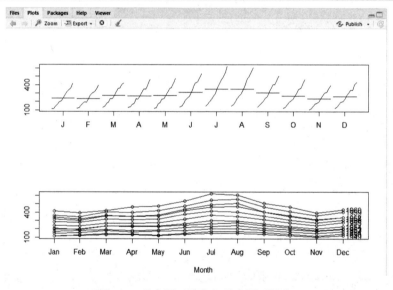

图 6-8　月度图可视化与季度图可视化

第一幅图是月度图，表示的是每个月份组成的子序列，以及每个子序列的平均值（横线）。从这幅图来看，每个月的增长趋势几乎是一致的。另外，还可以看到 7 月和 8 月的乘客数量最多。

第二幅图是季度图，这幅图以年份为子序列。从图中也可以观测到同样的趋势性和季节效应，7 月和 8 月的乘客数量最多。

6.2　时序指数模型

指数模型是用来预测时序未来值的最常用模型，该类模型适用于短期预测，不同指数模型建模时选用的因子可能不同。单指数模型拟合的是只有常数水平项和时间点 i 处随机

项的时序，此模型认为数据中不存在趋势及季节性；双指数模型（Holt 指数平滑）拟合的是水平项和趋势项的时序，此模型认为数据中存在趋势；三指数模型（Holt-Winters 指数平滑）拟合的是水平项、趋势项和季节项的序列，此模型认为数据中存在趋势及季节性。不同的指数模型如表 6-1 所示。

表 6-1　不同的指数模型

类　　型	参　　数	函　　数
单指数	水平项	ets(ts, model="ANN") ses(ts)
双指数	水平项、趋势项	ets(ts, model="AAN") holt(ts)
三指数	水平项、趋势项和季节项	ets(ts, model="AAA") hw(ts)

表 6-1 中的 ses()、holt()、和 hw()函数都是 ets()函数的便捷包装（Convenience Wrapper），函数中有事先默认设定的参数值。

R 语言中自带的 forecast 包中的 ets()函数可以拟合指数模型。调用语句为 ets(ts, model="ZZZ")，其中 ts 是要分析的时序，model 为模型类型，限定模型类型的字母有三个。第一个字母代表水平项，第二个字母代表趋势项，第三个字母则代表季节项。可选的字母包括：相加模型（A）、相乘模型（M）、无（N）、自动选择（Z），当时序中数据值的季节变动大致相等时应采用相加模型，当时序中数据值的季节变动与数据值的长期趋势大致成正比时应采用相乘模型。

1. 单指数平滑

使用前提：时序没有明显的某种趋势且无法从年度数据中看出季节性因素。

观测值的表达式为：Y_t=level+irregular，其中 level 表示水平项。

在时间点 $t+1$ 的预测值可表示为：$Y_{t+1} = c_0 Y_{t-1} + c_1 Y_{t_2} + \cdots$，其中 $c_i = a(1-a)^i$，i=0,1,2,$\cdots$ 且 $0 \leq a \leq 1$，权数 c_i 的总和为 1。a 用于控制权数下降的速度，a 越接近 1，则近期观测值的权重越大，反之，a 越接近 0，则历史观测值的权重越大。

例如，nhtemp 数据集中有康涅狄格州纽黑文市从 1912 年到 1971 年每一年的平均华氏温度。

```
> nhtemp
```

输出结果为：

```
Time Series:
Start = 1912
End = 1971
Frequency = 1
 [1] 49.9 52.3 49.4 51.1 49.4 47.9 49.8 50.9 49.3 51.9 50.8
[12] 49.6 49.3 50.6 48.4 50.7 50.9 50.6 51.5 52.8 51.8 51.1
[23] 49.8 50.2 50.4 51.6 51.8 50.9 48.8 51.7 51.0 50.6 51.7
[34] 51.5 52.1 51.3 51.0 54.0 51.4 52.7 53.1 54.6 52.0 52.0
[45] 50.9 52.6 50.2 52.6 51.6 51.9 50.5 50.9 51.7 51.4 51.7
[56] 50.8 51.9 51.8 51.9 53.0
```

ets 模型的 model 参数中 A 表示相加模型，NN 表示时序中不存在趋势项和季节项。

```
> fit<-ets(nhtemp, model = "ANN")
> fit
```

输出结果为：

```
ETS(A,N,N)
Call:
 ets(y = nhtemp, model = "ANN")

  Smoothing parameters:
    alpha = 0.182

  Initial states:
    l = 50.2759

  sigma:  1.1263


     AIC     AICc      BIC
265.9298 266.3584 272.2129
```

α 值为 0.182，比较小，说明预测结果同时考虑了离现在较近和较远的观测值，这样的 α 值可以最优化该模型的拟合效果。

```
> forecast(fit, 1)
```

输出结果为：

```
        Point Forecast    Lo 80    Hi 80    Lo 95   Hi 95
1972       51.87045   50.42708 53.31382 49.66301 54.0779
```

forecast()函数用于预测未来 k 个单位时间的值，其形式为 forecast(fit, k)，上述代码 forecast(fit, 1)表示用 fit 这个建好的模型去预测未来 1 个单位时间也就是 1972 年的平均华氏温度，预测结果为 51.87℉，其 95%的置信区间为 49.7℉ 到 54.1℉。

2. Holt 指数平滑和 Holt-Winters 指数平滑

Holt 指数平滑可以对有水平项和趋势项（有趋势表示直线不是平的，会有斜率）的时序进行拟合。时刻 t 的观测值可表示为：

$$Y_t = \text{level} + \text{slope} \times t + \text{irregular}_t$$

其中，slope 表示趋势项（斜率），该模型在单指数模型的基础上添加了 beta 参数，以控制斜率的下降，两个参数的有效范围都是[0,1]，参数取值越大意味着越近的观测值的权重越大。

Holt-Winters 指数平滑可用来拟合有水平项、趋势项及季节项的时序，此时模型可以表示为：

$$Y_t = \text{level} + \text{slope} \times t + s_t + \text{irregular}_t$$

其中，s_t 代表时刻 t 的季节效应，该模型在 Holt 模型的基础上添加了 gamma 参数，该参数控制季节项的下降，取值范围同样为[0,1]，gamma 值越大，意味着越近的观测值的季节效应权重越大。

接下来以 AirPassengers 数据集为例介绍 Holt-Winters 指数平滑预测时序。该数据集描述了 1949 年至 1960 年的 1 月至 12 月期间，每月国际航线乘客数（对数形式），使用相加模型对该数据集进行时序预测。

```
> library(forecast)
```

对原始数据集 AirPassengers 取对数，model 设置为 AAA 三指数模型。

```
> fit<-ets(log(AirPassengers),model = "AAA")
> fit
```

输出结果为：

```
ETS(A,A,A)

Call:
 ets(y = log(AirPassengers), model = "AAA")

  Smoothing parameters:
    alpha = 0.6534
    beta  = 1e-04
    gamma = 1e-04

  Initial states:
    l = 4.8022
    b = 0.01
    s=-0.1047 -0.2186 -0.0761 0.0636 0.2083 0.217
          0.1145 -0.011 -0.0111 0.0196 -0.1111 -0.0905

  sigma:  0.0359

   AIC    AICc  BIC
-204.1 -199.8 -156.5
```

模型给出三个平滑参数，即水平项 0.6534、趋势项 0.0001、季节项 0.0001。趋势项的参数小意味着近期观测值的斜率不需要更新。

使用 accuracy()函数可得到预测值与实际值对比产生的一系列误差值，用于度量模型预测值的准确性，代码如下：

```
> accuracy(fit)
```

输出结果为：

	ME	RMSE	MAE	MPE	MAPE	MASE	ACF1
Training set	-0.0003695	0.03672	0.02835	-0.007882	0.5206	0.07532	0.2289192

其中，ME 表示平均误差，RMSE 表示平均残差平方和的平方根，MAE 表示平均绝对误差，MPE 表示平均百分比误差，MAPE 表示平均绝对百分误差，MASE 表示平均绝对标

准化误差。在这几种预测准确性度量中，并不存在某种最优度量，不过 RMSE 相对最有名、最常用。在本例中 RMSE 为 0.03℉。

使用拟合好的模型预测后 5 个月国际路线的乘客人数，代码如下：

```
> pred<-forecast(fit, 5)
> pred
```

输出结果为：

```
          Point Forecast    Lo 80     Hi 80     Lo 95     Hi 95
Jan 1961        6.103667  6.057633  6.149701  6.033264  6.174070
Feb 1961        6.093102  6.038110  6.148093  6.008999  6.177204
Mar 1961        6.233814  6.171130  6.296498  6.137947  6.329681
Apr 1961        6.213130  6.143597  6.282662  6.106789  6.319470
May 1961        6.223273  6.147507  6.299039  6.107399  6.339148
```

由于建模时使用的是数据集 AirPassengers 的对数，所以预测的值也是指数化的，可以用 exp()函数返回基于原始尺度的预测值。使用 exp()函数将指数转化为人数，代码如下：

```
> pred$mean<-exp(pred$mean)
> pred$lower<-exp(pred$lower)
> pred$upper<-exp(pred$upper)
```

矩阵 pred$mean 包含了 5 个月的预测乘客人数，矩阵 pred$lower 和 pred$upper 中分别包含了 5 个月预测乘客人数的 80%和 95%置信区间的下界及上界。

使用 cbind()函数将 pred$mean，pred$lower，pred$upper 整合，代码如下：

```
> p<-cbind(pred$mean, pred$lower, pred$upper) #
> dimnames(p)[[2]]<-c("mean","Lo 80","Lo 95","Hi 80","Hi 95")#修改列名
> p
```

输出结果为：

```
            mean      Lo 80     Lo 95      Hi 80     Hi 95
Jan 1961  447.4958  427.3626  417.0741  468.5774  480.1365
Feb 1961  442.7926  419.1001  407.0756  467.8245  481.6434
Mar 1961  509.6958  478.7268  463.1019  542.6682  560.9776
Apr 1961  499.2613  465.7258  448.8949  535.2116  555.2788
May 1961  504.3514  467.5503  449.1688  544.0491  566.3135
```

根据模型预测结果，在 1961 年 Mar 将有 509695 个乘客，95%置信区间为[454668, 560977]。

6.3 时序 ARIMA 模型

ARIMA（Autoregressive Integrated Moving Average）模型，即差分整合移动平均自回归模型，又称整合移动平均自回归模型（移动也可称作滑动），是时序预测分析方法之一。ARIMA(p,d,q)中，AR 是"自回归"，p 为自回归项数，I 表示单整阶数，时序模型必须是平稳序列才能建立计量模型，ARIMA 模型作为时序模型也不例外，因此首先要对时序进行平

稳性检验，如果是非平稳序列，就要通过差分来转化为平稳序列，经过几次差分转化为平稳序列，就称为几阶单整，差分次数（阶数）就是 d，MA 为"滑动平均"，q 为滑动平均项数。

ARIMA(p,d,q)模型是 ARMA(p,q)模型的扩展。ARIMA(p,d,q)模型可以表示为：

$$\left(1-\sum_{i=1}^{p}\phi_i L^i\right)(1-L)^d X_t = \left(1+\sum_{i=1}^{p}\phi_i L^i\right)\varepsilon_t$$

其中，L 是滞后算子（Lag operator），$d \in Z$，$d > 0$。

使用 ARIMA 模型的步骤如下。

（1）确保时序是平稳的。

（2）选定 p 值和 q 值。

（3）拟合模型。

（4）从统计假设和预测准确性等角度评估模型。

（5）预测。

1．时序的差分

ARIMA 模型适用于平稳的时序。因此，如果现有的时序呈现非平稳状态，那就需要使用 diff()函数做时序差分以获得一个平稳的时序。可以通过画出时序图来观察序列是否平稳，也可以利用 acf()函数画出序列的自相关图，通过自相关图判断序列是否平稳。若自相关图里的自相关系数很快衰减为 0，则序列平稳，否则为非平稳。

接下来以尼罗河流量和年份的关系为例介绍差分法。画出 Nile 的折线图判别其平稳性，代码如下：

```
> plot (Nile)
```

输出结果如图 6-9 所示。

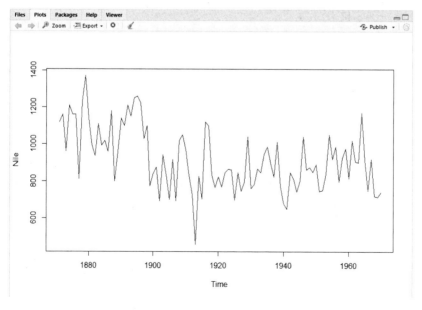

图 6-9　差分前的时序图

从图 6-9 看出时序图并不是很平稳，查看其自相关图，代码如下：

```
> acf(Nile,main="自相关图")
```

输出结果如图 6-10 所示。

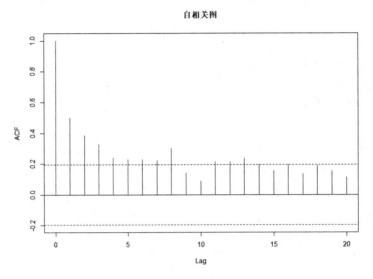

图 6-10　差分前的自相关图

自相关图里自相关系数没有快速地减为 0（一般认为自相关系数低于 2 倍标准差，即图中虚线，在虚线以下时，自相关系数为 0），而是呈现出拖尾的特征，故判断序列为非平稳序列，需做差分，代码如下：

```
> Nile1<-diff(Nile,differences=1)
> plot(Nile1)
```

输出结果如图 6-11 所示。

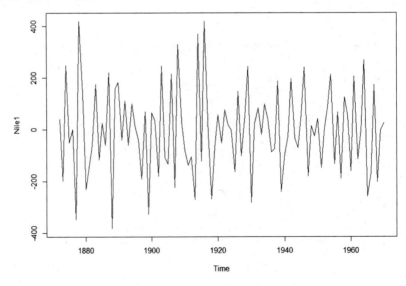

图 6-11　差分后的时序图

查看自相关图，代码如下：

```
> acf(Nile1,main="自相关图")
```

输出结果如图 6-12 所示。

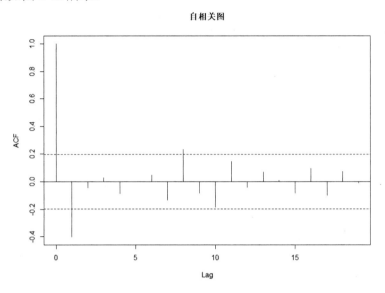

图 6-12　差分后的自相关图

从图 6-12 中可以看出，1 阶差分以后，序列变为平稳序列，且自相关图显示，自相关系数在滞后 1 阶后就快速地减为 0，进一步表明序列平稳，因此，ARIMA(p,d,q)中的 d 值应选 1。

2. 选定 p 值和 q 值

在选定 p 值和 q 值时，可使用 ARIMA 模型定阶原则中的自相关图与偏自相关图定阶原则，如表 6-2 所示。拖尾特征表现为 acf()或 pacf()函数中的相关系数始终有非零取值，不会在 k 大于某个常数后就恒等于 0（或在 0 附近随机波动）。截尾特征表现为在大于某个常数 k 后快速趋于 0。

表 6-2　ARIMA 模型的定阶原则

自相关图	偏自相关图	模型定阶
拖尾	p 阶截尾	AR(p)模型
q 阶截尾	拖尾	MA(q)
拖尾	拖尾	ARMA(p,q)模型

时序已呈现平稳状态，因此要选择合适的 ARIMA 模型，用 acf()与 pacf()函数寻找 ARIMA(p,d,q)中合适的 p 值和 q 值，代码如下：

```
> acf(Nile1)
> pacf(Nile1)
```

输出结果如图 6-13 所示。

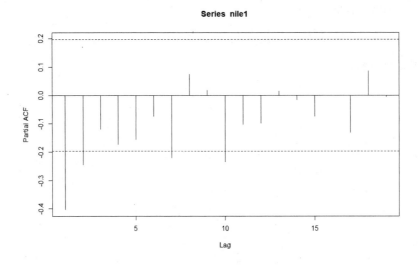

图 6-13　偏自相关图

从图中可以看出，自相关图在滞后 1 阶（lag 1）之后快速地减为 0，呈现 1 阶截尾特征；偏自相关值在滞后 2 阶（lag 2）之后缓慢缩小至 0，呈现 2 阶拖尾特征。结合 acf()函数的截尾特征与 pacf()函数的拖尾特征，依据定阶原则，采用 ARIMA(0,1,1)模型是可行的，设置 ARIMA(p,d,q)参数，代码如下：

```
> fit<-arima(Nile1,order=c(0,1,1))
> fit
```

输出结果为：

```
Call:
arima(x = Nile1, order = c(0, 1, 1))

Coefficients:
        ma1
     -1.0000
s.e.  0.0254

sigma^2 estimated as 28269:  log likelihood = -643.58,  aic = 1291.16
```

3. 模型预测

用 forecast 包预测 1970 年后三年的尼罗河流量。

```
> library(forecast)
> forecast(fit,3)
```

输出结果为：

```
     Point Forecast    Lo 80    Hi 80    Lo 95     Hi 95
1971       798.3673 614.4307 982.3040 517.0605 1079.674
1972       798.3673 607.9845 988.7502 507.2019 1089.533
```

```
1973        798.3673 601.7495 994.9851 497.6663 1099.068
```

绘制 ARIMA 的预测模型，代码如下：

```
> plot(forecast(fit,3))
```

输出结果如图 6-14 所示。

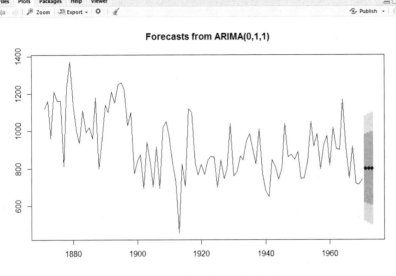

图 6-14　ARIMA 的预测模型（扫码看彩图）

图中蓝色的点为预测点的点估计，浅灰色代表 80% 置信区间，深灰色代表 90% 置信区间。

4．ARIMA 模型的自动预测

在选定 p 值和 q 值时，还可以使用赤池信息量准则（Akaike Information Criterion，AIC）。AIC 是衡量统计模型优良性的一种标准，常用于最大似然估计。进行模型选择时，AIC 值越小，模型越好。

forecast 包中 ets() 函数可以实现指数模型参数的自动选取，类似地，该包中的 auto.arima() 函数可以实现最优 ARIMA 模型参数的自动选取，auto.arima() 函数通过不断地代入不同的参数值（p,d,q）进行建模，依据模型中 AIC 的值进行判断，选择最优的参数，代码如下：

```
> library(forecast)
> fit<-auto.arima(Nile)
> fit
```

输出结果为：

```
Series: Nile
ARIMA(1,1,1)

Coefficients:
        ar1      ma1
     0.2544  -0.8741
s.e.  0.1194   0.0605
```

```
sigma^2 estimated as 20177:  log likelihood=-630.63
AIC=1267.25   AICc=1267.51   BIC=1275.04
```

用 forecast 包预测 1970 年后三年的尼罗河流量，代码如下：

```
>forecast(fit,3)
```

输出结果为：

	Point Forecast	Lo 80	Hi 80	Lo 95	Hi 95
1971	816.1813	634.1427	998.2199	537.7773	1094.585
1972	835.5596	640.8057	1030.3136	537.7091	1133.410
1973	840.4889	641.5646	1039.4132	536.2604	1144.717

绘制 ARIMA 的自动预测模型，代码如下：

```
>plot(forecast(fit,3))
```

输出结果如图 6-15 所示。

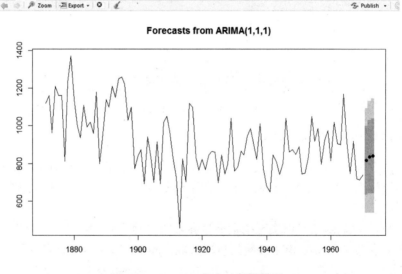

图 6-15　ARIMA 的自动预测模型

第7章　线性回归算法

【内容概述】

1）了解线性回归的相关理论。

2）掌握 R 语言中线性回归模型建模的方法。

在处理测量数据时，经常要研究变量与变量之间的关系。变量之间的关系一般分为两种。一种是完全确定关系，即函数关系；一种是相关关系，即变量之间既存在着密切联系，但又不能由一个或多个变量的值求出另一个变量的值。例如，学生对于高等数学、概率与统计、普通物理的学习，会对统计物理的学习产生影响，它们虽然存在着密切的关系，但很难从前几门功课的学习成绩来精确地求出统计物理的学习成绩。但是，对于彼此联系比较紧密的变量，人们总希望建立一定的公式，以便变量之间互相推测。回归分析的任务就是用数学表达式来描述相关变量之间的关系。

在统计学中，回归分析（Regression Analysis）指的是确定两种或两种以上变量间相互依赖的定量关系的一种统计分析方法。回归分析按照涉及变量的多少，分为一元回归分析和多元回归分析；按照自变量和因变量之间的关系类型，可分为线性回归分析和非线性回归分析，线性回归分析又分为一元线性回归分析和多元线性回归分析。

7.1　一元线性回归模型

线性回归是利用数理统计中回归分析，来确定两种或两种以上变量间相互依赖的定量关系的一种统计分析方法，运用十分广泛，其表达形式为 $y = wx + e$，e 为误差服从均值为 0 的正态分布。

回归分析中，只包括一个自变量和一个因变量，且二者的关系可用一条直线近似表示，这种回归分析称为一元线性回归分析。若回归分析中包括两个或两个以上的自变量，且因变量和自变量之间是线性关系，则称为多元线性回归分析。线性回归使用最佳的拟合直线（也就是回归线）在因变量（Y）和一个或多个自变量（X）之间建立一种关系。

用一个方程式来表示它，即

$$Y = a + bX + e$$

其中，a 表示截距，b 表示直线的斜率，e 是误差项。这个方程可以根据给定的预测变量来预测目标变量的值。

在 R 语言中，用来拟合线性模型的最基本的函数是 lm()，其在 R 语言中的运用形式为：myfit <-lm(formula,data)，其中 formula 指要拟合模型的形式，形式为：$Y \sim X_1 + X_2 + \cdots + X_k$，左边为因变量（要预测的变量），右边为自变量（用来预测的变量），自变量之间用符号+

分隔；data 为数据框，包含了用于拟合模型的数据。

用 R 语言自带的 women 数据集进行 lm()函数的运用，用 height 变量来预测 weight 变量，代码如下：

```
> data(women)
> fit<-lm(weight ~ height,data=women) #建立回归模型
> summary(fit)#展示拟合模型的详细结果
```

输出结果为：

```
Call:
lm(formula = weight ~ height, data = women) #模型方程

Residuals:#列出拟合模型的残差值
   Min      1Q  Median      3Q     Max
-1.7333 -1.1333 -0.3833  0.7417  3.1167

Coefficients:#列出拟合模型的参数
            Estimate Std. Error  t value Pr(>|t|)
(Intercept) -87.51667    5.93694  -14.74 1.71e-09 ***
height        3.45000    0.09114   37.85 1.09e-14 ***
---
Signif. codes:
0 '***' 0.001 '**' 0.01 '*' 0.05 '.' 0.1 ' ' 1

Residual standard error: 1.525 on 13 degrees of freedom
Multiple R-squared: 0.991,Adjusted R-squared: 0.990
```

输出的结果中，变量的"*"越多（最多 3 个）表示该变量与因变量之间的相关性越显著，通过输出结果可以得到预测等式：weight= −87.52+3.45height。

提取出数据集中的 weight，代码如下：

```
> women$weight
```

输出结果为：

```
 [1] 115 117 120 123 126 129 132 135 139 142 146 150 154
[14] 159 164
```

获得模型的拟合值，代码如下：

```
>fitted(fit)
```

输出结果为：

```
       1        2        3        4        5        6        7        8
112.5833 116.0333 119.4833 122.9333 126.3833 129.8333 133.2833 136.7333
       9       10       11       12       13       14       15
140.1833 143.6333 147.0833 150.5333 153.9833 157.4333 160.8833
```

列出拟合模型的残差值，代码如下：

```
> residuals(fit)
```

输出结果为：

```
          1             2             3             4             5             6
 2.41666667    0.96666667    0.51666667    0.06666667   -0.38333333   -0.83333333
          7             8             9            10            11            12
-1.28333333   -1.73333333   -1.18333333   -1.63333333   -1.08333333   -0.53333333
         13            14            15
 0.01666667    1.56666667    3.11666667
```

将预测值与实际值对比，代码如下：

```
> plot(women$height,women$weight,xlab="height",ylab="weight")  #画出原数据集中
的 height 变量与 weight 变量的散点图
> abline(fit)  #将模型的预测值以直线的方式添加到散点图中
```

输出结果如图 7-1 所示。

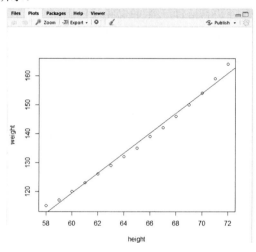

图 7-1　预测值与实际值对比

7.2　多项式回归模型

研究一个因变量与一个或多个自变量间的多项式回归分析方法，称为多项式回归（Polynomial Regression）。如果自变量只有一个时，称为一元多项式回归；如果自变量有多个时，称为多元多项式回归。在一元回归分析中，若因变量 y 与自变量 x 的关系是非线性的，但是又找不到适当的函数曲线来拟合，则可以采用一元多项式回归分析方法。

一元 m 次多项式回归方程为：

$$\hat{y} = b_0 + b_1 x + b_2 x^2 + \cdots + b_m x^m$$

多项式回归的最大优点就是可以通过增加 x 的高次项对实测点进行逼近，直至满意为止。事实上，多项式回归可以处理非线性问题，它在回归分析中占有重要的地位，因为任一函数都可以分段用多项式来逼近。因此，在通常的实际问题中，不论因变量与其他自变量的关系如何，总可以用多项式回归来进行分析。

7.1 节中计算案例为简单线性回归，从结果中可看出预测值与实际值并没有完全拟合，

可以通过添加一个二次项（即 x^2）来提高回归的预测精度，这就是所谓的多项式回归，其基本表达式为

$$fit2 <-lm(weight \sim height + I(height^2), data = women)$$

拟合含二次项等式的结果，代码如下：

```
> fit2<-lm(weight ~height + I(height^2),data=women)
> summary(fit2)
```

输出结果为：

```
Call:
lm(formula = weight ~ height + I(height^2), data = women)

Residuals:
    Min      1Q  Median      3Q     Max
-0.50941 -0.29611 -0.00941  0.28615  0.59706

Coefficients:
            Estimate Std. Error t value Pr(>|t|)
(Intercept)  261.87818   25.19677  10.393 2.36e-07 ***
height        -7.34832    0.77769  -9.449 6.58e-07 ***
I(height^2)    0.08306    0.00598  13.891 9.32e-09 ***
---
Signif. codes:  0 '***' 0.001 '**' 0.01 '*' 0.05 '.' 0.1 ' ' 1

Residual standard error: 0.3841 on 12 degrees of freedom
Multiple R-squared:  0.9995,    Adjusted R-squared:  0.9994
F-statistic: 1.139e+04 on 2 and 12 DF,  p-value: < 2.2e-16
```

从上述结果可以得到回归模型 weight=261.88-7.35height+0.08height^2，绘制拟合图，代码如下：

```
>plot(women$height,women$weight,xlab="height",ylab="weight")
>lines(women$height,fitted(fit2))
```

输出结果如图 7-2 所示。

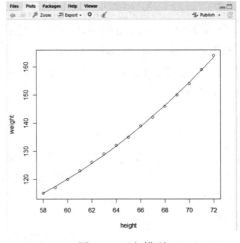

图 7-2　回归模型

从上述结果可看出多项式回归拟合度更高，模型的方差解释率从 99.1%上升到 99.9%。

7.3 多元线性回归模型

多元回归是指一个因变量，多个自变量的回归模型。基本方法是根据各变量值算出交叉乘积和 S_i。这种包括两个或两个以上自变量的回归称为多元回归，可以加深对定性分析结论的认识，并得出各种要素间的数量依存关系，从而进一步揭示出各要素间内在的规律。一般来说，多元回归过程能同时提供多个备选的函数关系式，并提供每个关系式对实验数据的理解能力，研究者可以结合自己的理论预期做出选择。

相关变量之间的关系可以是线性的，也可以是非线性的。本节只讨论多元线性回归。设

$$x_1, x_2, \cdots, x_p$$

有 p 个可以精确测量或可控制的变量。如果变量 y 与 $x_1, x_2, \cdots, x_p$ 之间的内在联系是线性的，那么进行 n 次试验，则可得 n 组数据：

$$(y_i, x_{i1}, x_{i2}, \cdots, x_{ip}), \quad i = 1, 2, \cdots, n$$

它们之间的关系可表示为：

$$y_2 = b_0 + b_1 x_{21} + b_2 x_{22} + \cdots + b_p x_{2p} + \varepsilon_2$$
$$\vdots$$
$$y_n = b_0 + b_1 x_{n1} + b_2 x_{n2} + \cdots + b_p x_{np} + \varepsilon_2$$

其中，$b_0, b_1, b_2, \cdots, b_p$ 是 $p+1$ 个待估计的参数，ε_i 表示第 i 次试验中的随机因素对 y_i 的影响。为简便起见，将此 n 个方程表示成矩阵形式：

$$Y = XB + \varepsilon Y$$

其中

$$Y = (y_1, y_2, \cdots, y_n)'$$
$$B = (b_0, b_1, \cdots, b_p)'$$
$$\varepsilon = (\varepsilon_1, \varepsilon_2, \cdots, \varepsilon_n)'$$

上式便是 p 元线性回归的数学模型。

当预测元素大于 1 时，一元线性回归就变成了多元线性回归，多项式回归是多元线性回归的特例，接下来以基础包中的 state.x77 数据集为例，通过探究一个州的犯罪率和其他因素的关系来阐述多元线性回归的简单应用，并计算两个变量之间的相关系数，代码如下：

```
>install.packages("car")
>library(car)
>states<-as.data.frame(state.x77[,c("Murder","Population","Illiteracy",
"Income","Frost")])  #提取数据集中的特定变量组成新的数据框 states
>cor(states)    #各变量间的相关系数
```

输出结果为：

```
          Murder    Population    Illiteracy     Income      Frost
Murder     1.0000000  0.3436428   0.7029752  -0.2300776  -0.5388834
Population  0.3436428  1.0000000   0.1076224   0.2082276  -0.3321525
Illiteracy  0.7029752  0.1076224   1.0000000  -0.4370752  -0.6719470
Income     -0.2300776  0.2082276  -0.4370752   1.0000000   0.2262822
Frost      -0.5388834 -0.3321525  -0.6719470   0.2262822   1.0000000
```

结果显示，Murder 变量与 Illiteracy 变量高度正相关，与 Frost 中度负相关。

scatterplotMatrix()函数默认在非对角区域绘制变量间的散点图，并添加平滑和线性拟合曲线。

绘制散点图矩阵，代码如下：

```
> scatterplotMatrix(states,
+               smooth = list(spread = F, col.smooth = "red", lty.smooth=2),
#spread = F 不绘制展示分散度的直线，添加 loess 拟合曲线（红色），lty 设定拟合曲线的形状（1
是实线，2 是虚线）
+               diagonal=list(method ="histogram", breaks="FD"), #对角线为直
方图
+               col = 'black',
+               main="Scatter plot Matrix")
```

输出结果如图 7-3 所示。

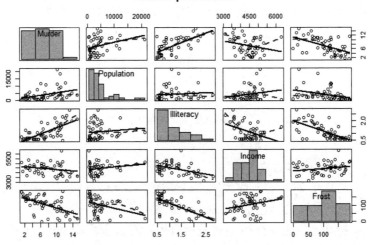

图 7-3　散点图矩阵

图 7-3 中对角线的折线图展现的是各变量自身的趋势，其他的散点图展示的是对应的两个变量之间的散点图，并增加了平滑的拟合曲线及线性的拟合直线。

从图 7-3 可以看到，犯罪率（Murder）是双峰的曲线，每个自变量都一定程度上出现了偏斜。犯罪率随着人口（Population）和文盲率（Illiteracy）的增加而增加。同时，越冷的州府文盲率越低，收入水平越高。

使用 states 数据集建立多元线性回归模型，代码如下：

```
> fit<-lm(Murder~Population+Illiteracy+Income+Frost,data=states)
> summary(fit)
```

输出结果为：

```
Call:
lm(formula = Murder ~ Population + Illiteracy + Income + Frost,
   data = states)

Residuals:
   Min    1Q Median     3Q    Max
-4.7960 -1.6495 -0.0811 1.4815 7.6210

Coefficients:
            Estimate Std. Error t value Pr(>|t|)
(Intercept) 1.235e+00 3.866e+00   0.319  0.7510
Population  2.237e-04 9.052e-05   2.471  0.0173 *
Illiteracy  4.143e+00 8.744e-01   4.738 2.19e-05 ***
Income      6.442e-05 6.837e-04   0.094  0.9253
Frost       5.813e-04 1.005e-02   0.058  0.9541
---
Signif. codes: 0 '***' 0.001 '**' 0.01 '*' 0.05 '.' 0.1 ' ' 1
Residual standard error: 2.535 on 45 degrees of freedom
Multiple R-squared:  0.567,Adjusted R-squared:  0.5285
F-statistic: 14.73 on 4 and 45 DF,  p-value: 9.133e-08
```

Estimate 回归系数的含义为：当一个自变量增加一个单位，其他自变量保持不变时，因变量将要增加的数量。从结果可看出，文盲率的回归系数为 4.14，表示控制人口、收入和温度不变时，文盲率上升 1%，犯罪率将会上升 4.14%，它的系数在 $p<0.001$ 的水平下显著不为 0。自变量人口和文盲率与因变量犯罪率有线性关系。Adjusted R-squared 为模型的调整后方差，表示该模型所有的自变量可以解释因变量 52.8%，模型的准确率为 52.8%。

第8章　分类算法

【内容概述】

1）了解 Logistic 回归算法的相关理论。

2）了解决策树算法的相关理论。

3）了解支持向量机算法的相关理论。

4）了解朴素贝叶斯分类算法的相关理论。

5）了解人工神经网络算法的相关理论。

6）了解随机森林算法的相关理论。

7）了解 R 语言中 XGBoost 算法的相关理论。

8）掌握 R 语言中 Logistic 回归建模的方法。

9）掌握 R 语言中决策树建模的方法。

10）掌握 R 语言中支持向量机建模的方法。

11）掌握 R 语言中朴素贝叶斯分类建模的方法。

12）掌握 R 语言中人工神经网络建模的方法。

13）掌握 R 语言中随机森林建模的方法。

14）掌握 R 语言中 XGBoost 建模的方法。

分类算法是指在一群已经知道类别标号的样本中，训练一种分类器，让其能够对某种未知的样本进行分类，它属于一种有监督的机器学习。

8.1　Logistic 回归

Logistic 回归又称逻辑回归，是一种广义的线性回归分析模型，常用于数据挖掘、疾病自动诊断、经济预测等领域。例如，探讨引发疾病的危险因素，并根据危险因素预测疾病发生的概率。以胃癌病情分析为例，选择两组人群，一组是胃癌组，一组是非胃癌组，两组人群必定具有不同的体征与生活方式等。因此因变量就为是否胃癌，值为"是"或"否"，自变量就可以包括很多了，如年龄、性别、饮食习惯、幽门螺杆菌感染等。自变量既可以是连续的，也可以是分类的。然后通过 Logistic 回归分析，可以得到自变量的权重，从而可以大致了解到底哪些因素是患胃癌的危险因素。同时根据该权值可以根据危险因素预测一个人患胃癌的可能性。

8.1.1　Logistic 回归算法原理

Logistic 回归其实只是简单地将特征做加权相加后的结果输入给 sigmoid()函数，用经过 sigmoid()函数后的输出来确定二分类的结果，所以 Logistic 回归的优点在于计算代价不高，容易理解和实现；缺点是很容易造成欠拟合，分类的精度不高。

sigmoid()函数是一个在生物学中常见的 S 型的函数，也称为 S 型生长曲线。sigmoid()函数由下列公式定义：

$$S(x) = \frac{1}{1 + e^{-x}}$$

在 R 语言中构建函数，代码如下：

```
> sigmoid = function(x){1/(1+exp(-x))}
> x<-seq(-5, 5, 0.01)
> plot(x,sigmoid(x))
```

输出结果如图 8-1 所示。

放大横坐标的跨度，再观察函数图形，代码如下：

```
> x<-seq(-60, 60, 0.01)
> plot(x,sigmoid(x))
```

输出结果如图 8-2 所示。

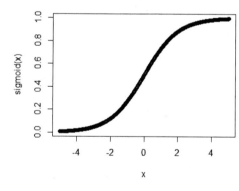
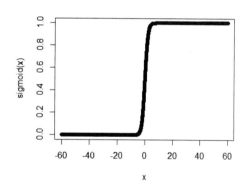

图 8-1　S 型函数 1　　　　　　　　　　图 8-2　S 型函数 2

在横坐标跨度足够大时，sigmoid()函数看起来很像一个阶跃函数。除此之外，sigmoid()函数还有如下特点：为一个良好的阈值函数（最大值趋近于 1，最小值趋近于 0），连续，光滑，严格单调，且关于(0,0.5)中心对称。

Logistic 回归为了解决二分类问题，需要的是一个这样的函数：函数的输入应当能从负无穷到正无穷，函数输出 0 或 1。这样的函数类似单位阶跃函数，但是单位阶跃函数在跳跃点上从 0 瞬间跳跃到 1，这个瞬间跳跃的过程决定了它并不是连续的，所以 Logistic 回归最后选择了 sigmoid()函数。由于 sigmoid()函数是按照 0.5 中心对称的，因此只需将它的输出大于 0.5 的数据作为 "1 类"，小于 0.5 的数据作为 "0 类"，就这样实现了二分类的问题。

sigmoid()函数的输入是每个特征都乘以一个回归系数，然后把所有的结果值相加，定义 sigmoid()函数输入为 z，那么 $z = w_0x_0 + w_1x_1 + w_2x_2 + \cdots + w_nx_n$。其中 $x_0, x_1, x_2, \cdots, x_n$ 就是特征，而 $w_0, w_1, w_2, \cdots, w_n$ 就是需要训练得到的参数。将它用向量的形式表达，即

$$z = w^T x$$

所以 Logistic 回归模型的形式可以写成

$$h_w(x) = g(w^T x) = \frac{1}{1 + e^{-w^T x}}$$

至此，Logistic 回归模型就确定好了，如图 8-3 所示。

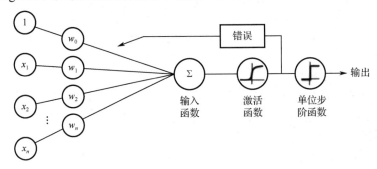

图 8-3　Logistic 回归模型

　　Logistic 回归是一种广义线性回归，因此与多重线性回归分析有很多相同之处。它们的模型形式基本上相同，都具有 $wx+b$，其中 w 和 b 是待求参数，其区别在于他们的因变量不同，多重线性回归直接将 $wx+b$ 作为因变量，即 $y=wx+b$，而 Logistic 回归则通过函数 L 将 $wx+b$ 对应一个隐状态 p，$p=L(wx+b)$，然后根据 p 与 $1-p$ 的大小决定因变量的值。如果 L 是 Logistic 函数就是 Logistic 回归，如果 L 是多项式函数就是多项式回归。

　　Logistic 回归的因变量可以是二分类的，也可以是多分类的，但是二分类的更为常用，也更加容易解释，多分类的可以使用 softmax 方法进行处理。实际中最为常用的就是二分类的 Logistic 回归。

　　Logistic 回归模型有一定的适用条件：

　　（1）因变量为二分类的分类变量或某事件的发生率，并且是数值型变量。但是需要注意，重复计数现象指标不适用于 Logistic 回归。

　　（2）残差和因变量都要服从二项分布。二项分布对应的是分类变量，所以不是正态分布，进而不是用最小二乘法，而是用最大似然法来解决方程估计和检验问题。

　　（3）自变量和 Logistic 概率是线性关系。

　　（4）各观测对象间相互独立。

　　如果直接将线性回归的模型放入 Logistic 回归中，会造成方程两边取值区间不同和普遍的非直线关系。因为 Logistic 回归中因变量为二分类变量，某个概率作为方程的因变量估计值取值范围为 0～1，但是方程右边取值范围是无穷大或者无穷小，所以才引入 Logistic 回归。

　　Logistic 回归的实质是发生的概率除以没有发生的概率再取对数，这个变换改变了取值区间的矛盾和因变量与自变量间的曲线关系。原因是发生和未发生的概率成为比值，这个比值就是一个缓冲，将取值范围扩大，再进行对数变换，整个因变量改变。不仅如此，这

种变换往往使得因变量和自变量之间呈线性关系，这是根据大量实践而总结的。所以，Logistic 回归从根本上解决因变量要不是连续变量怎么办的问题。Logistic 回归应用广泛的原因是许多现实问题跟它的模型吻合，例如，一件事情是否发生跟其他数值型自变量的关系。

8.1.2　逻辑回归算法应用

R 语言中常用 glm()函数拟合广义线性模型。glm()函数的基本形式如表 8-1 所示，其语法格式如下：

```
glm(formula,family=family(link=function),data=data)
```

表 8-1　glm()函数的基本形式

分　布　族	默认的连接函数
quasibinomial	(link = "logit")
quasipoisson	(link = "log")
binomial	(link = "logit")
gaussian	(link = "identity")
gamma	(link = "inverse")
inverse.gaussian	(link = "1/mu^2")
poisson	(link = "log")
quasi	(link = "identity", variance = "constant")

glm()函数可以拟合许多流行的模型，如 Logistic 回归、泊松回归和生存分析。下面对 Logistic 回归模型进行阐述。假设有一个因变量（Y）、三个自变量（$X1$、$X2$、$X3$）和一个包含数据的数据框。Logistic 回归适用于二值因变量（0,1）。模型假设 Y 服从二项分布，线性模型的拟合形式为

$$\log\left(\frac{\pi}{1-\pi}\right) = \beta_0 + \sum_{j=1}^{p}\beta_j X_j$$

其中 $\pi = \mu Y$ 是 Y 的条件均值（即给定一系列 X 的值时 $Y = 1$ 的概率），$(\pi/1-\pi)$ 为 $Y = 1$ 时的优势比，$\log(\pi/1-\pi)$ 为对数优势比或 logit。$\log(\pi/1-\pi)$ 为连接函数，概率分布为二项分布，拟合 Logistic 回归模型，代码如下：

```
glm(Y~X1+X2+X3,family=binomial(link="logit"),data=mydata)
```

以婚外情数据为例，进行逻辑回归建模，研究婚外情与婚龄、是否有小孩等变量的关系。婚外情数据即著名的"Fair's Affairs"，取自于 1969 年《今日心理》所做的一个非常有代表性的调查。该数据从 601 个参与者身上收集了 9 个变量，包括一年来婚外私通的频率（affairs）及参与者性别（gender）、年龄（age）、婚龄（yearsmarried）、是否有小孩（children）、宗教信仰（religiousness）、学历（education）、职业（occupation），还有对婚姻的自我评分（rating）。

将"Fair's Affairs"数据集进行描述性统计，代码如下：

```
> library(AER)
> data(Affairs,package = "AER")
> summary(Affairs)
```

输出结果为：

```
    affairs          gender          age         yearsmarried     children
 Min.  : 0.000   female:315   Min.   :17.50   Min.   : 0.125    no :171
 1st Qu.: 0.000   male  :286   1st Qu.:27.00   1st Qu.: 4.000    yes:430
 Median : 0.000                Median :32.00   Median : 7.000
 Mean  : 1.456                 Mean   :32.49   Mean   : 8.178
 3rd Qu.: 0.000                3rd Qu.:37.00   3rd Qu.:15.000
 Max.  :12.000                 Max.   :57.00   Max.   :15.000
 religiousness    education        occupation        rating
 Min.   :1.000   Min.   : 9.00   Min.   :1.000   Min.   :1.000
 1st Qu.:2.000   1st Qu.:14.00   1st Qu.:3.000   1st Qu.:3.000
 Median :3.000   Median :16.00   Median :5.000   Median :4.000
 Mean   :3.116   Mean   :16.17   Mean   :4.195   Mean   :3.932
 3rd Qu.:4.000   3rd Qu.:18.00   3rd Qu.:6.000   3rd Qu.:5.000
 Max.   :5.000   Max.   :20.00   Max.   :7.000   Max.   :5.000
```

统计婚外情频率，代码如下：

```
> table(Affairs$affairs)#统计频率
```

输出结果为：

```
  0   1   2   3   7  12
451  34  17  19  42  38
```

从上述运行结果可以清楚看到被调查者的婚外情次数，在逻辑回归模型中，需将该变量作为因变量，也就是二值型结果（有过一次婚外情/没有过婚外情）。因此可将 affairs 转化为二值型因子 ynaffairs，代码如下：

```
> Affairs$ynaffairs[Affairs$affairs >0]<-1
> Affairs$ynaffairs[Affairs$affairs == 0]<-0
> Affairs$ynaffairs<-factor(Affairs$ynaffairs,level=c(0,1),labels=c("No","Yes"))
> table(Affairs$ynaffairs)
```

输出结果为：

```
 No Yes
451 150
```

将 ynaffairs 作为因变量，其他 8 个变量作为自变量，使用 glm()函数建立模型，代码如下：

```
> fit.full<-glm(ynaffairs ~ gender+age+yearsmarried+children+religiousness+
education+occupation+rating,data=Affairs,family=binomial() )
> summary(fit.full) #查看逻辑回归模型描述
```

输出结果为：

```
Call:
glm(formula = ynaffairs ~ gender + age + yearsmarried + children +
    religiousness + education + occupation + rating, family = binomial(),
    data = Affairs)

Deviance Residuals:
    Min       1Q   Median       3Q      Max
-1.5713  -0.7499  -0.5690  -0.2539   2.5191

Coefficients:
             Estimate Std. Error z value Pr(>|z|)
(Intercept)   1.37726    0.88776   1.551 0.120807
gendermale    0.28029    0.23909   1.172 0.241083
age          -0.04426    0.01825  -2.425 0.015301 *
yearsmarried  0.09477    0.03221   2.942 0.003262 **
childrenyes   0.39767    0.29151   1.364 0.172508
religiousness -0.32472   0.08975  -3.618 0.000297 ***
education     0.02105    0.05051   0.417 0.676851
occupation    0.03092    0.07178   0.431 0.666630
rating       -0.46845    0.09091  -5.153 2.56e-07 ***
---
Signif. codes:  0 '***' 0.001 '**' 0.01 '*' 0.05 '.' 0.1 ' ' 1

(Dispersion parameter for binomial family taken to be 1)

    Null deviance: 675.38  on 600  degrees of freedom
Residual deviance: 609.51  on 592  degrees of freedom
AIC: 627.51
```

从回归系数的 p 值（Coefficients 最后一栏 Pr(>|z|)）可以看到，性别、是否有孩子、学历和职业对方程的贡献都不显著，因此可以看到影响出轨的因素为年龄、婚龄、宗教信仰及对婚姻的自我评分。

去除上述无关变量重新拟合模型，代码如下：

```
> fit.reduced<-glm(ynaffairs ~ age+yearsmarried+religiousness+rating,data=
Affairs,family=binomial() )
> summary(fit.reduced)
```

输出结果为：

```
Call:
glm(formula = ynaffairs ~ age + yearsmarried + religiousness +
    rating, family = binomial(), data = Affairs)

Deviance Residuals:
    Min       1Q   Median       3Q      Max
```

```
-1.6278  -0.7550  -0.5701  -0.2624   2.3998

Coefficients:
             Estimate Std. Error z value Pr(>|z|)
(Intercept)   1.93083    0.61032   3.164 0.001558 **
age          -0.03527    0.01736  -2.032 0.042127 *
yearsmarried  0.10062    0.02921   3.445 0.000571 ***
religiousness -0.32902   0.08945  -3.678 0.000235 ***
rating       -0.46136    0.08884  -5.193 2.06e-07 ***
---
Signif. codes:  0 '***' 0.001 '**' 0.01 '*' 0.05 '.' 0.1 ' ' 1

(Dispersion parameter for binomial family taken to be 1)

    Null deviance: 675.38  on 600  degrees of freedom
Residual deviance: 615.36  on 596  degrees of freedom
AIC: 625.36
```

从上述结果可以看出新模型的每个回归系数都非常显著（$p<0.05$），且 AIC 值比之前模型的要小，说明去除无关变量是可行的。由于两个模型是嵌套的（fit.reduced 是 fit.full 的一个子集），因此可以使用 anova()函数进行比较，对于广义线性回归可以使用 Chisq（卡方检验）进行两个模型的检验。

```
> anova(fit.full,fit.reduced,test="Chisq")
```

输出结果为：

```
Analysis of Deviance Table

Model 1: ynaffair ~ gender + age + yearsmarried + children + religiousness +
    education + occupation + rating
Model 2: ynaffair ~ age + yearsmarried + religiousness + rating
  Resid. Df Resid. Dev Df Deviance Pr(>Chi)
1     592     609.51
2     596     615.36 -4  -5.8474   0.2108
```

卡方值不显著（$p=0.21$）表明两个模型拟合效果类似。

查看 fit、reduced 模型的指数化回归系数，代码如下：

```
> exp(coef(fit.reduced))
```

输出结果为：

```
  (Intercept)         age yearsmarried religiousness       rating
    6.8952321   0.9653437    1.1058594    0.7196258    0.6304248
```

从结果可以看到婚龄增加一年，婚外情发生的可能性将乘以 1.106（保持年龄、宗教信仰和对婚姻的自我评分不变）；相反，年龄增加一岁，婚外情发生的可能性则乘以 0.965。

8.2　决策树

决策树（Decision Tree）是一种基本的分类与回归方法。决策树模型呈树形结构，在分类问题中，表示基于特征对实例进行分类的过程。它可以认为是 if-then 规则的集合，也可以认为是定义在特征空间与类空间上的条件概率分布。其主要优点是模型具有可读性，分类速度快。学习时，利用训练数据，根据损失函数最小化的原则建立决策树模型。预测时，对新的数据，利用决策树模型进行分类。

8.2.1　决策树算法原理

决策树的典型算法有 ID3、C4.5、CART 等。国际权威的学术组织，数据挖掘国际会议（the IEEE International Conference on Data Mining，ICDM）在 2006 年 12 月评选出了数据挖掘领域的十大经典算法，C4.5 算法排名第一。C4.5 算法是机器学习算法中的一种分类决策树算法，其核心算法是 ID3 算法。C4.5 算法产生的分类规则易于理解，准确率较高。不过在构造树的过程中，需要对数据集进行多次的顺序扫描和排序，因而在实际应用中会导致算法的低效。

决策树算法的优点如下。

（1）分类精度高。

（2）生成的模式简单。

（3）对噪声数据有很好的健壮性。

决策树算法是目前应用最为广泛的归纳推理算法之一，在数据挖掘中受到研究者的广泛关注。

决策树分类的原理类似于选购化妆品。

顾客甲想选购一款护肤霜，在线下超市和店员展开了以下对话。

顾客甲：这款护肤霜有美白功能吗？

店员：有的，这款护肤霜能提亮肤色。

顾客甲：这款护肤霜对易过敏肌肤的效果怎么样？

店员：这款护肤霜是低刺激的，适合易过敏肌肤。

顾客甲：购买这款护肤霜打折吗？

店员：不好意思，这款护肤霜是热销款，没有折扣。

顾客甲：那有礼品送吗？

店员：有的，凡是购买这款护肤霜的顾客都可以获赠一套试用小礼包。

顾客甲：那好，帮我包起来吧。

这个顾客的决策过程就是典型的决策树分类。相当于通过功能、特性、折扣和礼品将商品分为两个类别：买和不买。

决策树的工作过程一般可以分为三步：特征选择、决策树生成、决策树剪枝。

1．特征选择

特征选择在于选取对训练数据具有分类能力的特征。这样可以提高决策树学习的效率。如果利用一个特征进行分类的结果与随机分类的结果没有很大差别，则称这个特征没有分类能力。通常特征选择的准则有三种：信息增益（ID3 算法）、信息增益比（C4.5 算法）和基尼指数（CART 算法）。

1）信息增益

要了解信息增益就要先了解熵的概念。在信息论与概率统计中，熵表示随机变量不确定性的度量。设 X 是一个取有限个值的离散随机变量，其概率分布为：$P(X=x_i)=p_i$，$i=1,2,\cdots,n$。则随机变量 X 的熵定义为：$H(X) = -\sum_{i=1}^{n} p_i \log p_i$。条件熵 $H(Y|X)$ 表示在已知随机变量 X 的条件下随机变量 Y 不确定性的度量：$H(Y|X) = \sum_{i=1}^{n} p_i H(Y|X = x_i)$。当熵和条件熵中的概率由数据估计（特别是极大似然估计）得到时，所对应的熵与条件熵分别称为经验熵和条件经验熵。

信息增益（Information Gain）就是熵 $H(Y)$ 与条件熵 $H(Y|X)$ 的差值，表示得知特征 X 的信息而使得类 Y 的信息的不确定性减少的程度。即特征 A 对训练数据集 D 的信息增益 $g(D,A)$，定义为集合 D 的经验熵 $H(D)$ 与特征 A 给定条件下 D 的经验条件熵 $H(D|A)$ 之差，即

$$g(D, A) = H(D) - H(D|A)$$

对数据集 D 而言，信息增益依赖于特征，不同的特征往往具有不同的信息增益。信息增益大的特征具有更强的分类能力。

信息增益算法如下：设训练数据集为 D，$|D|$ 表示其样本容量，即样本个数。设有 K 个类 $C_k(k=1,2,\cdots,K)$，$|C_k|$ 为属于类 C_k 的样本个数，$\sum|C_k|=|D|$。设特征 A 有 n 个不同的取值 $\{a_1,a_2,\cdots,a_n\}$，根据特征 A 的取值将 D 划分为 n 个子集 $D1,D2,\cdots,Dn$，$|D_i|$ 为 D_i 的样本个数，$\sum|D_i|=|D|$。记子集 D_i 中属于类 C_k 的样本的集合为 D_{ik}。

计算数据集 D 的经验熵 $H(D)$，表达式为

$$H(D) = -\sum_{k=1}^{k} \frac{|C_k|}{|D|} \log_2 \frac{|C_k|}{|D|}$$

计算特征 A 对数据集 D 的经验条件熵 $H(D|A)$，表达式为

$$H(D|A) = \sum_{i=1}^{n} \frac{|D_i|}{|D|} H(D_i) = -\sum_{i=1}^{n} \frac{|D_i|}{|D|} \sum_{k=1}^{k} \frac{|D_{ik}|}{|D_i|} \log_2 \frac{|D_{ik}|}{|D_i|}$$

计算信息增益，表达式为

$$g(D, A) = H(D) - H(D|A)$$

2）信息增益比

以信息增益作为划分训练数据集的特征，存在偏向于选择取值较多的特征的问题。使用信息增益比可以对这一问题进行校正。特征 A 对训练数据集 D 的信息增益比 $g_R(D,A)$ 定义为其信息增益 $g(D,A)$ 与训练数据集 D 关于特征 A 的值的熵 $H_A(D)$ 之比，即

$$g_R(D, A) = \frac{g(D, A)}{H_A(D)}$$

3）基尼指数

基尼指数（基尼不纯度）表示在样本集合中一个随机选中的样本被分错的概率。基尼指数越小表示集合中被选中的样本被分错的概率越小，也就是说集合的纯度越高，反之，集合越不纯。分类问题中，假设有 k 个类，样本点属于第 k 类的概率为 p_k，则概率分布的基尼指数为

$$\text{Gini}(p) = \sum_{k=0}^{k} p_k(1-p_k) = 1 - \sum_{k=1}^{k} p_k^2$$

对于给定的样本集合 D，其基尼指数为

$$\text{Gini}(D) = 1 - \sum_{k=1}^{k} \left(\frac{|C_k|}{|D|} \right)^2$$

若样本集合 D 根据特征 A 是否取某一可能值 a 被分割成 D_1 和 D_2 两部分，即 $D_1 = \{(x,y) \in D | A(x) = 0\}, D_2 = D - D_1$，则在特征 A 的条件下，集合 D 的基尼指数定义为

$$\text{Gini}(D, A) = \frac{|D_1|}{|D|} \text{Gini}(D_1) + \frac{|D_2|}{|D|} \text{Gini}(D_2)$$

基尼指数 $\text{Gini}(D)$ 表示集合 D 的不确定性，基尼指数 $\text{Gini}(D,A)$ 表示经 $A=a$ 分割后集合 D 的不确定性。基尼指数越大，样本集合的不确定性越大，与熵类似。

从图 8-4 可以看出基尼指数和熵之半的曲线很接近，都可以近似地代表分类误差率。

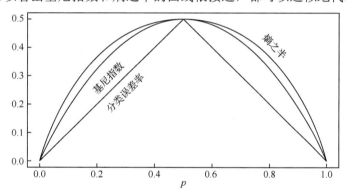

图 8-4 二类分类中基尼指数、熵之半和分类误差率的关系

2. 决策树生成

1）ID3 算法

ID3 算法的核心是在决策树各个结点上应用信息增益准则选择特征，递归地构建决策树，具体方法是：从根结点开始，对结点计算所有可能特征的信息增益，选择信息增益最大的特征作为结点的特征，由该特征的不同取值建立子结点；再对子结点递归地调用以上方法，构建决策树；直到所有特征的信息增益均很小或没有特征可以选择为止；最后得到一个决策树。ID3 相当于用极大似然法进行概率模型的选择。

（1）具体算法：输入训练数据集 D、特征 A、阈值 ε；输出决策树 T。

① 若 D 中所有实例属于同一类 C_k，则 T 为单结点树，并将类 C_k 作为该结点的类标记，返回 T。

② 若 $A=$ 空集，则 T 为单结点树，并将 D 中实例数最大的类 C_k 作为该结点的类标记，返回 T。

③ 否则，按信息增益算法计算 A 中各个特征对 D 的信息增益，选择信息增益最大的特征 A_g。

④ 若 A_g 的信息增益小于阈值 ε，则置 T 为单结点树，并将 D 中实例数最大的类 C_k 作为该结点的类标记，返回 T。

⑤ 否则，对 A_g 的每一可能值 a_i，依 $A_g=a_i$ 将 D 分割为若干非空子集 D_i，将 D_i 中实例数最大的类作为标记，构建子结点，由结点及其子结点构成树 T，返回 T。

⑥ 对第 i 个子结点，以 D_i 为训练集，以 $A-\{A_g\}$ 为特征集，递归地调用步骤①~步骤⑤得到子树 T_i，返回 T_i。

（2）算法缺陷：ID3 算法可用于划分标准称型数据，但存在以下问题。

① 没有剪枝过程，为了去除过渡数据匹配的问题，可通过裁剪合并相邻的无法产生大量信息增益的叶子节点。

② 信息增益的方法偏向选择具有大量值的属性，也就是说某个属性特征索取的不同值越多，那么越有可能作为分裂属性，这样是不合理的。

③ 只可以处理离散分布的数据特征。

（3）总结基本思想，具体如下。

① 初始化属性集合和数据集合。

② 计算数据集合信息熵 S 和所有属性的信息熵，选择信息增益最大的属性作为当前决策节点。

③ 更新数据集合和属性集合（删除掉上一步中使用的属性，并按照属性值来划分不同分支的数据集合）。

④ 依次对每种取值情况下的子集重复第二步。

⑤ 若子集只包含单一属性，则分支为叶子节点，根据其属性值标记。

⑥ 完成所有属性集合的划分。

注意：该算法使用了贪婪搜索，从不回溯和重新考虑之前的选择情况。

2）C4.5 算法

C4.5 算法与 ID3 算法相似，C4.5 算法对 ID3 算法进行了如下改进。

（1）用信息增益率来选择属性，克服了用信息增益选择属性时偏向选择取值多的属性的不足。

（2）在树构造过程中进行剪枝。

（3）能够完成对连续属性的离散化处理。

（4）能够对不完整数据进行处理。

3．决策树剪枝

为什么要进行剪枝呢？因为递归产生的决策树往往可以对训练数据分类很准确，但对于未知的测试数据的分类却没有那么准确，即出现过拟合现象。过拟合的原因在于学习时过多地考虑如何提高对训练数据的正确分类，从而构建出过于复杂的决策树。解决这个问题的办法是考虑决策树的复杂度，对已生成的决策树进行简化。

在决策树中对已生成的决策树进行简化的过程叫剪枝。具体地，剪枝从已生成的树上裁掉一些子树或叶结点，并将其根结点或父结点作为新的叶结点，从而简化分类树模型。决策树的剪枝往往通过极小化决策树整体的损失函数或代价函数来实现。

设树 T 的叶结点个数为 $|T|$，t 是树 T 的叶结点，该叶结点有 N_t 个样本点，其中 k 类的样本点有 N_{tk} 个，$k=1,2,\cdots,K$，$H_t(T)$ 为叶结点 t 上的经验熵，α 为参数，$\alpha \geq 0$，则决策树学习的损失函数可以定义为

$$C_\alpha(T) = \sum_{t=1}^{|T|} N_t H_t(T) + \alpha |T|$$

其中经验熵为

$$H_t(T) = -\sum_k \frac{N_{tk}}{N_t} \log \frac{N_{tk}}{N_t}$$

可以记为

$$C_\alpha(T) = C(T) + \alpha |T|$$

$C(T)$ 表示模型对训练数据的预测误差，即模型与训练数据的拟合程度。$|T|$ 表示模型复杂度，参数 α 控制两者之间的影响。剪枝，就是当 α 确定时，选择损失函数最小的模型，即损失函数最小的子树。损失函数正好表示了对模型的复杂度和训练数据的拟合两者的平衡。

树的剪枝算法如下。

输入：生成算法产生的整个树 T，参数 α；

输出：修剪后的子树 T_α。

（1）计算每个结点的经验熵。

（2）递归地从树的叶结点向上回缩。

（3）设一组叶结点回缩到其父结点之前与之后的整体树分别为 T_B 与 T_A，其对应的损失函数值分别是 $C_\alpha(T_B)$ 与 $C_\alpha(T_A)$，若 $C_\alpha(T_A) \leq C_\alpha(T_B)$，则进行剪枝，即将父结点变为新的叶结点。

（4）返回上一步，直至不能继续为止，得到损失函数最小的子树 T_α。

注意，式 $C_\alpha(T_A) \leq C_\alpha(T_B)$ 只需考虑两个树的损失函数的差，其计算可以在局部进行，所以，决策树的剪枝算法可以由一种动态规划的算法实现。

8.2.2　决策树算法应用

经典决策树以一个二元输出变量（例如，接下来所介绍案例中的恶性与良性）和一组预测变量（细胞的九个特征）为基础进行模型构建，从而构造一棵用于预测新样本所属类别的树。以威斯康星州乳腺癌数据集的决策树构造为例，进行经典决策树的介绍。

rpart()函数可用于生成决策树，其基本形式为：rpart(formula, data, method, parms)。formula 是回归方程的形式，$y \sim x1+x2+\cdots$；data 是所要用到的训练集；method 用于选择决策树的类型：anova 用于连续性变量，poission 用于二分类变量，class 用于分类变量，exp 用于生存分析；parms 参数只适用于分类变量，可以设置纯度的度量方法，有 gini（基尼指

数）和 information（信息增益）两种。

威斯康星州乳腺癌数据集的获取与训练集的设置，代码如下：

```
> loc<-"http://archive.ics.uci.edu/ml/machine-learning-databases/"
> ds<-"breast-cancer-wisconsin/breast-cancer-wisconsin.data"
> url<-paste(loc,ds,sep="")    #拼接为完整的数据集网址
> breast<-read.table(url,sep=",",header=FALSE,na.strings ="?")  #获取数据集
> names(breast)<-c("ID","ClumpThickness","sizeUniformity","shapeUniformity",
"maginalAdhesion","singleEpithelialCellSize","bareNuclei","blandChromatin",
"normalNucleoli","mitosis","class")  #给数据集的列重命名
> df<-breast[-1]              #删除第一列元素
> df$class<-factor(df$class,levels=c(2,4),labels=c("benign","malignant"))
> set.seed(1234)             #随机抽样设置种子
> train<-sample(nrow(df),0.7*nrow(df))#nrow()返回行数，随机抽样70%的数据为训练集
> df.train<-df[train,]       #构造训练集，用于训练模型
> df.validate<-df[-train,]   #构造测试集，用于测试模型的准确度
> table(df.train$class)      #统计训练集中的良性(benign)及恶性(malignant)的数量
```

输出结果为：

```
benign malignant
  329      160
```

代码如下：

```
> table(df.validate$class) #统计测试集中的良性(benign)及恶性(malignant)的数量
```

输出结果为：

```
benign malignant
  129       81
```

使用 rpart()函数创建分类决策树，代码如下：

```
> library(rpart)
> dtree<-rpart(class~., data=df.train, method="class", parms=list(split=
"information"))
> print(dtree)
```

输出结果为：

```
n= 489

node), split, n, loss, yval, (yprob)
    * denotes terminal node

 1) root 489 160 benign (0.67280164 0.32719836)
 2) sizeUniformity< 3.5 347    25 benign (0.92795389 0.07204611)
 4) bareNuclei< 2.5 303        2 benign (0.99339934 0.00660066) *
 5) bareNuclei>=2.5 44        21 malignant (0.47727273 0.52272727)
10) shapeUniformity< 2.5 23  5 benign (0.78260870 0.21739130)
20) ClumpThickness< 3.5 15  0 benign (1.00000000 0.00000000) *
21) ClumpThickness>=3.5 8   3 malignant (0.37500000 0.62500000) *
11) shapeUniformity>=2.5 21 3 malignant (0.14285714 0.85714286) *
```

```
3) sizeUniformity>=3.5 142   7 malignant (0.04929577 0.95070423) *
```

训练之后，采用了 sizeUniformity、bareNuclei、shapeUniformity、ClumpThickness 4 个指标作为分支节点来建立决策树，而忽略了很多与乳腺癌不相关的特征。

dtree 模型中的 cptable 对象记录了不同大小的树对应的预测误差，通过打印 dtree$cptable 对象，可对比不同树的误差，代码如下：

```
> dtree$cptable
```

输出结果为：

	cp	nsplit	rel error	xerror	xstd
1	0.800000	0	1.00000	1.0000	0.06484605
2	0.046875	1	0.20000	0.2750	0.03954867
3	0.012500	3	0.10625	0.1500	0.02985779
4	0.010000	4	0.09375	0.1625	0.03101007

xerror 是交叉验证误差，cp 是复杂度参数，rel error 是训练集中各种树对应的误差，nsplit 表示树的大小，xstd 是交叉验证误差的标准差。决策树剪枝的目的就是得到更小的交叉验证误差（xerror）的树，则最优的树为交叉验证误差在 0.15±0.02986 的树，即有 4 个终端节点（三次分割）的树。

画出交叉验证误差与复杂度参数的关系，结果如图 8-5 所示。对于所有交叉验证误差在最小交叉验证误差一个标准范围内的树，该误差最小的树即最优的树。虚线是基于一个标准差准则得到的上线（0.15+1×0.02986=0.18），根据此图可选最优的树为有 4 个叶节点的树，与上面结论相同，代码如下：

```
> plotcp(dtree)
```

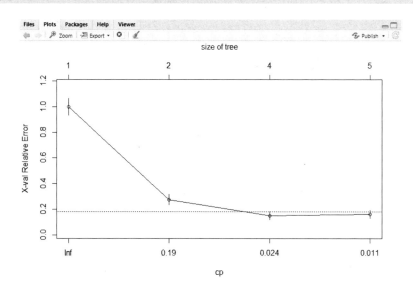

图 8-5　交叉验证误差与复杂度参数的关系

用 prune()函数并根据复杂度参数剪去最不重要的枝，由于三次分割对应的复杂度为 0.0125，故 cp=0.0125，代码如下：

```
> dtree.pruned<-prune(dtree,cp=.0125)
> library(rpart.plot)
```

画出最终的决策树，type=2 表示画出每个节点下分割的标签；extra=104 表示画出每类的概率及每个节点处的样本占比，代码如下：

```
> prp(dtree.pruned,type=2,extra=104,fallen.leaves=TRUE,main="Decision Tree")
```

输出结果如图 8-6 所示。

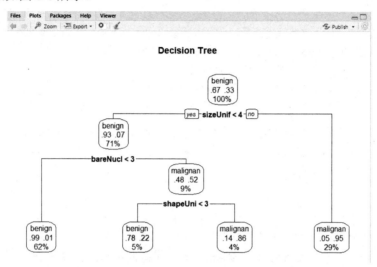

图 8-6 样本占比

对训练集外的样本分类，利用模型对数据进行预测，代码如下：

```
> dtree.pred<-predict(dtree.pruned,df.validate,type="class")#利用预测集进行预测
> dtree.perf<-table(df.validate$class,dtree.pred,dnn=c("Actual","Predicted"))
> dtree.perf#实际类别与预测类别交叉表
```

输出结果为：

```
          Predicted
Actual     benign malignant
benign       122       7
malignant      2      79
```

从交叉表可以看出此模型准确率为(79+122)/(79+2+7+122)=95.71%。准确率越高说明模型的效果越好。

8.3 支持向量机

支持向量机（Support Vector Machine，SVM）是 Corinna Cortes 和 Vapnik 等于 1995 年首先提出的，它在解决小样本、非线性及高维模式识别中表现出许多特有的优势，并能够

推广应用到函数拟合等其他机器学习问题中。支持向量机方法是建立在统计学习理论的 VC
维理论和结构风险最小原理基础上的，根据有限的样本信息在模型的复杂性（即对特定训
练样本的学习精度）和学习能力（即无错误地识别任意样本的能力）之间寻求最佳折中，
以期获得最好的推广能力。它是一种二分类模型，其基本模型定义为特征空间上的间隔最
大的线性分类器，即支持向量机的学习策略便是间隔最大化，最终将分类问题转化为一个
凸二次规划问题。

8.3.1　支持向量机算法原理

在机器学习中，支持向量机是一种有监督学习模型，可以分析数据，识别模式，用于
分类和回归分析。

对于两类线性可分学习任务，支持向量机找到一个间隔最大的超平面将两类样本分开，
最大间隔能够保证该超平面具有最好的泛化能力。

1．最大间隔

要理解支持向量机需要先理解什么是间隔最大化，首先从简单的线性二分类开始说起。
要想将不用的样本空间分开，如图 8-7 所示，需要找出一条线将不同分类的样本隔离开。

线性分类器就是通过这条线，将不同类别的样本分离开来，当有新的样本来时，判断
在这条线的哪个部分就可以得出新的样本的类别。

能将样本分类的分离的线具有很多，如图 8-8 中的 $L1$、$L2$、$L3$。但是如何选择一条最
优的线来分割呢？

最大间隔的原理就是通过选择一个离两个样本都尽量远的中间线，也就是图 8-8 中的
$L2$。这样的好处就是，因为离两边的样本都比较远，所以误判的情况相对较小，预测的精
度更高。通过利用最优化的处理方法，可以得出获取这条最优间隔线的方法。

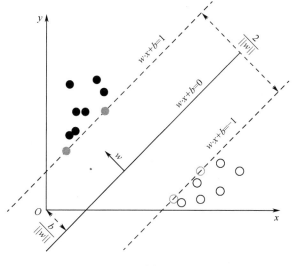

图 8-7　线性可分性

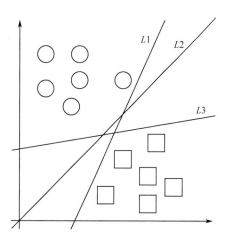

图 8-8　最大化间隔

2．支持向量

由于间隔最大化需要在两个不同的样本类别中找出最大间隔的分割线，因此，距离分割线两边等距离的样本点至关重要。如图 8-9 所示，所有的样本被超平面 $w^T x + b = 0$ 分隔开，并使任意样本的点到超平面的距离大于或等于1，这些位于间隔边界上的样本点称为支持向量。

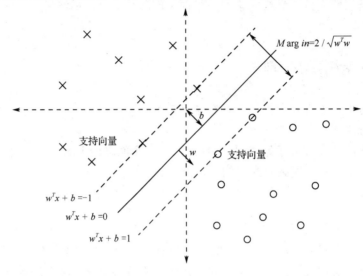

图 8-9　支持向量样本点

3．支持向量机推导

假设一组训练数据的正负样本标记为：$\{x_i, y_i\}$，$i = 1, \cdots, m$，$y_i \in \{-1, 1\}$，如图 8-10 所示。

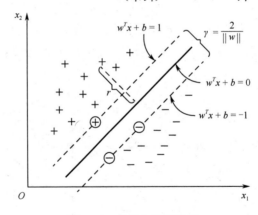

图 8-10　支持向量机推导

假设有一个超平面 H：$w \cdot x + b = 0$，可以通过此线性方程划分，同时存在两个平行于 H 的超平面 $H1$ 和 $H2$：

$$w \cdot x + b = 1$$
$$w \cdot x + b = -1$$

超平面 H 能够正确分类，也就是满足如下约束：

$$w \cdot x_i + b \geq 1, \quad y_i = 1$$

$$w \cdot x_i + b \leqslant -1, \quad y_i = -1$$

即

$$y_i(w \cdot x_i + b) - 1 \geqslant 0 \tag{1}$$

离 H 最近的正负样本刚好分别落在 $H1$ 和 $H2$ 上，使等号成立，它们就是支持向量。而超平面 $H1$ 和 $H2$ 的距离为（注：由线到线的距离公式求得）

$$\gamma = \frac{2}{\|w\|}$$

支持向量机目标是找到具有"最大间隔"的划分超平面。即找到满足式（1）的约束条件的参数 w、b，使得 γ 最大。显然，最大化间隔 γ，也就是最小化 $\|w\|^2$。于是可以构造如下的条件极值问题：

$$\min \frac{1}{2}\|w\|^2, \quad y_i(w \cdot x_i + b) - 1 \geqslant 0 \tag{2}$$

这就是支持向量机的基本型。

对于不等式约束的条件极值问题，可以用拉格朗日方法求解。拉格朗日方程的构造规则是用约束方程乘以非负的拉格朗日系数，然后再从目标函数中减去它。得到拉格朗日方程为

$$L(w, \; b, \; a_i) = \frac{1}{2}\|w\|^2 - \sum_{i=1}^{m} a_i(y_i(w \cdot x_i + b) - 1)$$

$$= \frac{1}{2}\|w\|^2 - \sum_{i=1}^{m} a_i y_1(w \cdot x_i + b) + \sum_{i=1}^{m} a_i \tag{3}$$

其中：

$$a_i \geqslant 0 \tag{4}$$

那么处理的规划问题就变为

$$\min_{w,b} \max_{a_i \geqslant 0} L(w,b,a_i) \tag{5}$$

上式才是严格的不等式约束的拉格朗日条件极值的表达式。下面将详细地推导它。

式（5）是一个凸优化问题，其意义是先对 a 求偏导，令其等于 0 消掉 a，然后再对 w 和 b 求 L 的最小值。要直接求解式（5）是有难度的，通过消去拉格朗日系数来化简方程，对问题无济于事。但可以通过拉格朗日对偶问题来解决，为此把式（5）做一个等价变换，即对偶变换：

$$\min_{w,b} \max_{a_i \geqslant 0} L(w,b,a_i) = \max_{a_i \geqslant 0} \min_{w,b} L(w,b,a_i)$$

从而凸优化问题转换成了对偶问题：

$$\max_{a_i \geqslant 0} \min_{w,b} L(w,b,a_i) \tag{6}$$

其意义是：原凸优化问题可以转化为先对 w 和 b 求偏导，令其等于 0 消掉 w 和 b，然后再对 a 求 L 的最大值。下面求解式（6），先计算 w 和 b 的偏导数。由式（3）得

$$\frac{\partial L(w,b,a_i)}{\partial w} = w - \sum_{i=1}^{m} a_i y_y x_i$$

$$\frac{\partial L(w,b,a_i)}{\partial b} = w - \sum_{i=1}^{m} a_i y_y \tag{7}$$

让 L 在 w 和 b 上取得最小值，令式（7）的两个偏导数分别为 0，得到

$$w = \sum_{i=1}^{m} a_i y_i x_i$$

$$\sum_{i=1}^{m} a_i y_i = 0 \qquad (8)$$

将式（8）代回式（3），可得

$$\min_{w,b} L(w,b,a_i) = \frac{1}{2} \| w \|^2 - w \sum_{i=1}^{m} a_i y_i x_i - b \sum_{i=1}^{m} a_i y_i + \sum_{i=1}^{m} a_i$$

$$= \frac{1}{2} \| w \|^2 - w \cdot w - b \cdot 0 + \sum_{i=1}^{m} a_i$$

$$= \sum_{i=1}^{m} a_i - \frac{1}{2} \| w \|^2$$

$$= \sum_{i=1}^{m} a_i - \frac{1}{2} \sum_{i=1}^{m} \sum_{j=1}^{m} a_i a_j y_i y_j (x_i, x_j) \qquad (9)$$

再把式（9）代入式（6）有

$$\max_{a_i \geq 0} \min_{w,b} L(w,b,a_i) = \max_{a_i \geq 0} \left\{ \sum_{i=1}^{m} a_i - \frac{1}{2} \sum_{i=1}^{m} \sum_{j=1}^{m} a_i a_j y_i y_j (x_i, x_j) \right\} \qquad (10)$$

考虑到式（8），对偶问题就变为

$$\max_{a_i} \left\{ \sum_{i=1}^{m} a_i - \frac{1}{2} \sum_{i=1}^{m} \sum_{j=1}^{m} a_i a_j y_i y_j (x_i, x_j) \right\}, \quad \left\{ \begin{array}{l} \sum_{i=1}^{m} a_i y_i = 0 \\ a_i \geq 0 \end{array} \right\} \qquad (11)$$

式（11）这个规划问题可以直接使用数值方法计算求解。

需要指出的一点是，式（2）的条件极值问题能够转化为式（5）的凸优化问题，其中隐含着一个约束，即：

$$a_i (y_i (w \cdot x_i + b) - 1) = 0 \qquad (12)$$

对式（12）进行推理，如果式（2）和式（5）等效，则必有

$$\max_{a_i \geq 0} x L(w,b,a_i) = \frac{1}{2} \| w \|^2$$

将式（3）代入上式中，得

$$\frac{1}{2} \| w \|^2 = \max_{a_i \geq 0} \left\{ \frac{1}{2} \| w \|^2 - \sum_{i=1}^{m} a_i (y_i (w \cdot x_i + b) - 1) \right\}$$

$$= \frac{1}{2} \| w \|^2 - \min_{a_i \geq 0} \left\{ \sum_{i=1}^{m} a_i (y_i (w \cdot x_i + b) - 1) \right\}$$

化简得

$$\min \left\{ \sum_{i=1}^{m} a_i (y_i (w \cdot x_i + b) - 1) \right\} = 0 \qquad (13)$$

又因为约束式（1）和式（4），有：

$$a_i (y_i (w \cdot x_i + b) - 1) \geq 0$$

所以要使式（13）成立，只有令 $a_i(y_i(w \cdot x_i + b) - 1) = 0$，由此得到式（12）的约束。式（12）的约束的意义是：若一个样本是支持向量，则其对应的拉格朗日系数非零；若一个样本不是支持向量，则其对应的拉格朗日系数一定为零。由此可知大多数拉格朗日系数都是零。其中，式（1）、式（4）、式（12）为 KKT 条件。

一旦从式（11）求解出所有拉格朗日系数，就可以通过式（8）的

$$w = \sum_{i=1}^{m} a_i y_i x_i$$

计算得到最优分割面 H 的法向量 w。而分割阈值 b 也可以通过式（12）的约束并用支持向量计算出来。找到最优的 H1 和 H2，即训练出的支持向量机。

支持向量机具有以下优点：

- 可以解决小样本情况下的数据分布不均衡问题。
- 可以提高泛化性能。
- 可以解决高维问题，避免维数灾难。
- 可以解决非线性问题。
- 可以避免神经网络结构选择和局部极小点问题。

支持向量机具有以下缺点：

- 对缺失数据敏感。
- 对非线性问题没有通用解决方案，必须谨慎选择 kernel function 来处理。

8.3.2　支持向量机算法应用

可以使用 e1071 包的 svm() 函数实现支持向量机的建模，以威斯康星州乳腺癌数据集为例介绍支持向量机，代码如下：

```
> library(e1071)
> set.seed(1234) #设置随机种子
> fit.svm<-svm(class~.,data=df.train) # class~.为方程
> fit.svm
```

输出结果为：

```
Call:
svm(formula = class ~ ., data = df.train)


Parameters:
   SVM-Type:  C-classification
 SVM-Kernel:  radial
       cost:  1
      gamma:  0.1111111

Number of Support Vectors: 76
```

用 predict() 函数实现用支持向量机进行预测，代码如下：

```
> svm.pred<-predict(fit.svm,na.omit(df.validate)) # fit.svm 为支持向量机模型,
na.omit(df.validate)为去除空值后的待预测数据集
> svm.perf<-table(na.omit(df.validate)$class,svm.pred,dnn=c("Actual","Predicted"))
#统计用 fit.svm 模型预测的良性与恶性的数量
> svm.perf
```

输出结果为:

```
          Predicted
Actual     benign malignant
benign       116       4
malignant      3      77
```

支持向量机拟合样本时,gamma 与 cost(成本)参数会影响拟合样本的最终结果,gamma 越大,通常导致支持向量越多,因此可以通过找到最优参数提高支持向量机的准确性。通过 tune.svm()函数对每个参数设置一个候选范围,tune.svm()函数对每个参数组合生成一个支持向量机模型,并输出在每个参数组合上的表现,代码如下:

```
> set.seed(1234)
> tuned<-tune.svm(class~.,data=df.train,gamma=10^(-6:1),cost=10^(-10:10))
> tuned #输出最优模型参数
```

输出结果为:

```
Parameter tuning of 'svm':

-sampling method: 10-fold cross validation

-best parameters:
 gamma cost
  0.01    1

-best performance: 0.02904092
```

一共尝试 8 个不同的 gamma（从 0.000 001 到 10）及 21 个成本参数（从 0.01 到 1010），总体来说共拟合了 168（8×21）个模型,并比较其结果。可以看出最优 gamma 值为 0.01,最优 cost 值为 1,平均误判率为 0.029。修改参数,进行预测,代码如下:

```
> fit.svm<-svm(class~.,data=df.train,gamma=0.01,cost=1) #cost 默认值为 1,gamma
默认值为 1/数据集的列数
> svm.pred<-predict(fit.svm,na.omit(df.validate))
> svm.perf<-table(na.omit(df.validate)$class,svm.pred,dnn=c("Actual","Predicted"))
> svm.perf
```

输出结果为:

```
          Predicted
Actual     benign malignant
```

benign	128	7
malignant	0	70

从交叉表可以看出此模型准确率为(70+128)/(70+0+7+128)=96.5%。准确率越高说明模型的效果越好。

8.4　朴素贝叶斯

朴素贝叶斯分类是一种简单而容易理解的分类方法。其原理就是贝叶斯定理，从数据中得到新的信息，然后对先验概率进行更新，从而得到后验概率。朴素贝叶斯分类的优势在于不怕噪声和无关变量，其朴素之处在于它假设各特征属性是无关的。而贝叶斯网络（Bayesian Network）则放宽了变量无关的假设，将贝叶斯原理和图论相结合，建立起一种基于概率推理的数学模型，对于解决复杂的不确定性和关联性问题有很强的优势。

8.4.1　贝叶斯定理

假设有两个事件，事件 A 和事件 B，已知事件 A 发生的概率为 $p(A)$，事件 B 发生的概率为 $p(B)$，事件 A 发生的前提下，事件 B 发生的概率为 $p(B|A)$，事件 B 发生的前提下，事件 A 发生的概率为 $p(A|B)$，事件 A 和事件 B 同时发生的概率是 $p(AB)$，则有

$$p(AB)=p(A)p(B|A)=p(B)p(A|B)$$

由此可以推出贝叶斯定理：

$$p(B|A) = \frac{p(B)p(A|B)}{p(A)}$$

给定一个全集$\{B_1,B_2,\cdots,B_n\}$，其中 B_i 与 B_j 是不相交的，即 $B_iB_j=\phi$，则根据全概率公式，对于一个事件 A，会有

$$p(A) = \sum_{i=1}^{n} p(B_i)p(A|B_i)$$

则广义的贝叶斯定理有

$$p(B_i|A) = \frac{p(B_i)p(A|B_i)}{\sum_{i=1}^{n} p(B_i)p(A|B_i)}$$

8.4.2　最大似然估计

贝叶斯公式是后验概率，表示事情已经发生的结果下，去判断属于哪类。但是，实际问题中获取的数据可能只是有限数目的样本数据，而先验概率和类条件概率都是未知的，如果仅仅根据样本数据分类，必须先对先验概率和类条件概率进行估计，再套用贝叶斯公式，先验概率比较简单，而类条件概率比较难，信息是随机的，样本数据不多，这样就要将其转换为估计参数，其中最大似然估计就是一种较好的估计方法。

最大似然估计是遗传学家及统计学家罗纳德·费雪在 1921 年至 1922 年间开始使用的，是一种重要而又普遍的求估量的统计方法。其目的是利用已知的样本结果，反推最有可能导致这样结果的参数值。

最大似然估计的原理是：给定一个概率分布 D，假定其概念密度函数（连续分布）或者概率聚集函数（离散分布）为 f_D，以及一个分布参数 θ，可以从这个分布中抽出一个具有 n 个值的采样 $X_1, X_2, \cdots, X_n$，利用 f_D，就能计算出其概率：$P = (X_1, X_2, \cdots, X_n) = f_D(X_1, X_2, \cdots, X_n | \theta)$。

基于对似然函数 $L(\theta)$ 形式（一般为连乘式且各因式>0）的考虑，求 θ 的最大似然估计的一般步骤如下。

（1）写出似然函数。

总体 X 为离散型时：$L(\theta) = \prod_{i=1}^{n} p(x_i; \theta)$。

总体 X 为连续型时：$L(\theta) = \prod_{i=1}^{n} f(x_i; \theta)$。

（2）对似然函数两边取对数。

总体 X 为离散型时：$L(\theta) = \prod_{i=1}^{n} lnp(x_i; \theta)$。

总体 X 为连续型时：$L(\theta) = \prod_{i=1}^{n} lnpf(x_i; \theta)$。

（3）求导数并令之为 0：此方程为对数似然方程。解对数似然方程所得即未知参数 θ 的最大似然估计值。

8.4.3 朴素贝叶斯分类算法原理

朴素贝叶斯分类算法是基于贝叶斯定理与特征条件独立假设的分类方法。最为广泛的两种分类模型是决策树模型（Decision Tree Model）和朴素贝叶斯模型（Naive Bayesian Model，NBM）。

和决策树模型相比，朴素贝叶斯分类器（Naive Bayes Classifier，NBC）发源于古典数学理论，有着坚实的数学基础和稳定的分类效率。同时，NBC 模型所需估计的参数很少，对缺失数据不太敏感，算法也比较简单。理论上，NBC 模型与其他分类方法相比具有最小的误差率。但是实际上并非总是如此，这是因为 NBC 模型假设属性之间相互独立，这个假设在实际应用中往往是不成立的，这给 NBC 模型的正确分类带来了一定影响。

给定一组训练数据集 $\{(X1, y1), (X2, y2), (X3, y3), \cdots, (X_m, y_m)\}$，其中 m 是样本的个数，每个数据集包含着 n 个特征，即 $X_i = (x_{i1}, x_{i2}, \cdots, x_{in})$。类标记集合为 $\{y_1, y_2, \cdots, y_k\}$。设 $p(y = y_k | X = x)$ 表示输入的 X 样本为 x 时，输出的 y 为 y_k 的概率。

假设现在给定一个新的样本 x，要判断其属于哪一类，可分别求解 $p(y = y_1 | x)$，$p(y = y_2 | x)$，$p(y = y_3 | x)$，$\cdots$，$p(y = y_k | x)$ 的值，哪一个值最大，就属于那一类，即求解最大的后验概率 argmaxp(y|x)。

那如何求解出这些后验概率呢？根据贝叶斯定理，有

$$p(y = y_i | x) = \frac{p(y_i)\, p(x | y_i)}{p(x)}$$

一般地，朴素贝叶斯分类算法假设各个特征之间是相互独立的，则上式可以写成

$$p(y = y_i | x) = \frac{p(y_i)\, p(x | y_i)}{p(x)} = \frac{p(y_i)\prod\limits_{j=1}^{n} p(x_j | y_i)}{\prod\limits_{j=1}^{n} p(x_j)}$$

由于分母对于每个 $p(y = y_i | x)$ 求解都是一样的，因此在实际操作中可以省略掉。最终，朴素贝叶斯分类器的判别公式变成如下的形式：

$$y = \arg\max_{y_i} p(y_i)\, p(\mathrm{x} | y_i) = \arg\max_{y_i} p(y_i)\prod\limits_{j=1}^{n} p(x_j | y_i)$$

朴素贝叶斯分类器的分类原理是利用各个类别的先验概率，再利用贝叶斯公式及独立性假设计算出属性的类别概率及对象的后验概率，即该对象属于某一类的概率，选择具有最大后验概率的类作为该对象所属的类别。

朴素贝叶斯分类器的优点：

● 数学基础坚实，分类效率稳定，容易解释。

● 所需估计的参数很少，对缺失数据不太敏感。

● 无须复杂的迭代求解框架，适用于规模巨大的数据集。

朴素贝叶斯分类器的缺点：

● 属性之间的独立性假设往往不成立（可考虑用聚类算法先将相关性较大的属性进行聚类）。

● 需要知道先验概率，分类决策存在错误率。

朴素贝叶斯分类器的分类流程如图 8-11 所示。

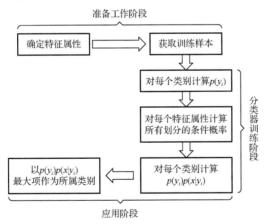

图 8-11　朴素贝叶斯分类器的分类流程

8.4.4　朴素贝叶斯分类算法应用

朴素贝叶斯分类实现的三阶段如下。

第一阶段，准备工作。根据具体情况确定特征属性，并对每一特征属性进行划分，然后人工对一些待分类项进行分类，形成训练样本集合。这一阶段的输入是所有待分类数据，输出是特征属性和训练样本。这是唯一需要人工处理的阶段，质量要求较高。

第二阶段，分类器训练阶段（生成分类器）。计算每个类别在训练样本中出现频率及每个特征属性划分对每个类别的条件概率估计，并将结果记录。其输入是特征属性和训练样本，输出是分类器。

第三阶段，应用阶段。使用分类器对待分类项进行分类，其输入是分类器和待分类项，输出是待分类项与类别的映射关系。

1．朴素贝叶斯分类算法的实现函数

R 语言中的 e1071 包中的 naiveBayes()函数可以实现朴素贝叶斯算法，具体的语法格式如下：一个是 naiveBayes(x, y,laplace=0)，x 为数据框或者包括训练数据的矩阵，即自变量；y 包括训练数据每行分类的一个因子变量，即因变量（注意必须为因子型）；laplace=0 为控制拉普拉斯估计的一个数值（默认值为 0）。另一个是 naiveBayes(formula,data,laplace=0,subset)，formula 为一个公式，不允许有交互项；data 为要利用的数据集；subset 是对于给出的数据，指定要在训练样本中使用的索引向量。

2．朴素贝叶斯分类算法的预测函数

函数的语法格式为 predict(object,newdata,type=c("class", "raw"))，object 是朴素贝叶斯算法建立的模型对象；newdata 是要实现预测功能的数据集；type 为 "class" 返回具有最大概率的具体因子，这个是默认值；"raw" 是返回每个类的条件后验概率。

3．具体案例演示

用具体的一个实例来演示朴素贝叶斯算法，并用 ROC 曲线对模型性能进行评价，具体数据集来自 R 语言中 mlbench 包自带的数据集 PimaIndiansDiabetes2，基于朴素贝叶斯算法识别糖尿病患者的代码如下：

```
> library(mlbench)
> data("PimaIndiansDiabetes2")  #加载数据集
> head(PimaIndiansDiabetes2)  #查看数据集前 6 行
```

输出结果为：

```
  pregnant  glucose  pressure  triceps  insulin  mass  pedigree  age
diabetes
1     6      148      72       35       NA      33.6   0.627    50    pos
2     1       85      66       29       NA      26.6   0.351    31    neg
3     8      183      64       NA       NA      23.3   0.672    32    pos
4     1       89      66       23       94      28.1   0.167    21    neg
5     0      137      40       35      168      43.1   2.288    33    pos
6     5      116      74       NA       NA      25.6   0.201    30    neg
```

diabetes（糖尿病）字段为因变量，其余 8 个字段为自变量。

查看数据结构，代码如下：

```
> str(PimaIndiansDiabetes2)  #查看数据结构
```

输出结果为：

```
'data.frame': 768 obs. of 9 variables:
$ pregnant: num  6 1 8 1 0 5 3 10 2 8 …
$ glucose : num  148 85 183 89 137 116 78 115 197 125 …
$ pressure: num  72 66 64 66 40 74 50 NA 70 96 …
$ triceps : num  35 29 NA 23 35 NA 32 NA 45 NA …
$ insulin : num  NA NA NA 94 168 NA 88 NA 543 NA …
$ mass    : num  33.6 26.6 23.3 28.1 43.1 25.6 31 35.3 30.5 NA …
$ pedigree: num  0.627 0.351 0.672 0.167 2.288 …
$ age     : num  50 31 32 21 33 30 26 29 53 54 …
$ diabetes: Factor w/ 2 levels "neg","pos": 2 1 2 1 2 1 2 1 2 2 …
```

对数据进行描述性统计，代码如下：

```
> summary(PimaIndiansDiabetes2)  #对数据进行描述性统计
```

输出结果为：

```
   pregnant         glucose         pressure         triceps
Min.: 0.000     Min. : 44.0     Min.: 24.00     Min.: 7.00
1st Qu.: 1.000  1st Qu.: 99.0   1st Qu.: 64.00  1st Qu.:22.00
Median : 3.000  Median :117.0   Median : 72.00  Median :29.00
Mean  : 3.845   Mean:121.7      Mean: 72.41     Mean:29.15
3rd Qu.: 6.000  3rd Qu.:141.0   3rd Qu.: 80.00  3rd Qu.:36.00
Max.:17.000     Max. :199.0     Max.:122.00     Max.:99.00
                NA's:5          NA's:35         NA's:227
   insulin          mass           pedigree          age
Min.: 14.00     Min.:18.20      Min.:0.0780     Min.:21.00
1st Qu.: 76.25  1st Qu.:27.50   1st Qu.:0.2437  1st Qu.:24.00
Median :125.00  Median :32.30   Median :0.3725  Median :29.00
Mean :155.55    Mean :32.46     Mean :0.4719    Mean:33.24
3rd Qu.:190.00  3rd Qu.:36.60   3rd Qu.:0.6262  3rd Qu.:41.00
Max.:846.00     Max.:67.10      Max.:2.4200     Max.:81.00
NA's:374        NA's:11
diabetes
neg:500
pos:268
```

数据集中共有 500 个 neg，268 个 pos；glucose（葡萄糖），pressure（压力），triceps（肱三头肌），insulin（胰岛素），mass（身高体重比指数）字段中都具有缺失值，需对数据集进行缺失值探索，如果缺失值较多，需进行缺失值插补。

对缺失值数据进行探索，代码如下：

```
> library(VIM)
> library(mice)
> md.pattern(PimaIndiansDiabetes2) #对缺失值数据进行探索。0 表示变量的列中没有缺失，
```

1 则表示有缺失值

输出结果为：

```
    pregnant pedigree age diabetes glucose mass pressure triceps
392        1        1   1        1       1    1        1       1
1          1        1   1        1       0    1        1       1
140        1        1   1        1       1    1        1       1
1          1        1   1        1       1    0        1       1
4          1        1   1        1       0    1        1       1
2          1        1   1        1       1    1        0       1
192        1        1   1        1       1    1        1       0
1          1        1   1        1       1    0        1       1
26         1        1   1        1       1    1        0       0
2          1        1   1        1       1    0        1       0
7          1        1   1        1       1    0        0       0
           0        0   0        0       5   11       35     227
    insulin
392       1   0
1         1   1
140       0   1
1         1   1
4         0   2
2         0   2
192       0   2
1         0   2
26        0   3
2         0   3
7         0   4
        374 652
```

VIM 包和 mice 包可用来对缺失值进行探索，具体的函数有 aggr()、md.pattern()、na.omit()、complete.cases()等，前两个函数居多。aggr()函数对缺失值的可视化探索结果如图 8-12 所示，其语法格式为：

```
aggr(PimaIndiansDiabetes2,prop=F,numbers=T)
```

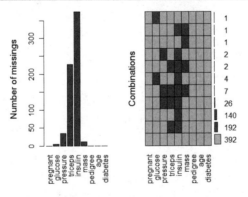

图 8-12　缺失值可视化

由图 8-12 可知，共有 5 列数据存在缺失值："glucose" "mass""pressure""triceps""insulin"，分别缺失 5,11,35,227,374 个值。

caret 包中的 preProcess()函数可以进行缺失值的插补工作，对数据进行标准/归一化处理，具体的语法格式为：

```
preProcess(x, method, na.remove = TRUE, k = 5)
```

参数 method 指数据实现标准化、数据抽样的方法，如归一化处理"scale"，袋装插补"bagImpute"，k 近邻方法缺失值插补"knnImpute"；na.remove 指默认剔除缺失值数据；k 表示如果使用 k 近邻方法缺失值插补，需指出的具体数，默认为 5，代码如下：

```
> library(caret)
> preproc<-preProcess(PimaIndiansDiabetes2[,-9],method='bagImpute')#
PimaIndiansDiabetes2[,-9]表示数据集的 1 到 8 列
> data<-predict(preproc,PimaIndiansDiabetes2[,-9]) #使用袋装插补法对数据集的缺失
值进行插补
> data$diabetes<-PimaIndiansDiabetes2[,9] #对插补后的数据集增加原数据集中的
diabetes 列
> md.pattern(data) #验证新数据集的缺失值
```

输出结果为：

```
No need for mice. This data set is completely observed.
    pregnant glucose pressure triceps insulin mass pedigree age diabetes
768        1       1        1       1       1    1        1   1        1 0
           0       0        0       0       0    0        0   0        0 0
```

新数据集中已经没有缺失值，使用新数据集进行朴素贝叶斯算法建模。

caret 包中的 createDataPartition()函数可以对数据进行等比抽样，具体的语法格式为：

```
createDataPartition(x,times=1,p,list=FALSE)
```

其中，times 是抽取的次数；p 是抽取的概率，即数据量；list 是是否以列表的形式输出，应为 FALSE，使用 TRUE 后续程序会报错，代码如下：

```
> index<-createDataPartition(data$diabetes,times = 1,p=0.75,list=F)  #构建训
练集的下标，对 diabetes 进行抽样，75%的数据用来作训练集，25%的数据用作测试集
> train<-data[index,] #构建训练集
> test<-data[-index,]  #构建测试集
> prop.table(table(data$diabetes)) #查看是否等比抽样
```

输出结果为：

```
      neg       pos
0.6510417 0.3489583
```

代码如下：

```
> prop.table(table(train$diabetes))
```

输出结果为：

```
     neg       pos
0.6510417 0.3489583
```

代码如下：

```
> prop.table(table(test$diabetes))
```

输出结果为：

```
     neg       pos
0.6510417 0.3489583
```

原数据集的 neg 与 pos 的比例与训练集及测试集一致，neg 比例为 0.6510417，pos 比例为 0.3489583。

使用训练数据集进行模型的建立，并用建好的模型对测试数据集进行预测，代码如下：

```
> library(e1071)
> model<-naiveBayes(diabetes~.,data=train)  #利用 e1071 包中的 naiveBayes 进行朴素贝叶斯的建模
> pred1<-predict(model,test)  #利用 predict()函数进行对 test 数据进行分类预测
> a<-table(test$diabetes,pred1)
> a
```

输出结果为：

```
     pred1
      neg pos
 neg  102  23
 pos   22  45
```

```
> (sum(a)-sum(diag(a)))/sum(a)  #查看错误率
```

输出结果为：

```
[1] 0.234375
```

代码如下：

```
> b<-paste(round((sum(a)-sum(diag(a)))*100/sum(a),2),"%")  #利用百分号表示
> b
```

输出结果为：

```
[1] 23.4%
```

除了手动创建公式进行模型的正确率评估之外，还可使用 gmodels 包的 CrossTable()函数构建混淆矩阵进行模型评估，代码如下：

```
> library(gmodels)
> CrossTable(test$diabetes,pred1,prop.r=F,prop.c = F,prop.t = T,prop.chisq = F)  #CrossTable()函数可以来进行模型评估
```

结果如图 8-13 和图 8-14 所示。

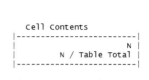

图 8-13　模型评估

test$diabetes	pred1 neg	pos	Row Total
neg	102 0.531	23 0.120	125
pos	22 0.115	45 0.234	67
Column Total	124	68	192

图 8-14　混淆矩阵

由图 8-14 可知，正确预测的数量为 neg 的 102 与 pos 的 45 的和，样本总数为 192，正确率为 76.56%。

除以上两种方式外，还可通过 ROC 曲线对模型进行评估。ROC 曲线，也称"受试者工作特征曲线"，主要是用于 X 对 Y 的预测准确率情况。横坐标 X 轴为 1 - 特异性，也称为假阳性率（误报率），X 轴越接近零准确率越高；纵坐标 Y 轴称为敏感度，也称为真阳性率（敏感度），Y 轴越大代表准确率越好。

对模型性能评价，画出 ROC 曲线，代码如下：

```
> library(ROCR)  #使用 ROCR 包中的函数进行模型性能评价
> pred2<-predict(model,test,type='raw')  #对测试集进行预测，返回概率值
> pred<-prediction(predictions = pred2[,2],labels=test$diabetes)#将预测结果与测试集中的真实标签结合生成 prediction 对象
> perf<-performance(pred,measure='tpr',x.measure='fpr')  #对结合后的 pred 对象应用评测方法生成 performance 对象，tpr 为 true positive rate，fpr 为 false positive rate
> plot(perf,main='ROC curve',col='blue',lwd=3)  #对 pref 对象画 ROC 曲线
```

结果如图 8-15 所示。

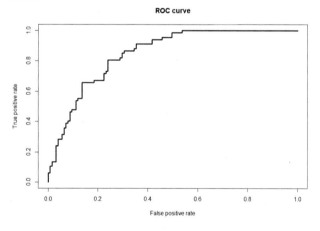

图 8-15　ROC 曲线

根据曲线位置，把整个图划分成了两部分，曲线下方部分的面积为 AUC（Area Under Curve），用来表示预测准确性，AUC 值越高，也就是曲线下方面积越大，预测准确率就越高。曲线越接近左上角（X 越小，Y 越大），预测准确率越高。AUC 被定义为 ROC 曲线下的面积，显然这个面积的数值不会大于 1。又由于 ROC 曲线一般都处于 Y=X 这条直线的上方，所以 AUC 的取值范围在 0.5 和 1 之间。使用 AUC 值作为评价标准是因为很多时候 ROC 曲线并不能清晰地说明哪个分类器的效果更好，而作为一个数值，对应 AUC 更大的分类器效果更好。

使用 AUC 值评测方法，计算该模型的 AUC 值，代码如下：

```
> perf1<-performance(pred, measure = "auc")
> perf1@y.values #打印模型 AUC 值
```

输出结果为:

```
[[1]]
[1] 0.8273433
```

8.5 人工神经网络

人工神经网络起源于生物神经元的研究,其研究的主要对象是人脑。人脑是一个高度复杂的、非线性的、并行处理的系统,其中大约有 1011 个称为神经元的微处理单元。这些神经元之间相互连接,连接数据高达 1015 个。人工神经网络(Artificial Neural Network,ANN)是一种模拟人脑思维的计算机建模方式。自 20 世纪 40 年代开始,人们就开始了对人工神经网络的研究。人工神经网络也是人工智能的基础,2005 年以后,人工神经网络迎来了深度神经网络(深度学习)的时代。

8.5.1 人工神经网络的基本概念

人工神经网络是 20 世纪 80 年代以来人工智能领域兴起的研究热点。它从信息处理角度对人脑神经元网络进行抽象,建立某种简单模型,按不同的连接方式组成不同的网络。在工程与学术界也常直接简称为神经网络或类神经网络。

神经网络是一种运算模型,由大量的节点(又称神经元)之间相互联接构成。每个节点都代表一种特定的输出函数,称为激励函数(Activation Function)。每两个节点间的连接都代表一个对于通过该连接信号的加权值,它称为权重,这相当于人工神经网络的记忆。网络的输出则依据网络的连接方式、权重值和激励函数的不同而不同。而网络自身通常都是对自然界某种算法或者函数的逼近,也可能是对一种逻辑策略的表达。

人工神经网络的定义为由大量具有适应性的处理元素(神经元)组成的广泛并行互联网络,它的组织能够模拟生物神经系统对真实世界物体所做出的交互反应,是模拟人工智能的一条重要途径。

人工神经网络与人脑相似性主要表现在:

(1)人工神经网络获取的知识是从外界环境学习得来的;

(2)各神经元的连接权,即突触权值,用于储存获取的知识。

该模型的优点:

(1)分类的准确度高,并行分布处理能力强,分布存储及学习能力强;

(2)对噪声神经有较强的鲁棒性和容错能力,能充分逼近复杂的非线性关系,具备联想记忆的功能等。

该模型的缺点:

(1)人工神经网络需要大量的参数,如网络拓扑结构、权值和阈值的初始值;

(2)不能观察之间的学习过程,输出结果难以解释,会影响到结果的可信度和可接受程度；

（3）学习时间过长，甚至可能达不到学习的目的。

8.5.2 感知器和人工神经元模型

感知器作为人工神经网络中最基本的单元，有多个输入和一个输出组成。虽然我们的目的是学习很多神经单元互连的网络，但是还是需要先对单个的神经元进行研究。

1．感知器

感知器相当于神经网络的一个单层，由一个线性组合器和一个二值阈值原件构成，构成人工神经网络系统的单层感知器如图 8-16 所示。

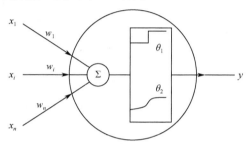

图 8-16　人工神经网络系统的单层感知器

感知器以一个实数值向量作为输入，计算这些输入的线性组合，如果结果大于某个阈值，就输出 1，否则输出-1。

感知器函数可写为：$sign(w \times x)$，有时可加入偏置 b，写为 $sign(w \times x+b)$，学习一个感知器意味着选择权 $w_0,\cdots,w_n$ 的值。所以感知器学习要考虑的候选假设空间 H 就是所有可能的实数值权向量的集合。

2．人工神经元模型

人工神经元模型如图 8-17 所示。

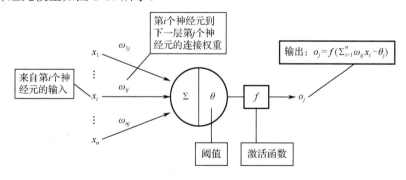

图 8-17　人工神经元模型

用数学表达式对人工神经元模型进行抽象和概括，令 $x_0 = -1$，$w_{0j} = \theta_j$，即 $-\theta_j = x_0 w_{0j}$，也就是说将阈值当作一个下标为 0 的输入神经元处理，得到如下人工神经元模型（$n+1$ 个输入）的输出公式：

$$o_j = f(\text{net}_j) - f\left(\sum_{i=1}^{n} \omega_{ij} x_i - \theta_j\right) = f\left(\sum_{i=0}^{n} \omega_{ij} x_i\right)$$

其中，θ_j 是神经元 j 的输出信息，w_{ij} 是神经元 i 到神经元 j 的连接权值，x_i 是神经元 j 接收到的神经元 i 的输入信息，net_j 是神经元 j 的净输入。

8.5.3　前馈神经网络

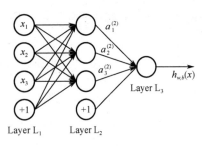

图 8-18　神经网络

神经网络将许多个单一"神经元"联接在一起，这样，一个"神经元"的输出就可以是另一个"神经元"的输入。例如，图 8-18 就是一个简单的神经网络。

使用圆圈来表示神经网络的输入，标上 +1 的圆圈称为偏置节点，也就是截距项。神经网络最左边的一层叫作输入层，最右的一层叫作输出层，中间所有节点组成的一层叫作隐藏层。以上神经网络的例子中有三个输入单元（偏置单元不计在内），三个隐藏单元和一个输出单元。

用 n_l 来表示网络的层数，本例中 $n_l = 3$，将第 l 层记为 L_l，于是 L_1 是输入层，输出层是 L_{nl}。本例神经网络有参数 $(w, b) = (w^{(1)}, b^{(1)}, w^{(2)}, b^{(2)})$，其中 $w_{ij}^{(l)}$（下面的式子中用到）是第 l 层第 j 单元与第 $l+1$ 层第 i 单元之间的联接参数（其实就是连接线上的权重），$b_i^{(l)}$ 是第 $l+1$ 层第 i 单元的偏置项。因此在本例中，$w^{(1)} \in \Re^{3 \times 3}$，$w^{(2)} \in \Re^{1 \times 3}$。注意，没有其他单元连向偏置单元（即偏置单元没有输入），因为它们总是输出 +1。

用 $a_i^{(l)}$ 表示第 l 层第 i 单元的激活值（输出值）。当 $l = 1$ 时，$a_i^{(1)} = x_i$，也就是第 i 个输入值（输入值的第 i 个特征）。对于给定参数集合 W，b，神经网络就可以按照函数 $h_{w,b}(x)$ 来计算输出结果。本例神经网络的计算步骤如下：

$$a_1^{(2)} = f(w_{11}^{(1)} x_1 + w_{12}^{(1)} x_2 + w_{13}^{(1)} x_3 + b_1^{(1)})$$
$$a_2^{(2)} = f(w_{21}^{(1)} x_1 + w_{22}^{(1)} x_2 + w_{23}^{(1)} x_3 + b_1^{(1)})$$
$$a_3^{(2)} = f(w_{31}^{(1)} x_1 + w_{32}^{(1)} x_2 + w_{33}^{(1)} x_3 + b_1^{(1)})$$
$$h_{w,b}(x) = a_1^{(3)} = f(w_{11}^{(2)} a_1^{(2)} + w_{12}^{(2)} a_2^{(2)} + w_{13}^{(2)} a_3^{(2)} + b_1^{(2)})$$

用 $z_i^{(l)}$ 表示第 l 层第 i 单元输入加权和（包括偏置单元），比如，$z_i^{(2)} = \sum_{j=1}^{n} w_{ij}^{(1)} x_j + b_i^{(1)}$，则 $a_i^{(l)} = f(z_i^{(l)})$。

这样就可以得到一种更简洁的表示法。这里将激活函数 $f(\cdot)$ 扩展为用向量（分量的形式）来表示，即 $f([z_1, z_2, z_3]) = [f(z_1), f(z_2), f(z_3)]$，那么，上面的等式可以更简洁地表示为

$$z^{(2)} = w^{(1)} x + b^{(1)}$$
$$a^{(2)} = f(z^{(2)})$$
$$z^{(3)} = w^{(2)} a^{(2)} + b^{(2)}$$
$$h_{w,b}(x) = a^{(3)} = f(z^3)$$

将上面的计算步骤叫作前向传播。回想一下，之前用 $a^{(1)}=x$ 表示输入层的激活值，那么给定第 l 层的激活值 $a^{(l)}$ 后，第 $l+1$ 层的激活值 $a^{(l+1)}$ 就可以按照下面步骤计算得到：

$$z^{(l+1)} = w^{(l)}a^l + b^{(l)}$$

$$a^{(l+1)} = f(z^{(l+1)})$$

8.5.4　人工神经网络算法应用

R 语言中已经有许多用于人工神经网络的包。例如，nnet、AMORE 和 neuralnet，nnet 包提供了最常见的前馈反向传播神经网络算法。AMORE 包则更进一步提供了更为丰富的控制参数，并可以增加多个隐藏层。neuralnet 包的改进在于提供了弹性反向传播算法和更多的激活函数形式。但以上各包均围绕着 BP 神经网络（前馈神经网络），并未涉及人工神经网络中的其他拓扑结构和网络模型。而新开发的 RSNNS 包则在这方面有了极大的扩充。

1. RSNNS 包

Stuttgart Neural Network Simulator（SNNS）是德国斯图加特大学开发的优秀神经网络仿真软件。它包含许多标准的神经网络实现方法及函数。RSNNS 包包装了 SNNS 的功能，使其可以在 R 语言中使用 RSNNS 低级接口，访问 SNNS 的所有的算法功能和灵活性。

多层感知器（Multi-Layer Perception，MLP）是全连通前馈网络，创建和训练多层感知器，执行前馈反向传播神经网络算法。RSNNS 包除了能实现前馈反向传播神经网络形式还能实现其他重要的神经网络形式，比如：dlvq（动态学习向量化网络）、rbf（径向基函数网络）、elman（elman 神经网络）、jordan（jordan 神经网络）、som（自组织映射神经网络）、art1（适应性共振神经网络）等。本例使用 RSNNS 包中的 mlp() 函数对 iris 数据进行神经网络算法建模，代码如下：

```
#安装和加载 RSNNS
> install.packages("RSNNS")
> library(Rcpp)
> library(RSNNS)
> data(iris) #加载和编辑数据
> head(iris) #查看数据
```

输出结果为：

```
  Sepal.Length Sepal.Width Petal.Length Petal.Width Species
1          5.1         3.5          1.4         0.2 setosa
2          4.9         3.0          1.4         0.2 setosa
3          4.7         3.2          1.3         0.2 setosa
4          4.6         3.1          1.5         0.2 setosa
5          5.0         3.6          1.4         0.2 setosa
6          5.4         3.9          1.7         0.4 setosa
```

在该数据集中，将以 Sepal.Length（萼片长度）、Sepal.Width（萼片宽度）、Petal.Length（花瓣长度）、Petal.Width（花瓣宽度）4 个自变量来预测 Species（花朵类型），数据集中共有三种类型（Setosa，Versicolour，Virginica）。

设置自变量与因变量，并建立模型，代码如下：

```
> iris<-iris[sample(1:nrow(iris),length(1:nrow(iris))),1:ncol(iris)] #将数据
顺序打乱
> irisValues<-iris[,1:4] #定义神经网络模型的输入变量
> irisTargets<-decodeClassLabels(iris[,5]) #定义神经网络的输出变量，并将变量中的类
标签转化成二进制（只有0和1）矩阵
> iris<-splitForTrainingAndTest(irisValues, irisTargets, ratio=0.15) #从 iris
数据集中划分出训练样本和检验样本
> iris<-normTrainingAndTestSet(iris) #数据标准化，把数据化到[0,1]之间
#利用 mlp 命令执行前馈反向传播神经网络算法
> model<-mlp(iris$inputsTrain, iris$targetsTrain, size=5, learnFunc= "Quickprop",
learnFuncParams=c(0.1, 2.0, 0.0001, 0.1),maxit=100, inputsTest= iris$inputsTest,
targetsTest=iris$targetsTest)
> predictions<-predict(model,iris$inputsTest) #利用上面建立的模型进行预测
> confusionMatrix(iris$targetsTest,predictions) #生成混淆矩阵，观察预测精度
```

输出结果为：

```
          predictions
targets  1   2   3
     1   5   0   0
     2   0  10   1
     3   0   1   6
```

由混淆矩阵可知，类别 1 的数据全部识别正确，类别 2 的数据有 10 个正确，有 1 个被预测为类别 3，类别 3 的数据有 6 个正确，有 1 个被识别为类别 2。模型的正确率为（5+10+6）/（5+10+6+1+1）=91.3%。

2. nnet 包（前馈反向传播神经网络算法）

BP（Back Propagation）神经网络是 1986 年由 Rumelhart 和 McCelland 为首的科学家小组提出的，是一种按误差逆传播算法训练的多层前馈网络，是目前应用最广泛的神经网络模型之一。BP 神经网络能学习和存贮大量的输入-输出模式映射关系，而无须事前揭示描述这种映射关系的数学方程。它的学习规则是使用最速下降法，通过反向传播来不断调整网络的权值和阈值，使网络的误差平方和最小。BP 神经网络模型拓扑结构包括输入层（Input）、隐层（Hide Layer）和输出层（Output Layer）。

单层的前向神经网络模型可以 nnet 包中的 nnet() 函数实现，其语法格式为：

```
nnet(formula, data, weights, …,subset, na.action, contrasts = NULL)
```

或

```
nnet(x, y, weights, size, Wts, linout = FALSE, entropy = FALSE, softmax = FALSE,
skip = FALSE, rang = 0.7, decay = 0,maxit = 100, Hess = FALSE, trace = TRUE, …)
```

参数说明如下。

（1）formula 指定公式的形式：class~$x1$+$x2$+…。

（2）x 是矩阵 x 值的例子或数据框。

（3）y 是矩阵或数据框的例子目标值。

（4）size 是神经网络隐藏层的神经元个数。

（5）linout 是切换线性输出单位。

（6）skip 为是否允许跳过隐藏层。

（7）rang 是初始随机权值。

（8）decay 是经元输入权重的一个修改偏正参数，表明权值是递减的（可以防止过拟合）。

（9）maxit 是最大反馈迭代次数。

（10）Hess 为是否输出 Hessian 值。

（11）trace 指出是否要最优化。

接下来以 DMwR2 包中的 algae 数据集为例，建立预测模型预测河流中有害海藻的数量，代码如下：

```
> library(DMwR2)
> data(algae)
> head(algae)
```

输出结果为：

```
# A tibble: 6 x 18
  season size  speed  mxPH  mnO2   Cl  NO3   NH4  oPO4   PO4  Chla    a1    a2
a3    a4
  <fct>  <fct> <fct> <dbl> <dbl> <dbl> <dbl> <dbl> <dbl> <dbl> <dbl> <dbl> <dbl>
<dbl> <dbl>
1 winter small medium 8      9.8  60.8  6.24  578   105   170    50     0     0
0     0
2 spring small medium 8.35   8    57.8  1.29  370   429.  559.   1.3   1.4   7.6
4.8   1.9
3 autumn small medium 8.1   11.4  40.0  5.33  347.  126.  187.  15.6   3.3  53.6
1.9   0
4 spring small medium 8.07   4.8  77.4  2.30  98.2  61.2  139.   1.4   3.1  41
18.9   0
5 autumn small medium 8.06   9    55.4 10.4   234.  58.2  97.6  10.5   9.2   2.9
7.5   0
6 winter small high   8.25  13.1  65.8  9.25  430   18.2  56.7  28.4  15.1  14.6
1.4   0
# ... with 3 more variables: a5 <dbl>, a6 <dbl>, a7 <dbl>
```

海藻数量数据含 200 个水样，每行记录由 18 个变量组成，season、size 和 speed 为名义变量，其余为所观测水样的不同化学参数，参数为连续变量，进行预测，代码如下：

```
> algae<-algae[-manyNAs(algae),]    #去除无效值（包含多个无效值的行数据），manyNAs()
可找出每一行中缺失值的个数大于一定比例的数据，默认值为 0.2
#处理缺失值，knnImputation()函数用一个欧式距离的变种来找到距离任何个案最近的 k 个邻居，
填补缺失值的方法可以是 k 个邻居的中位数、众数或加权均值
> clean.algae<-knnImputation(algae[,1:12],k=10,meth = 'median')  #这里是使用中
位数填补
```

```
#神经网络还需要对数据进行标准化
> norm.data<-scale(clean.algae[,4:12]) #对数据中的数值型变量做标准化
#使用 nnet 命令，规定隐层单元个数为 10，权重调整速度为 0.1，最大迭代次数为 1000 次，线性输入
> library(nnet)
> nn<-nnet(a1~., norm.data, size = 10, decay = 0.01, maxit = 1000, linout =
T, trace = F)  #因变量为 a1，其余 11 个变量为自变量，在方程中用.表示
#利用模型进行预测
> norm.preds<-predict(nn, norm.data)
#绘制预测值与真实值之间的散点图
> plot(norm.preds~ scale(clean.algae$a1))
> abline(0,1) #添加预测值与真实值相等时的直线
```

输出结果如图 8-19 所示，由图可知，大部分的点在直线附近，有一定的预测误差，少部分点远离直线，误差较大。

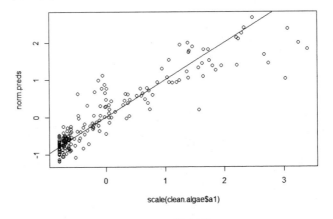

图 8-19 散点图

计算相对误差，代码如下：

```
>(mean((norm.preds-scale(clean.algae$a1))^2)/ mean((mean(scale(clean.algae$
a1))-scale(clean.algae$a1))^2) )
```

输出结果为：

```
[1]  0.1582887
```

nnet 包除了可以预测数值型的数据，还可以预测分类型的数据。使用 nnet 包对 iris 数据进行建模并预测花的种类，代码如下：

```
> data(iris)
> model.nnet <-nnet(Species ~ ., linout = F,size = 10, decay = 0.01, maxit =
1000,trace = F,data = iris)
#根据分类数据预测需要加上 type 参数
> pre.forest<-predict(model.nnet, iris,type='class')
> table(pre.forest,iris$Species)
```

输出结果为：

```
pre.forest   setosa  versicolor  virginica
```

```
setosa        50      0       0
versicolor     0     49       0
virginica      0      1      50
```

3. AMORE 包

1）newff()函数

newff(n.neurons, learning.rate.global, momentum.global, error.criterium, Stao, hidden.layer, output.layer, method)函数：创建多层前馈神经网络。

参数说明如下。

（1）n.neurons 是个数值向量，包含每个层神经元的数目，第一个数是输入神经元的数量，最后是输出神经元的数量，其余的都是隐藏层神经元的数量；

（2）learning.rate.global 为全局的学习率；

（3）momentum.global 为全局的动量值；

（4）error.criterium 为误差衡量算法，"LMS"为误差平方和，"LMLS"为对数平方差，"TAO"为 TAO Error；

（5）Stao 为 Taobao 错误判断标准；

（6）hidden.layer 为隐藏层激活函数；

（7）output.layer 为输出层激活函数；

（8）method 为学习方法。

2）train()函数

train(net, P, T, error.criterium, report, show.step, n.shows)函数：人工神经网络训练函数。对于一个给定的数据集（训练集），此功能修改的是与人工神经网络的权重和偏差近似的训练集中存在的变量之间的关系。这些可以满足一些需要，即拟合非线性函数。

参数说明如下。

（1）net 为人工神经网络训练；

（2）P 为输入的训练集；

（3）T 为输出的训练集；

（4）error.criterium 为衡量拟合优度的标准（LMS、LMLS、TAO）；

（5）report 表示训练函数是否保持安静（或应在训练过程中提供图形/文字信息）；

（6）show.step 表示直到训练函数给出结果的最大值；

（7）n.shows 为报告训练的次数。

3）sim()函数

sim(net, P)函数：计算给定数据集神经网络的输出值。

参数说明如下。

（1）net 为模拟人工神经网络；

（2）P 为输入数据集。

代码如下：

```
> install.packages("AMORE")
```

```
> library(AMORE)
#生成输入数据
> P<-matrix(sample(seq(-1,1,length=1000),1000,replace=FALSE),ncol=1)
#生成输出数据
> target<-P^2
#生成 2 个隐藏层的人工神经网络结构
>net<-newff(n.neurons=c(1,3,2,1),learning.rate.global=1e-2,momentum.global=
0.5,error.criterium="LMS",Stao=NA,hidden.layer="tansig",output.layer="purelin",
method="ADAPTgdwm")
> result<-train(net, P, target, error.criterium="LMS", report=TRUE, show.step=
100, n.shows=5 )
#对待测集进行预测
> y<-sim(result$net,P)
> plot(P,y, col="blue", pch="+")
> points(P,target, col="red", pch="x")
```

结果如图 8-20 所示。

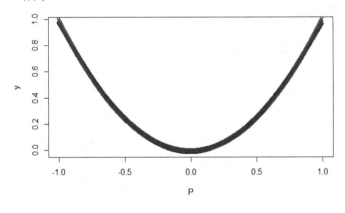

图 8-20   预测图

4．neuralnet 包

neuralnet(formula, data, hidden)函数为人工神经网络训练函数。hidden 为一个向量的整数，指定在每层中的隐层神经元（顶点）的数目。hidden=c(3)表示第一个隐藏层的 3 个隐藏单元；hidden=c(3, 2)分别表示第一、第二个隐藏层的 3 个和 2 个隐藏单元。

compute(x, covariate)函数为使用人工神经网络计算一个给定变量的函数。x 为神经网络的模型；covariate 为用来训练神经网络的数据框或矩阵。compute()函数相当于 predict()函数（neuralnet 中无 predict()函数），步骤如下。

（1）定义变量与参数：x（输入向量）、w（权值向量）、b（偏置）、y（实际输出）、d（期望输出）、a（学习率参数）。

（2）初始化，$n=0$、$w=0$。

（3）输入训练样本，对每个训练样本指定其期望输出：A 类记为 1，B 类记为-1。

（4）计算实际输出 $y=\text{sign}(w×x+b)$。

（5）更新权值向量 $w(n+1)=w(n)+a[d-y(n)]×x(n)$。

（6）判断，若满足收敛条件，算法结束，否则返回（3）。

感知器对于线性可分的例子是一定收敛的，对于不可分问题，它没法实现正确分类。对于线性可分的例子，支持向量机找到了"最优的"那条分类直线，而单层感知器找到了一条可行的直线。

以鸢尾花数据集（iris）为例，由于单层感知器是一个二分类器，因此根据数据集在 Species 列取值不同，为训练集新增 versicolor，virginica，setosa 数据列，标签为"是"和"否"，以此来预测每一行记录的种类。

进行数据集拆分，并为训练集新增 versicolor，virginica，setosa 数据列，代码如下：

```
> data("iris") #加载数据集
> ind<-sample(2,nrow(iris),replace = T,prob = c(0.7,0.3)) #设定抽取的索引
> trainset<-iris[ind==1,] #将索引为 1 的抽取到训练集
> testset<-iris[ind==2,] #将索引为 2 的抽取到测试集
> trainset$setosa<-trainset$Species=="setosa" #增加 setosa 列
> trainset$virginica<-trainset$Species=="virginica" #增加 virginica 列
> trainset$versicolor<-trainset$Species=="versicolor" #增加 versicolor 列
> head(trainset) #查看训练集
```

输出结果为：

```
  Sepal.Length Sepal.Width Petal.Length Petal.Width Species setosa virginica
versicolor
1          5.1         3.5          1.4         0.2  setosa   TRUE     FALSE        FALSE
2          4.9         3.0          1.4         0.2  setosa   TRUE     FALSE        FALSE
5          5.0         3.6          1.4         0.2  setosa   TRUE     FALSE        FALSE
7          4.6         3.4          1.4         0.3  setosa   TRUE     FALSE        FALSE
8          5.0         3.4          1.5         0.2  setosa   TRUE     FALSE        FALSE
9          4.4         2.9          1.4         0.2  setosa   TRUE     FALSE        FALSE
```

绘图代码如下：

```
>network<-neuralnet(versicolor+virginica+setosa~Sepal.Length+Sepal.Width+Pe
tal.Length+Petal.Width,trainset,hidden = 3,linear.output = F) ##建立一个包含 1
层隐藏层 3 个节点的神经网络模型，hidden 指定节点数量，linear.output 激活函数是否线性
> plot(network) #绘制模型的图形
```

结果如图 8-21 所示，由图 8-21 可知，整个模型的训练执行了 3420 步（Steps）。

利用 network 模型预测并计算准确率，代码如下：

```
> net.predict<-compute(network,testset[-5])$net.result #基于一个已经训练好的神经
网络和测试数据集 testset 生成相关的预测概率矩阵
>net.prediction<-c("versicolor","virginica","setosa")[apply(net.predict,1,w
hich.max)] #通过找到概率最大的那一列，得到其他可能的类别
> predict.table<-table(testset$Species,net.prediction) #根据预测得到的类标签和实
际测试数据集的类标签产生分类表
> library(caret)
> confusionMatrix(predict.table) #调用 confusionMatrix 评测预测性能
```

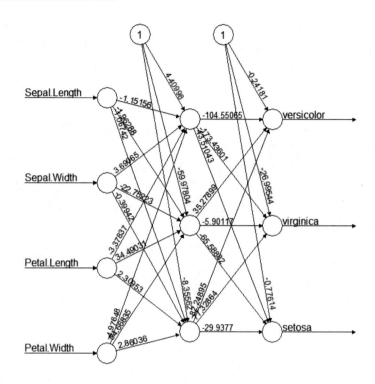

Error: 1.00245   Steps: 3420

图 8-21   人工神经网络图

输出结果为：

```
Confusion Matrix and Statistics

          net.prediction
          setosa versicolor virginica
  setosa       14          0          0
  versicolor    0         15          2
  virginica     0          0         16

Overall Statistics

           Accuracy : 0.9574
             95% CI : (0.8546, 0.9948)
 No Information Rate : 0.383
 P-Value [Acc > NIR] : < 0.00000000000000022

              Kappa : 0.9361

 Mcnemar's Test P-Value : NA

Statistics by Class:
```

```
              Class: setosa Class: versicolor Class: virginica
Sensitivity          1.0000          1.0000          0.8889
Specificity          1.0000          0.9375          1.0000
Pos Pred Value       1.0000          0.8824          1.0000
Neg Pred Value       1.0000          1.0000          0.9355
Prevalence           0.2979          0.3191          0.3830
Detection Rate       0.2979          0.3191          0.3404
Detection Prevalence 0.2979          0.3617          0.3404
Balanced Accuracy    1.0000          0.9688          0.9444
```

8.6　随机森林

随机森林指的是利用多棵树对样本进行训练并预测的一种分类器。该分类器最早由 Leo Breiman 和 Adele Cutler 提出，并被注册成了商标。在机器学习中，随机森林是一个包含多个决策树的分类器，并且其输出的类别由个别树输出类别的众数而定。

8.6.1　随机森林算法原理

随机森林就是通过集成学习的思想将多棵树集成的一种算法，它的基本单元是决策树，而它的本质属于机器学习的一大分支——集成学习（Ensemble Learning）方法。随机森林的名称中有两个关键词，一个是"随机"，一个就是"森林"。"森林"很好理解，一棵叫作树，那么成百上千棵就可以叫作森林了，这样的比喻还是很贴切的，其实这也是随机森林的主要思想——集成思想的体现。

随机森林算法的实质是基于决策树的分类器集成算法，其中每棵树都依赖于一个随机向量，随机森林的所有向量都是独立分布的。随机森林就是对数据集的列变量和行观测进行随机化，生成多个分类树，最终将分类树结果进行汇总。

随机森林相比于人工神经网络，降低了运算量的同时也提高了预测精度，而且该算法对多元共线性不敏感及对缺失数据和非平衡数据比较稳健，可以很好地适应多达几千个解释变量的数据集。

1. 随机森林的组成

随机森林是由多个 CART 分类决策树构成的，在构建决策树过程中，不进行任何剪枝动作，通过随机挑选观测（行）和变量（列）形成每棵树。对于分类模型，随机森林将根据投票法为待分类样本进行分类；对于预测模型，随机森林将使用单棵树的简单平均值来预测样本的 Y 值。

2. 随机森林的估计过程

（1）指定 m 值，即随机产生 m 个变量用于节点上的二叉树，二叉树变量的选择仍然满足节点不纯度最小原则。

（2）应用 Bootstrap 自助法在原数据集中有放回地随机抽取 k 个样本集，组成 k 棵决策树，而对于未被抽取的样本用于单棵决策树的预测。

（3）根据 k 个决策树组成的随机森林对分类样本进行分类或预测，分类的原则是投票法，预测的原则是简单平均。

3．随机森林的两个重要参数

（1）树节点预选的变量个数：单棵决策树的情况。

（2）随机森林中树的个数：随机森林的总体规模。

4．随机森林模型评价因素

（1）每棵树生长越茂盛，组成森林的分类性能越好。

（2）每棵树之间的相关性越差，或树之间是独立的，森林的分类性能越好。

减小特征选择个数 m，树的相关性和分类能力也会相应地降低；增大 m，两者也会随之增大。所以关键问题是如何选择最优的 m（或者是范围），这也是随机森林唯一的一个参数。对于分类问题（将某个样本划分到某一类），也就是离散变量问题，CART 使用 Gini 值作为评判标准。定义为 $Gini=1-\sum(P(i)\times P(i))$，$P(i)$ 为当前节点上数据集中第 i 类样本的比例。例如，分为 2 类，当前节点上有 100 个样本，属于第一类的样本有 70 个，属于第二类的样本有 30 个，则 $Gini=1-0.7\times07-0.3\times03=0.42$。可以看出，类别分布越平均，Gini 值越大；类分布越不均匀，Gini 值越小。

在寻找最佳的分类特征和阈值时，评判标准为：argmax(Gini-GiniLeft-GiniRight)，即寻找最佳的特征 f 和阈值 th，使得当前节点的 Gini 值减去左子节点的 Gini 和右子节点的 Gini 值最大。

8.6.2 随机森林算法应用

R 语言中的 randomForest 包可以实现随机森林算法的应用，该包中主要涉及 5 个重要函数，这 5 个函数的语法格式和参数如下。

1．randomForest()函数

randomForest()函数用于构建随机森林模型，其语法格式为：

```
randomForest(formula, data=NULL, ntree=500, mtry=if (!is.null(y) && !is.factor
(y))max(floor(ncol(x)/3), 1) else floor(sqrt(ncol(x))),importance=FALSE,
proximity,…)
```

randomForest()函数的参数非常多，这里只列举了几个常用及会对模型结果造成影响的参数。

（1）formula 指定模型的公式形式，类似于 $y\sim x1+x2+x3+\cdots$；

（2）data 指定分析的数据集。

（3）ntree 指定随机森林所包含的决策树数目，默认为 500。

（4）mtry 指定节点中用于二叉树的变量个数，默认情况下为数据集变量个数的二次方根（分类模型）或三分之一（预测模型）。一般是需要进行人为的逐次挑选，确定最佳的 *m* 值。

（5）importance 为逻辑参数，表示是否计算各个变量在模型中的重要性，默认为 FALSE，该参数主要结合 importance()函数使用。

（6）proximity 为逻辑参数，表示是否计算模型的临近矩阵，主要结合 MDSplot()函数使用。

2. importance()函数

importance()函数用于计算模型变量的重要性，其语法格式为：

```
importance(x, type=NULL, class="NULL", scale=TRUE, …)
```

参数说明如下。

（1）x 为 randomForest 的对象。

（2）type 可以是 1，也可以是 2，用于判别计算变量重要性的方法，1 表示使用精度平均较少值作为度量标准；2 表示采用节点不纯度的平均减少值为度量标准。值越大说明变量的重要性越强。

（3）scale 默认对变量的重要性值进行标准化。

3. MDSplot()函数

MDSplot()函数用于实现随机森林的可视化，其语法格式为：

```
MDSplot(rf, fac, k=2, palette=NULL, pch=20, …)
```

参数说明如下。

（1）rf 为 randomForest 对象，需要说明的是，在构建随机森林模型时必须指定计算临近矩阵，即设置 proximity 参数为 TRUE；

（2）fac 指定随机森林模型中所使用到的因子向量（因变量）；

（3）palette 指定所绘图形中各个类别的颜色；

（4）pch 指定所绘图形中各个类别形状；

还可以通过 R 语言自带的 plot()函数绘制随机森林决策树的数目与模型误差的折线图。

4. rfImpute()函数

rfImpute()函数可为存在缺失值的数据集进行插补（随机森林法），得到最优的样本拟合值，其语法格式为：

```
rfImpute(x, y, iter=5, ntree=300, …)
```

参数说明如下。

（1）x 为存在缺失值的数据集。

（2）y 为因变量，不可以存在缺失情况。

（3）iter 指定插值过程中迭代次数。

（4）ntree 指定每次迭代生成的随机森林中的决策树数量。

5．treesize()函数

treesize()函数用于计算随机森林中每棵树的节点个数，其语法格式为：

```
treesize(x, terminal=TRUE)
```

参数说明如下。

（1）x 为 randomForest 对象。

（2）terminal 指定计算节点数目的方式，默认只计算每棵树的根节点，设置为 FALSE 时将计算所有节点（根节点+叶节点）。

一般 treesize()函数生成的结果用于绘制直方图，方便查看随机森林中树的节点分布情况。

在随机森林算法的 randomForest()函数中有两个非常重要的参数，这两个参数将影响模型的准确性，它们分别是 mtry 和 ntree。一般 mtry 的选择需要逐一尝试，直到找到比较理想的值，ntree 的选择可通过图形大致判断，其值为模型内误差稳定时的值。

将数据集分为训练集和测试集，并查看数据集基本属性。数据为 R 语言自带的 iris 数据，代码如下：

```
> set.seed(1000)
> ind<-sample(2,nrow(iris),replace = TRUE,prob=c(0.7,0.3))
> train<-iris[ind==1,]
> test<-iris[ind==2,]
> str(train)
```

输出结果为：

```
'data.frame':  106 obs. of  5 variables:
 $ Sepal.Length: num  5.1 4.7 4.6 5 5.4 5 4.4 4.9 5.4 4.8 …
 $ Sepal.Width : num  3.5 3.2 3.1 3.6 3.9 3.4 2.9 3.1 3.7 3 …
 $ Petal.Length: num  1.4 1.3 1.5 1.4 1.7 1.5 1.4 1.5 1.5 1.4 …
 $ Petal.Width : num  0.2 0.2 0.2 0.2 0.4 0.2 0.2 0.1 0.2 0.1 …
 $ Species: Factor w/ 3 levels "setosa","versicolor",..: 1 1 1 1 1 1 1 1 1 1 …
```

代码如下：

```
> str(test)
```

输出结果为：

```
'data.frame':  44 obs. of  5 variables:
 $ Sepal.Length: num  4.9 4.6 4.8 4.3 5.8 5.1 5.2 5.5 5 4.9 …
 $ Sepal.Width : num  3 3.4 3.4 3 4 3.7 3.5 4.2 3.2 3.6 …
 $ Petal.Length: num  1.4 1.4 1.6 1.1 1.2 1.5 1.5 1.4 1.2 1.4 …
 $ Petal.Width : num  0.2 0.3 0.2 0.1 0.2 0.4 0.2 0.2 0.2 0.1 …
 $ Species     : Factor w/ 3 levels "setosa","versicolor",..: 1 1 1 1 1 1 1 1 1 1 …
```

选取 randomForest –mtry 节点值，对应误差最小为 3，一般可默认。

```
> library(randomForest)
> n<-length(names(train))
```

```
> set.seed(1000)
> for(i in 1:(n-1)){
+    mtry_fit<-randomForest(Species~.,data=train,mtry=i)
+    err<-mean(mtry_fit$err.rate)
+    print(err)
+}
```

结果如下，可以观察到第 3 个的误差最小。

```
[1] 0.07134619
[1] 0.07202723
[1] 0.07112255
[1] 0.07586911
```

之后选择 ntree 值，默认为 500；在 400 左右时，模型内误差基本稳定，故取 ntree=400，代码如下：

```
> set.seed(100)
> ntree_fit<-randomForest(Species~.,data=train,mtry=2,ntree=1000)
> plot(ntree_fit)
```

结果如图 8-22 所示。

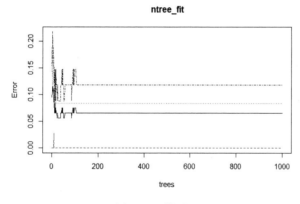

图 8-22 模型

查看结果，代码如下：

```
> set.seed(100)
> rf<-randomForest(Species~.,data=train,mtry=2,ntree=400,importance=TRUE)
> rf
```

输出结果为：

```
Call:
 randomForest(formula = Species ~ ., data = train, mtry = 2, ntree = 400,
importance = TRUE)
             Type of random forest: classification
                   Number of trees: 400
No. of variables tried at each split: 2
```

```
        OOB estimate of  error rate: 6.6%
Confusion matrix:
        setosa  versicolor  virginica  class.error
setosa      36        0          0  0.00000000
versicolor   0       33          3  0.08333333
virginica    0        4         30  0.11764706
```

由上述结果可知，OOB 误差为 6.6%，同时在随机森林中，第二类和第三类仍然有误差，会被误判，也可以通过输入 plot(rf)绘制每棵树误判率的图。

查看重要性，代码如下：

```
> importance<-importance(x=rf)
> importance
```

输出结果为：

```
            setosa   versicolor  virginica  MeanDecreaseAccuracy
Sepal.Length  5.860048   5.875005   6.367852            9.131249
Sepal.Width   3.186931  -1.184826   1.313562            0.929357
Petal.Length 20.796987  25.414192  22.692242           28.323762
Petal.Width  18.871714  27.004812  24.412092           27.826018
            MeanDecreaseGini
Sepal.Length       7.349086
Sepal.Width        1.980459
Petal.Length      29.706769
Petal.Width       30.838855
```

绘制误判率图，代码如下：

```
> set.seed(100)
> varImpPlot(rf)
```

左图为精确度，右图为基尼系数，如图 8-23 所示。

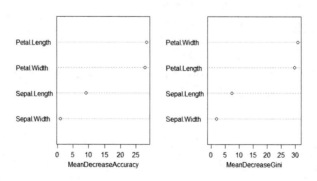

图 8-23　误判率图

最后验证并预测，代码如下：

```
> pred1<-predict(rf,data=train)
> Freq1<-table(pred1,train$Species)
> Freq1
```

输出结果为：

```
pred1         setosa  versicolor  virginica
  setosa        36        0           0
  versicolor     0       33           4
  virginica      0        3          30
```

验证矩阵中占整体情况，代码如下：

```
> sum(diag(Freq1))/sum(Freq1)
```

输出结果为：

```
[1]  0.9339623
```

准确率约等于 0.93。

展现判断正确的概率，代码如下：

```
> plot(margin(rf,test$Species),main="观测值被判断正确的概率图")
```

结果如图 8-24 所示。

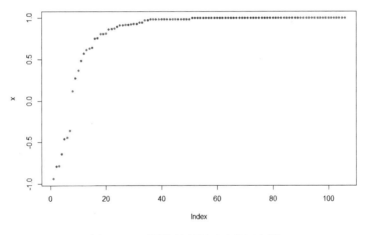

图 8-24　观测值被判断正确的概率图

8.7　XGBoost 算法

XGBoost（eXtreme Gradient Boosting）全名为极端梯度提升，XGBoost 算法是提升（Boosting）算法的一种。提升算法的思想是将许多弱分类器集成在一起形成一个强分类器。因为 XGBoost 是一种提升树模型，所以它是将许多树模型集成在一起，形成一个很强的分类器。XGBoost 所应用的算法就是 GBDT（Gradient Boosting Decision Tree，梯度提升决策树）的改进，既可以用于分类中也可以用于回归问题中。

8.7.1 XGBoost 算法的原理

XGBoost 致力于让提升树突破自身的计算极限，以实现运算快速、性能优秀的工程目标。和传统的梯度提升算法相比，XGBoost 进行了许多改进，比其他使用梯度提升的集成算法更加快速，并且已经被认为是在分类和回归上都拥有超高性能的先进评估器。

XGBoost 的基础是梯度提升算法。梯度提升（Gradient Boosting）是构建预测模型的最强大技术之一，它是集成算法中提升算法的代表算法。集成算法通过在数据上构建多个弱评估器，汇总所有弱评估器的建模结果，以获取比单个模型更好的回归或分类表现。弱评估器被定义为表现至少比随机猜测更好的模型，即预测准确率不低于 50% 的任意模型。

集成不同弱评估器的方法有很多种。有像曾经在随机森林算法中介绍的，一次性建立多个平行独立的弱评估器的装袋法。也有像提升算法这样，逐一构建弱评估器，经过多次迭代逐渐累积多个弱评估器的方法。提升算法中最著名的算法包括 Adaboost 和梯度提升树，XGBoost 就是由梯度提升树发展而来的。梯度提升树中可以有回归树，也可以有分类树，回归树中又以 CART 树算法为主流。接下来，就以梯度提升回归树为例，来了解一下提升算法是怎样工作的。

首先，梯度提升回归树是专注于回归树模型的提升集成模型，其建模过程大致如图 8-25 所示，最开始先建立一棵树，然后逐渐迭代，每次迭代过程中都增加一棵树，逐渐形成众多树模型集成的强评估器。

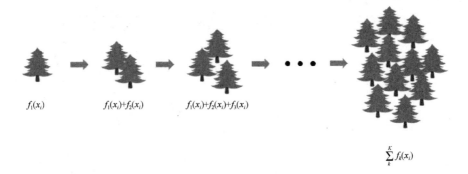

$f_1(x_i)$ $f_1(x_i)+f_2(x_i)$ $f_1(x_i)+f_2(x_i)+f_3(x_i)$ $\sum_{k}^{K} f_k(x_i)$

图 8-25　梯度提升回归树

对于每棵回归树，每个被放入模型的任意样本 i 最终都会有一个回归结果，通常把这个回归结果叫作预测分数（Prediction Score），用 $f_k(x_i)$ 来表示，其中 f_k 表示第 k 棵决策树。当只有一棵树的时候，$f_1(x_i)$ 就是提升算法的结果。当有多棵树的时候，集成模型的回归结果就是所有树的回归结果之和，假设这个集成模型中总共有 K 棵决策树，则模型在这个训练集 i 上给出的预测结果为

$$\hat{y}_i^{(k)} = \sum_{k}^{K} f_k(x_i)$$

集成的目的是使模型在样本上能表现出更好的效果，所以对于所有的梯度提升集成算法，每构建一个评估器，模型的效果都会比之前更好。也就是随着迭代的进行，模型整体的效果必须要逐渐提升，最后要实现集成模型的效果最优。要实现这个目标，首先要从训练数据上着手。

训练模型之前，必然会有一个巨大的数据集。树模型是天生过拟合的模型，并且如果数据量太过巨大，树模型的计算会非常缓慢，因此，要对原始数据集进行有放回抽样（Bootstrap）。有放回抽样每次只能抽取一个样本，若需要总共 N 个样本，就需要抽取 N 次。每次抽取一个样本的过程是独立的，这一次被抽到的样本会被放回数据集中，下一次还可能被抽到，因此抽出的数据集中，可能有一些重复的数据。在无论是装袋还是提升的集成算法中，有放回抽样都是防止过拟合，让单一弱分类器变得更轻量的必要操作。实际应用中，每次抽取 50% 左右的数据就能够有不错的效果了。同时，这样做还可以保证集成算法中的每个弱分类器（每棵树）都是不同的模型，基于不同的数据建立的自然是不同的模型，而集成一系列一模一样的弱分类器是没有意义的。

在梯度提升树中，每次迭代都要建立一棵新的树，因此每次迭代中，都要有放回抽取一个新的训练样本。不过，这并不能保证每次建新树后，集成的效果都比之前要好。因此规定，在梯度提升树中，每构建一个评估器，都让模型更加集中于数据集中容易被判错的那些样本。来看看下面的这个过程。

首先有一个巨大的数据集，在建第一棵树时，对数据进行初次有放回抽样，然后建模。建模完毕后，对模型进行一个评估，然后将模型预测错误的样本反馈给数据集，一次迭代就算完成。紧接着，要建立第二棵决策树，于是开始进行第二次有放回抽样。但这次有放回抽样，和初次的随机有放回抽样不同，在这次的抽样中，加大了被第一棵树判断错误的样本的权重。也就是说，被第一棵树判断错误的样本，更有可能被抽中。基于这个有权重的训练集来建模，新建的决策树就会更加倾向于这些权重更大的，很容易被判错的样本。建模完毕之后，又将判错的样本反馈给原始数据集。下一次迭代的时候，被判错样本的权重会更大，新的模型会更加倾向于很难被判断的这些样本。如此反复迭代，越后面建的树，越是之前的树判错样本上的专家，越专注于攻克那些之前的树不擅长的数据。对于一个样本而言，它被预测错误的次数越多，被加大权重的次数也就越多。只要弱分类器足够强大，随着模型整体不断在被判错的样本上发力，这些样本会渐渐被判断正确。如此就一定程度上实现了每新建一棵树模型的效果都会提升的目标。

从数据的角度而言，让模型更加倾向于努力攻克那些难以判断的样本。但是，并不是说只要新建了一棵倾向于困难样本的决策树，它就能够把困难样本判断正确。困难样本被加重权重是因为前面的树没能把它判断正确，所以对于下一棵树来说，它要判断测试集的难度，是比之前的树所遇到的数据的难度都要高的，那要把这些样本都判断正确，会越来越难。如果新建的树在判断困难样本这件事上还没有前面的树做得好呢？如果我新建的树刚好是一棵特别糟糕的树呢？所以，除了保证模型逐渐倾向于困难样本的方向，还必须控制新弱分类器的生成，必须保证每次新添加的树一定得是对这个新数据集预测效果最优的那一棵树。那怎么来保证这件事呢？

有一个笨办法：枚举。在一个数据集下建模，通常只能够生成一棵树，但之前学习决策树的时候提到过，为了防止过拟合，也为了减轻计算量，决策树在建树的时候不会在所有的特征上来进行信息熵计算，而是会随机抽取几个特征来进行计算。对于一个特征量比较大的数据集，只要不断随机抽出特征，就可以在同一个数据集下构建许多不一样的树。只要把特征组合一下，每种组合建一棵树，看看哪棵树的效果最好，就选择那一棵树作为新的弱评估器，添加到集成模型之中。

只要有足够的计算资源，这种方法其实是可行的，但可能面临着需要花三天三夜跑一个梯度提升树的情况，数据维度高、特征多的时候更是不可想象的。机器学习中算法的效率是多么重要，这种笨办法，不可能会被算法工程师所接受。

如果不接受枚举，那是否可以随机生成有限的树，然后从中挑选一棵最好的呢？比如，设定每次建 20 棵左右的树，然后选一棵最好的。这种方法的确解决了计算量的问题，但它无法保证建的 20 棵树中一定会出现一棵树让集成模型的整体效果提升。哪怕是这 20 棵树中表现最好的，也不一定有前面的模型表现得好，毕竟拿到的数据集比前面的树拿到的要难。要追求集成算法的效果最好，却不知道每次迭代的时候怎样建树，现在怎么办呢？

平衡算法表现和运算速度是机器学习的艺术，希望能找出一种方法，直接求解出最优的集成算法结果。求解最优结果，能否把它转化成一个传统的最优化问题呢？来回顾一下最优化问题的老朋友，逻辑回归模型。在逻辑回归当中，有方程：

$$y(x) = \frac{1}{1 + e^{-\theta^T x}}$$

目标是求解让逻辑回归的拟合效果最优的参数组合 θ。首先找出了逻辑回归的损失函数 $J(\theta)$，这个损失函数可以通过代入 θ 来衡量逻辑回归在训练集上的拟合效果。然后，利用梯度下降来迭代 θ：

$$\theta_{k+1} = \theta_k - \alpha \times d_{ki}$$

让第 k 次迭代中的 θ 减去通过步长和特征取值计算出来的一个量，以此来得到第 $k+1$ 次迭代后的参数向量。让这个过程持续下去，直到找到能够让损失函数最小化的参数 θ 为止。这是一个最典型的最优化过程。这个过程其实和现在希望做的事情是相似的，如图 8-26 所示。

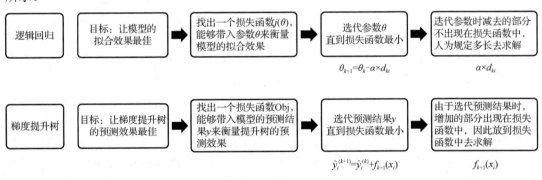

图 8-26 优化过程

现在，希望求解集成算法的最优结果，那应该可以使用同样的思路：首先找到一个损失函数 Obj，这个损失函数应该可以通过带入预测结果 $\hat{y}$ 来衡量梯度提升树在样本中的预测效果。然后，利用梯度下降来迭代集成算法：

$$\hat{y}_i^{(k+1)} = \hat{y}_i^{(k)} + f_{k+1}(x_i)$$

在 k 次迭代后，集成算法中总共有 k 棵树，k 棵树的集成结果是前面所有树的结果的累加 $\sum_k^k f_k(x_i)$，所以让 k 棵树的集成结果 $\hat{y}_i^{(k)}$ 加上新建的树 $f_{k+1}(x_i)$ 的结果，就可以得到第 $k+1$ 次迭代后，总共 $k+1$ 棵树的预测结果 $\hat{y}_i^{(k+1)}$。让这个过程持续下去，直到找到能够让损失函数最小化的 $\hat{y}$，这个 $\hat{y}$ 就是模型的预测结果。

现在来看，梯度提升树可以说是由三个重要的部分组成的。

● 一个能够衡量集成算法效果的，能够被最优化的损失函数 Obj。

● 一个能够实现预测的弱评估器 $f_k(x)$。

● 一种能够让弱评估器集成的手段，包括讲解的迭代方法、抽样手段、样本加权等过程。

XGBoost 是在梯度提升树的这三个核心要素上运行，它重新定义了损失函数和弱评估器，并且对提升算法的集成手段进行了改进，实现了运算速度和模型效果的高度平衡。并且，XGBoost 将原本的梯度提升树拓展开来，让 XGBoost 不再是单纯树的集成模型，也不只是单单的回归模型。

8.7.2　XGBoost 算法应用

1．案例背景

现有一份关于红酒的数据集，里面有 12 个字段，包括非挥发性酸性、挥发性酸性、柠檬酸、剩余糖分、氯化物、游离二氧化硫、二氧化硫总量、浓度、pH、硫酸盐、酒精、等级。通过 XGBoost 算法对红酒进行二分类，预测红酒的质量。

2．案例分析

（1）红酒质量分类数据集，原数据集中"质量"这一变量的取值有{3,4,5,6,7,8}。为了实现二分类问题，我们添加一个变量"等级"，并将"质量"为{3,4,5}的观测划分在等级 0 中，"质量"为{6,7,8}的观测划分在等级 1 中。

（2）确定变量。

① 因变量：等级。

② 自变量：非挥发性酸性、挥发性酸性、柠檬酸、剩余糖分、氯化物、游离二氧化硫、二氧化硫总量、浓度、pH、硫酸盐、酒精。

（3）通过 XGBoost 算法预测红酒的质量。

3．建立模型

代码如下：

```
#加载所需的包
> library(xlsx)
> library(Matrix)
> require(pROC)
> library(xgboost)
#数据读取
> wine<-read.xlsx('D:/桌面文件/XGboost/winequality-red.xlsx',sheetIndex =
1,encoding = 'UTF-8',stringsAsFactors=F)
#将数据集分为训练集和测试集,比例为 7:3
> train sub = sample(nrow(wine),7/10*nrow(wine))
> train data = wine[train sub,] #训练集
> test data = wine[-train_sub,] #测试集
####训练集的数据预处理
# 将自变量转化为矩阵
> traindata1<-data.matrix(train_data[,c(1:11)])
```

```
# 利用 Matrix 函数，将 sparse 参数设置为 TRUE，转化为稀疏矩阵
> traindata2<-Matrix(traindata1,sparse=T)
> traindata3 <-train data[,13]
# 将自变量和因变量拼接为 list
> traindata4<-list(data=traindata2,label=traindata3)
# 构造模型需要的 xgb.DMatrix 对象，处理对象为稀疏矩阵
> dtrain<-xgb.DMatrix(data = traindata4$data, label = traindata4$label)
####测试集的数据预处理
# 将自变量转化为矩阵
> testset1<-data.matrix(test data[,c(1:11)])
# 利用 Matrix 函数，将 sparse 参数设置为 TRUE，转化为稀疏矩阵
> testset2<-Matrix(testset1,sparse=T)
# 将因变量转化为 numeric
> testset3<-test data[,13]
# 将自变量和因变量拼接为 list
> testset4<-list(data=testset2,label=testset3)
# 构造模型需要的 xgb.DMatrix 对象，处理对象为稀疏矩阵
> dtest<-xgb.DMatrix(data = testset4$data, label = testset4$label)
#训练模型
> xgb<-xgboost(data = dtrain,max_depth=6, eta=0.5, objective='binary: logistic',
nround=25)
#在测试集上预测
> pre xgb = round(predict(xgb,newdata = dtest))
#输出混淆矩阵
> table(test data$等级,pre xgb,dnn=c("真实值","预测值"))
> xgboost roc<-roc(test data$等级,as.numeric(pre_xgb))
#绘制 ROC 曲线和 AUC 值，如图 8-27 所示
> plot(xgboost_roc, print.auc=TRUE, auc.polygon=TRUE, grid=c(0.1, 0.2),grid.
col=c("green", "red"), max.auc.polygon=TRUE,auc.polygon.col="skyblue", print.
thres=TRUE,main='xgboost 模型 ROC 曲线')
```

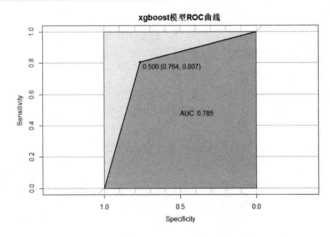

图 8-27　XGBoost 模型 ROC 曲线

AUC 的值越高说明准确率越高，通过图 8-27 可知模型的 AUC 值为 0.785。

第 9 章　关联算法

【内容概述】

1）了解关联算法的相关理论。

2）掌握 R 语言中 Apriori 算法建模的方法。

3）掌握 R 语言中 ECLAT 算法建模的方法。

9.1　关联算法概述

关联是指一个事件和其他事件之间的联系，这些联系蕴含在交易数据、关系数据或其他信息载体中。在用户设定的条件下利用算法查找存在于数据中的项目集合或对象集合之间的频繁模式、关联、相关性或因果结构就是关联分析。不同项集间的联系就是关联规则，在设定条件时一般要设定支持度及信任度。关联分析的相关概念如图 9-1 所示。

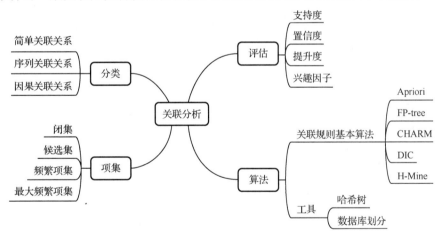

图 9-1　关联分析

在一家超市中，人们发现了一个特别有趣的现象：尿布与啤酒这两种风马牛不相及的商品居然摆在一起。但这一奇怪的举措居然使尿布和啤酒的销量大幅增加了。这可不是一个笑话，而是一直被商家所津津乐道的发生在美国沃尔玛连锁超市的真实案例。原来，美国的妇女通常在家照顾孩子，所以她们经常会嘱咐丈夫在下班回家的路上为孩子买尿布，而丈夫在买尿布的同时又会顺手购买自己爱喝的啤酒。这个发现为商家带来了大量的利润，但是如何从非常多数据中，发现啤酒和尿布销售之间的联系呢？这就需要对数据中的啤酒和尿布进行关联分析找到它们的关联规则。

示例：表 9-1 是一个超市几名顾客的交易信息。

表 9-1　交易信息

Tid（交易流水号）	Items（一次性交易的商品）
001	Cola, Egg, Ham
002	Cola, Diaper, Beer
003	Cola, Diaper, Beer, Ham
004	Diaper, Beer

对此数据集进行关联分析，可以找出关联规则{Diaper}→{Beer}。它代表的意义是购买了 Diaper 的顾客会购买 Beer。这个关系不是必然的，但是可能性很大。这就已经足够用来辅助商家调整 Diaper 和 Beer 的摆放位置了，如摆放在相近的位置进行捆绑促销来提高销售量。

9.1.1　相关名词

（1）事务：每条交易称为一个事务，例如，示例中的数据集就包含 4 个事务。

（2）项：交易的每个物品都称为一个项，例如，Cola、Egg 等。

（3）项集（Itemset）：包含零个或多个项的集合叫作项集，例如，{Cola, Egg, Ham}。

（4）k-项集：包含 k 个项的项集叫作 k-项集，例如，{Cola}叫作 1-项集，{Cola, Egg}叫作 2-项集。

（5）支持度计数（Sup）：一个项集出现在几个事务当中，它的支持度计数就是几，例如，{Diaper, Beer}出现在事务 002、003 和 004 中，所以它的支持度计数是 3。

（6）支持度：支持度计数除以总的事务数，例如，上例中总的事务数为 4，{Diaper, Beer}的支持度计数为 3，因此它的支持度是 3÷4×100%=75%，说明有 75%的人同时买了 Diaper和 Beer。形式上，项集 X 的支持度用 $\sigma(X)$ 表示。

（7）频繁项集：支持度大于或等于某个阈值（自主设定）的项集就叫作频繁项集，例如，阈值设为 50%时，因为{Diaper, Beer}的支持度是 75%，所以它是频繁项集。

（8）前件和后件：对于规则{Diaper}→{Beer}，{Diaper}叫作前件，{Beer}叫作后件。

（9）置信度：对于规则{Diaper}→{Beer}，{Diaper, Beer}的支持度计数除以{Diaper}的支持度计数，就是这个规则的置信度，例如，规则{Diaper}→{Beer}的置信度为 3÷3×100%=100%，说明买了 Diaper 的人 100%也买了 Beer。

（10）强关联规则：大于或等于最小支持度阈值和最小置信度阈值的规则叫作强关联规则。关联分析的最终目标就是要找出强关联规则。

9.1.2　关联规则及频繁项集的产生

关联规则：形如 $X→Y$ 这样的蕴含关系称为关联规则，X 和 Y 均是项集。

关联规则有两个属性：支持度和置信度。

（1）关联规则的支持度：$s = \dfrac{\sigma(X \cup Y)}{N}$，$N$ 是事务的总数。

（2）关联规则的置信度：$c = \dfrac{\sigma(X \bigcup Y)}{\sigma(X)}$。

由此可以定义关联分析问题：在给定的事务集中，找到（支持度，置信度）大于给定阈值(s_0, c_0)的所有关联规则。

普通的方法是遍历所有的关联规则，其复杂度为

$$R = 3^d - 2^{d+1} + 1$$

好一点的方法是使用剪枝，因为关联规则的支持度只与项集有关，可以首先筛选出支持度大于阈值 s_0 的所有项集，这样的项集叫作频繁项集。

给定频繁项集，可以从中选出置信度大于阈值 c_0 的所有关联规则，这样的规则叫作强规则。

9.2　Apriori 算法

Apriori 算法是常用于挖掘数据关联规则的算法，能够发现事务数据库中频繁出现的项集，这些联系构成的规则可帮助用户找出某些行为特征，以便进行企业决策。例如，某食品商店希望发现顾客的购买行为，通过购物篮分析得到大部分顾客会在一次购物中同时购买面包和牛奶，那么该商店便可以通过降价促销面包的同时提高面包和牛奶的销量。

9.2.1　Apriori 算法概述

Apriori 算法是一种最有影响的挖掘布尔关联规则（规则形如 $X \rightarrow Y$ 的蕴涵式）频繁项集的算法，其核心思想是通过候选项集生成和情节的向下封闭检测两个阶段来挖掘频繁项集。而且算法已经被广泛地应用到商业、网络安全等各个领域。

很多的挖掘算法是在 Apriori 算法的基础上进行改进的，如基于散列（Hash）的方法、基于数据分割（Partition）的方法及不产生候选项集的 FP-growth 算法等。因此要了解关联规则算法首先要了解 Apriori 算法。

9.2.2　先验原理

为降低产生频繁项集的计算复杂度，利用支持度对候选项集进行剪枝，这也是 Apriori 算法所利用的第一条先验原理。

Apriori 定律 1：若一个集合是频繁项集，则它的所有子集都是频繁项集。

例如，假设一个集合{A,B}是频繁项集，即 A、B 同时出现在一条记录的次数大于或等于最小支持度 min_support，则它的子集{A},{B}出现次数必定大于或等于 min_support，即它的子集都是频繁项集。

Apriori 定律 2：若一个集合不是频繁项集，则它的所有超集都不是频繁项集。

例如，假设集合{A}不是频繁项集，即 A 出现的次数小于 min_support，则它的任何超集如{A,B}出现的次数必定小于 min_support，因此其超集必定也不是频繁项集。

当发现{*A*,*B*}是非频繁项集时，就代表所有包含它的超集也是非频繁的，即可以将它们都剪除，如图 9-2 所示。

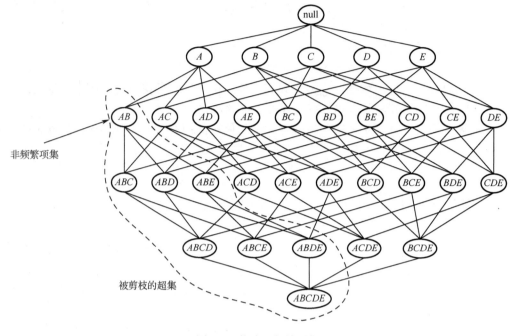

图 9-2　剪除非频繁项集

9.2.3　连接步和剪枝步

1．连接步

若有两个(*k*-1)-项集，每个项集按照"属性-值"（一般按值）的字母顺序进行排序。若两个(*k*-1)-项集的前(*k*-2)个项相同，而最后一个项不同，则证明它们是可连接的，即这个(*k*-1)-项集可以联姻，即可连接生成 *k*-项集。即为找出 L_k（所有的频繁 *k*-项集的集合），通过将 L_{k-1}（所有的频繁(*k*-1)-项集的集合）与自身连接产生候选 *k*-项集的集合，候选项集合记作 C_k。设 l_1 和 l_2 是 L_{k-1} 中的成员。记 $l_i[j]$ 表示 l_i 中的第 *j* 项。假设 Apriori 算法对事务或项集中的项按字典次序排序，即对于(*k*-1)-项集 l_i, $l_i[1] < l_i[2] < \cdots < l_i[k-1]$。将 L_{k-1} 与自身连接，如果$(l_1[1]=l_2[1])\&\&(l_1[2]=l_2[2])\&\&\cdots\&\& (l_1[k-2]=l_2[k-2])\&\&(l_1[k-1]<l_2[k-1])$，那认为 l_1 和 l_2 是可连接的。连接 l_1 和 l_2 产生的结果是$\{l_1[1],l_1[2],\cdots,l_1[k-1],l_2[k-1]\}$。

例如，有两个 3 项集 {*a*, *b*, *c*} 和{*a*, *b*, *d*}，这两个 3 项集就是可连接的，它们可以连接生成 4 项集 {*a*, *b*, *c*, *d*}。又如两个 3 项集 {*a*, *b*, *c*} {*a*, *d*, *e*}，这两个 3 项集显示是不能连接生成 3 项集的。

2．剪枝步

C_k 是 L_k 的超集，也就是说，C_k 的成员可能是也可能不是频繁的。通过扫描所有的事务（交易），确定 C_k 中每个候选的计数，判断是否小于最小支持度计数，如果不是，则认为该候选是频繁的。若一个项集的子集不是频繁项集，则该项集肯定也不是频繁项集。例如，若存在 3 项集 $\{a, b, c\}$，它的 2 项子集 $\{a, b\}$ 的支持度，即同时出现的次数达不到阈值，则 $\{a, b, c\}$ 同时出现的次数显然也是达不到阈值的。因此，若存在一个项集的子集不是频繁项集，那么该项集就应该被无情的舍弃。

9.2.4　Apriori 算法流程

Apriori 算法流程如下。

（1）扫描数据库 D，计算出各个 1 项集的支持度，得到频繁 1 项集的集合。

（2）从 2 项集开始循环，由频繁$(k-1)$-项集生成频繁 k-项集。

① 连接步：先生成频繁$(k-1)$-项集，频繁$(k-1)$-项集是由两个只有一个项不同的频繁项集做一个$(k-2)$JOIN 运算得到的。

② 剪枝步：由于是超集，所以可能有些元素不是频繁的。舍弃掉子集不是频繁项集的$(k-1)$-项集。

③ 扫描数据库，计算②、③步中过滤后的$(k-1)$-项集的支持度，舍弃掉支持度小于阈值的项集，生成频繁 k-项集。

（3）当前生成的频繁 k-项集中只有一个项集时循环结束。

假设数据库里有 4 条交易，分别为$\{A,C,D\}$、$\{B,C,E\}$、$\{A,B,C,E\}$、$\{B,E\}$，使用 min_support=2 作为支持度阈值，最后筛选出来的频繁项集为$\{B,C,E\}$，筛选过程如图 9-3 所示。

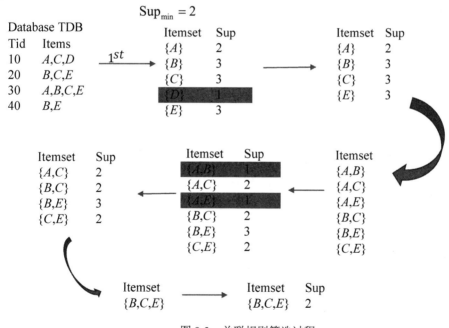

图 9-3　关联规则筛选过程

9.2.5　Apriori 算法实例

arules 包的 Groceries 数据集中包含了大量的购物清单数据，可用于关联分析。

安装并加载 R 包，代码如下：

```
> install.packages("arules")
> library(arules)
```

加载数据集并查看数据集 Groceries，代码如下：

```
# Groceries 数据集为 S4 类型数据，每行都代表一笔交易所购买的产品
> data(Groceries)
#展示交易对象的尺度
> inspect(Groceries[1:5]) #查看数据前 5 条，inspect 是查看 S4 类型数据的函数
```

输出结果为：

```
    items
[1] {citrus fruit,
    semi-finished bread,
    margarine,
    ready soups}
[2] {tropical fruit,
    yogurt,
    coffee}
[3] {whole milk}
[4] {pip fruit,
    yogurt,
    cream cheese ,
    meat spreads}
[5] {other vegetables,
    whole milk,
    condensed milk,
    long life bakery product}
```

apriori(X,parameter=list(support=0.001,confidence=0.05))可计算所有的规则，是关联规则分析的核心函数。parameter 是用来设定计算频率（支持度）和置信度的关联规则。上面即求所有支持度大于 0.001 和置信度大于 0.05 的关联规则。代码如下：

```
> apriori.model<-apriori(Groceries,parameter=list(support=0.001,confidence=0.05,
minlen = 2))  #设定最小支持度为 0.001，最小置信度为 0.05，最小关联规则长度为 2
```

输出结果为：

```
Apriori

Parameter specification:
 confidence minval smax arem  aval originalSupport maxtime support minlen maxlen
target  ext
     0.05   0.1    1 none FALSE           TRUE       5  0.001     2     10
rules TRUE


Algorithmic control:
 filter tree heap memopt load sort verbose
```

```
   0.1 TRUE TRUE  FALSE TRUE   2    TRUE

Absolute minimum support count: 9

set item appearances ...[0 item(s)] done [0.00s].
set transactions ...[169 item(s), 9835 transaction(s)] done [0.00s].
sorting and recoding items ... [157 item(s)] done [0.00s].
creating transaction tree ... done [0.00s].
checking subsets of size 1 2 3 4 5 6 done [0.01s].
writing ... [37937 rule(s)] done [0.04s].
creating S4 object  ... done [0.01s].
```

查看模型，代码如下：

```
> summary(apriori.model)
```

输出结果为：

```
set of 37937 rules

rule length distribution (lhs + rhs):sizes
   2     3     4     5     6
3814 19639 12544 1880    60


  Min. 1st Qu.  Median   Mean 3rd Qu.   Max.
 2.000   3.000   3.000  3.334   4.000  6.000


summary of quality measures:
    support           confidence        coverage             lift            count
 Min.   :0.001017  Min.   :0.0500  Min.   :0.001017  Min.   : 0.4193
Min.  : 10.00
 1st Qu.:0.001118  1st Qu.:0.1358  1st Qu.:0.003864  1st Qu.: 1.8719  1st Qu.:
11.00
 Median :0.001423  Median :0.2273  Median :0.006812  Median : 2.4718  Median :
14.00
 Mean   :0.002065  Mean   :0.2797  Mean   :0.012163  Mean   : 2.7437
Mean   : 20.31
 3rd Qu.:0.002034  3rd Qu.:0.3846  3rd Qu.:0.013218  3rd Qu.: 3.2970  3rd Qu.:
20.00
 Max.   :0.074835  Max.   :1.0000  Max.   :0.255516  Max.   :35.7158
Max.   :736.00


mining info:
    data ntransactions support confidence
 Groceries        9835   0.001      0.05

call
 apriori(data = Groceries, parameter = list(support = 0.001, confidence = 0.05,
minlen = 2))
```

模型共找到了 37937 个关联规则，查看支持度前 10 的规则，代码如下：

```
> inspect(sort(apriori.model,by="support")[1:10])
```

输出结果为：

```
      lhs                      rhs                   support    confidence coverage   lift
count
[1]  {other vegetables} => {whole milk}       0.07483477 0.3867578 0.1934926
1.513634 736
[2]  {whole milk}       => {other vegetables} 0.07483477 0.2928770 0.2555160
1.513634 736
[3]  {rolls/buns}       => {whole milk}       0.05663447 0.3079049 0.1839349
1.205032 557
[4]  {whole milk}       => {rolls/buns}       0.05663447 0.2216474 0.2555160
1.205032 557
[5]  {yogurt}           => {whole milk}       0.05602440 0.4016035 0.1395018
1.571735 551
[6]  {whole milk}       => {yogurt}           0.05602440 0.2192598 0.2555160
1.571735 551
[7]  {root vegetables}  => {whole milk}       0.04890696 0.4486940 0.1089985
1.756031 481
[8]  {whole milk}       => {root vegetables}  0.04890696 0.1914047 0.2555160
1.756031 481
[9]  {root vegetables}  => {other vegetables} 0.04738180 0.4347015 0.1089985
2.246605 466
[10] {other vegetables} => {root vegetables}  0.04738180 0.2448765 0.1934926
2.246605 466
```

支持度排名第 1 的规则为{other vegetables} => {whole milk}，两者同时被购买的概率约为 7%。

Apriori 算法是通过频繁$(k-1)$-项集找到频繁 k-项集的，虽然可以通过 Apriori 性质进行减枝，去掉一部分子集为非频繁项集的候选项集，但还是需要不断地扫描数据集，不断地求候选项集的支持度计数从而判断它是否是频繁项集。如果数据集足够大，这种算法就不再具有优势。

9.3 ECLAT 算法

ECLAT 算法是一种深度优先算法，采用垂直数据表示形式，在概念格理论的基础上利用基于前缀的等价关系将搜索空间（概念格）划分为较小的子空间（子概念格）。

9.3.1 ECLAT 算法概述

ECLAT 算法不同于关联规则中的 Apriori 算法和 FP-growth 算法，后两者所采用的是从

TID 集格式的事物集中挖掘频繁项集的水平数据结构的方式, 而 ECLAT 算法采用了垂直数据表示方法, 将数据按照项集存储。该储存中, 每条记录都包括一个项集标识和包含它的事务标识。这样 $k+1$ 阶项集的支持度可以直接由它的两个 k 阶子集的交易标识的集合运算得到。ECLAT 算法最大的特点便是倒排思想, 也就是生成一个统计每一个项在哪些事务中出现过的倒排表, 表中的每一行由项和它对应的 TID 集组成, TID 集是包含此项目的所有事务的集合。

1. ECLAT 算法优缺点

（1）优点：采用了与传统挖掘算法不同的垂直数据库结构, 由于这样只要扫描两次数据库, 大大减少了挖掘规则所需要的时间, 从而提高了挖掘关联规则的效率。

（2）缺点：该算法没有对产生的候选项集进行删减操作, 若项目出现的频率非常高, 频繁项集庞大, 进行交集操作时会消耗系统大量的内存, 影响算法的效率。

2. ECLAT 算法原理

由两个频繁 k-项集求并集得到候选$(k+1)$-项集, 对候选$(k+1)$-项集的事务集做交集操作, 生成频繁$(k+1)$-项集, 以此迭代直到项集归一, 算法结束。

ECLAT 算法加入了倒排的思想, 具体就是将事务数据中的项作为 key, 每个项对应的事务 ID 作为 value。

原输入数据为：

Tid	Item
1	A,B
2	B,C
3	A,C
4	A,B,C

转换后为：

Item	Tids
A	1,3,4
B	1,2,4
C	2,3,4

通过转换后的倒排表可以加快频繁项集生成速度。根据上述数据的情况, 具体计算过程如下。

（1）计算频繁 1-项集, 结果为：

Item	Freq
A	3
B	3
C	3

（2）由频繁 1-项集生成频繁 2-项集，结果为：

Item	Freq
A,B	2
A,C	2
B,C	2

（3）由频繁 2-项集生成频繁 3-项集，结果为：

Item	Freq
A,B,C	1

频繁 k-项集生成频繁$(k+1)$-项集的过程与由 1-项集生成 2-项集的过程完全一致。

9.3.2　ECLAT 算法流程

（1）通过扫描一次数据集，把水平格式的数据转换成垂直格式；
（2）根据分析的要求，设定项集的支持度计数；
（3）从 $k=1$ 开始，可以根据先验性质，使用频繁 k-项集来构造候选$(k+1)$-项集；
（4）通过取频繁 k-项集的 TID（TID 集格式即｛TID：itemset｝，其中 TID 是事务标识符，而 itemset 是事务 TID 中购买的商品）集的交，计算对应的$(k+1)$-项集的 TID 集；
（5）重复该过程，直到不能再找到频繁项集或者候选项集。

9.3.3　ECLAT 算法实例

这里还是使用"Groceries"数据集进行分析。代码如下：

```
> library(arules) #加载包
> data(Groceries) #加载数据集
>frequentsets<-eclat(Groceries,parameter=list(support=0.001,minlen=2,tidLis
ts=TRUE)) ##设定最小支持度为 0.05，最小关联规则长度为 2
```

输出结果为：

```
Eclat

parameter specification:
 tidLists support minlen maxlen           target ext
    TRUE   0.001     2     10 frequent itemsets TRUE

algorithmic control:
 sparse sort verbose
     7   -2    TRUE

Absolute minimum support count: 9
```

```
create itemset ...
set transactions ...[169 item(s), 9835 transaction(s)] done [0.00s].
sorting and recoding items ... [157 item(s)] done [0.00s].
creating sparse bit matrix ... [157 row(s), 9835 column(s)] done
[0.00s].writing .… [13335 set(s)] done [1.97s].
Creating S4 object ... done [0.00s].
```

共有 13335 个关联规则符合条件，查看关联规则，代码如下：

```
> inspect(frequentsets[1:10]) #查看关联规则
```

输出结果为：

```
      items                            support      count
[1]   {whole milk, honey}              0.001118454 11
[2]   {whole milk, soap}               0.001118454 11
[3]   {tidbits, rolls/buns}            0.001220132 12
[4]   {tidbits, soda}                  0.001016777 10
[5]   {whole milk, cocoa drinks}       0.001321810 13
[6]   {rolls/buns, snack products}     0.001118454 11
[7]   {soda, snack products}           0.001118454 11
[8]   {whole milk, pudding powder}     0.001321810 13
[9]   {whole milk, cooking chocolate}  0.001321810 13
[10]  {other vegetables, bathroom cleaner} 0.001016777 10
```

查看支持度排名前 10 的关联规则，代码如下：

```
> inspect(sort(frequentsets,by="support") [1:10])
```

输出结果为：

```
      items                            support     count
[1]   {other vegetables, whole milk}   0.07483477 736
[2]   {whole milk, rolls/buns}         0.05663447 557
[3]   {whole milk, yogurt}             0.05602440 551
[4]   {root vegetables, whole milk}    0.04890696 481
[5]   {root vegetables, other vegetables} 0.04738180 466
[6]   {other vegetables, yogurt}       0.04341637 427
[7]   {other vegetables, rolls/buns}   0.04260295 419
[8]   {tropical fruit, whole milk}     0.04229792 416
[9]   {whole milk, soda}               0.04006101 394
[10]  {rolls/buns, soda}               0.03833249 377
```

支持度最高的频繁二项集为：{other vegetables, whole milk}，支持度约为 7%，在相同的设定条件下得到的结果与 apriori 算法相同。

arules 包为 itemset 实现了一些可视化方法，这些方法是 ECLAT 算法的返回类型。

创建一个新的 item 较少的数据集，做可视化展示，代码如下：

```
> data_test<-list(
+ c("t","y","r"),
+ c("t","y"),
```

```
+ c("t","y","i"),
+ c("y","u"),
+ c("y","r","u"),
+ c("t","i","u"),
+ c("t","r"),
+ c("t","y","i"),
+ c("r","u"),
+ c("t","y","i","u")
+)#创建列表，共有10个事务，t,y,r,I,u共5个元素
> data_test_t<-as(data_test, "transactions")  #设定数据类型为"transactions"以
便做关联分析
> itemset<-eclat(data_test_t, parameter = list(support = 0, tidLists = TRUE))
#求频繁项集
```

结果如图9-4所示。

```
Eclat

parameter specification:
 tidLists support minlen maxlen              target ext
     TRUE       0      1     10 frequent itemsets TRUE

algorithmic control:
 sparse sort verbose
     7   -2    TRUE

Absolute minimum support count: 0

Warning in eclat(data_test_t, parameter = list(support = 0, tidLists = TRUE)) :
  You chose a very low absolute support count of 0. You might run out of memory! Increase minimum su
pport.
```

图9-4 求频繁项集

查看频繁项集维度，代码如下：

```
> dim(tidLists(itemset)) #查看频繁项集维度
```

结果如图9-5所示。

```
> dim(tidLists(itemset))
[1] 21 10
```

图9-5 频繁项集维度

设置数据结构，代码如下：

```
> as(tidLists(itemset), "list") #设置tidLists(itemset)的数据结构为列表
```

结果如图9-6所示。

```
> as(tidLists(itemset), "list")
$`{r,u,y}`
[1] 5

$`{r,t,y}`
[1] 1

$`{r,t}`
[1] 1 7

$`{r,y}`
[1] 1 5

$`{r,u}`
[1] 5 9
```

图9-6 tidLists(itemset)的列表数据结构

画频繁项集图，代码如下：

```
> image(tidLists(itemset)) #画频繁项集图
```

结果如图 9-7 所示。

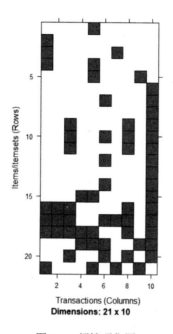

图 9-7　频繁项集图

图 9-7 中行表示的是频繁项集 1~21，列表示的是原数据集中的 10 个事务清单，方块表示的是在哪个事务中包含了该频繁项集。第一行的唯一的一个方块表示频繁项集　1{r,u,y} 在第 5 个事务 c("y","r","u")中。

第 10 章　聚类算法

【内容概述】

1）了解聚类算法的相关理论。
2）掌握 R 语言 K 均值聚类算法建模的方法。
3）掌握 R 语言凝聚式层次聚类算法建模的方法。

10.1　聚类算法概述

聚类分析（Cluster Analysis）指将物理或抽象对象的集合分组为由类似的对象组成的多个类的分析过程。聚类结果一般分为 4~6 类。聚类分析的目的在于将相似的事物归类，同一类中的个体有较大的相似性，不同类的个体差异性很大。

两个个体间（或变量间）的对应程度或联系紧密程度可以用两种方式来测量。

（1）采用描述个体对（变量对）之间的接近程度的指标，例如，"距离"越小的个体（变量）越具有相似性。

（2）采用表示相似程度的指标，例如，"相关系数"越大的个体（变量）越具有相似性。

10.1.1　聚类算法的类型

（1）层次聚类与划分聚类：若允许簇具有子簇，则我们得到一个层次聚类。层次聚类是嵌套簇的集族，组织成一棵树。划分聚类简单地将数据对象划分成不重叠的子集（簇），使得每个数据对象恰在一个子集中。

（2）互斥聚类、重叠聚类与模糊聚类：互斥聚类指每个对象都指派到单个簇。重叠聚类或模糊聚类用来反映一个对象同时属于多个组的事实。在模糊聚类中，每个数据对象以一个 0 和 1 之间的隶属权值属于每个簇。每个对象与各个簇的隶属权值之和往往是 1。

（3）完全聚类与部分聚类：完全聚类将每个对象指派到一个簇中。部分聚类中，某些对象可能不属于任何组，如一些噪声对象。

10.1.2　聚类算法评估的特点

（1）不同聚类算法的目标函数相差比较大，没有统一的评价标准。聚类不像分类有一个最优化目标和学习过程，聚类只是一个统计方法，把相似和不相似的数据分开。

（2）在很多实际问题中，聚类仅仅是其中的一步，聚类的目的只是观察其是否对最终结果产生好的影响。在数据质量高的情况下，一个好的聚类结果表明了数据中相对稳定的某种模式或者分布，这种现象不会因为个别数据点的变化而改变，并且能够尽可能将数据分开。

10.2　K 均值聚类算法

K 均值聚类算法（K-Means Clustering Algorithm）是一种迭代求解的聚类分析算法，其步骤是，预将数据分为 K 组，则随机选取 K 个对象作为初始的聚类中心，然后计算每个对象与各个种子聚类中心之间的距离，把每个对象分配给距离它最近的聚类中心。聚类中心及分配给它们的对象就代表一个聚类。每分配一个样本，聚类的聚类中心会根据聚类中现有的对象被重新计算。这个过程将不断重复直到满足某个终止条件。终止条件可以是没有（或最小数目）对象被重新分配给不同的聚类，没有（或最小数目）聚类中心再发生变化，误差平方和局部最小。

10.2.1　划分方法概述

划分方法是首先创建 K 个划分，K 为要创建的划分个数；然后利用一个循环定位技术将对象从一个划分移到另一个划分来帮助改善划分质量。典型的划分方法包括 K-Means、K-Medoids、CLARA、CLARANS、FCM。

10.2.2　K 均值聚类算法的优缺点

1．优点

（1）速度快。
（2）计算简便。

2．缺点

（1）必须提前知道数据有多少类/组。
（2）K-Medians 是 K-Means 的一种变体，是用数据集的中位数而不是均值来计算数据的中心点。
（3）K-Medians 计算中位数时需要对数据集中的数据进行排序，速度相对于 K-Means 较慢。

10.2.3　K 均值聚类算法的流程

K 均值聚类算法，是聚类算法中最为基础但也最为重要的算法。其算法流程如下。

（1）选取数据空间中的 K 个对象并将其作为初始中心，每个对象代表一个聚类中心；

（2）对于样本中的数据对象，根据它们与这些聚类中心的欧氏距离，以距离最近为准则，将它们分到距离它们最近的聚类中心（最相似）所对应的类；

（3）更新聚类中心，将每个类别中所有对象所对应的均值作为该类别的聚类中心，计算目标函数的值；

（4）判断聚类中心和目标函数的值是否发生改变，若不变，则输出结果，若改变，则返回步骤（2）。

10.2.4　K 均值聚类分析案例

以 R 语言基础包自带的鸢尾花（iris）数据进行 K 均值聚类分析，代码如下：

```
> library(fpc)
> data(iris)
> df<-iris[,c(1:4)]  #取 iris 的前 4 列作为聚类的依据
> set.seed(252964)
> kmeans<-kmeans(na.omit(df),3)    #进行 K 均值聚类，3 为分类的数量
> kmeans  #打印模型信息
```

输出结果为：

```
K-means clustering with 3 clusters of sizes 38, 62, 50
Cluster means:
  Sepal.Length Sepal.Width Petal.Length Petal.Width
1    6.850000    3.073684    5.742105    2.071053
2    5.901613    2.748387    4.393548    1.433871
3    5.006000    3.428000    1.462000    0.246000
Clustering vector:
  1   2   3   4   5   6   7   8   9  10  11  12  13  14  15  16  17  18  19
  3   3   3   3   3   3   3   3   3   3   3   3   3   3   3   3   3   3   3
 20  21  22  23  24  25  26  27  28  29  30  31  32  33  34  35  36  37  38
  3   3   3   3   3   3   3   3   3   3   3   3   3   3   3   3   3   3   3
 39  40  41  42  43  44  45  46  47  48  49  50  51  52  53  54  55  56  57
  3   3   3   3   3   3   3   3   3   3   3   3   2   2   2   2   2   2   2
 58  59  60  61  62  63  64  65  66  67  68  69  70  71  72  73  74  75  76
  2   2   2   2   2   2   2   2   2   2   2   2   2   2   2   2   2   2   2
 77  78  79  80  81  82  83  84  85  86  87  88  89  90  91  92  93  94  95
  2   2   2   2   2   2   2   2   2   2   2   2   2   2   2   2   2   2   2
 96  97  98  99 100 101 102 103 104 105 106 107 108 109 110 111 112 113 114
  2   2   2   2   2   1   2   1   1   1   1   1   1   1   1   1   1   1   1
115 116 117 118 119 120 121 122 123 124 125 126 127 128 129 130 131 132 133
  2   1   1   1   1   1   1   2   1   1   1   1   1   1   1   1   1   1   1
134 135 136 137 138 139 140 141 142 143 144 145 146 147 148 149 150
  2   1   1   1   1   1   1   1   1   2   1   1   1   2   1   1   2
Within cluster sum of squares by cluster:
[1] 23.87947 39.82097 15.15100
```

```
(between_SS / total_SS = 88.4 %)
Available components:
[1] "cluster"      "centers"      "totss"      "withinss"      "tot.withinss"
[6] "betweenss"    "size"         "iter"       "ifault"
```

kmeans 模型将数据分成了 3 类，每类的数量分别为 38、62、50，Cluster means 表示的是 3 个类别中 4 个变量的均值。将分类的结果进行可视化，代码如下：

```
> plotcluster(na.omit(df),kmeans$cluster)
```

结果如图 10-1 所示。

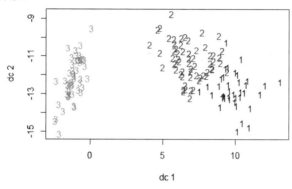

图 10-1　K 均值聚类

10.3　凝聚式层次聚类算法

层次聚类就是通过对数据集按照某种方法进行层次分解，直到满足某种条件为止。按照分类原理的不同，可以分为凝聚和分裂两种方法。由下向上对小的类别进行聚合，是凝聚式层次聚类；一层一层地进行聚类，由上向下把大的类别（Cluster）分割，就是分裂式层次聚类。

10.3.1　凝聚式层次聚类概述

凝聚式层次聚类是一种自底向上的策略，首先将每个对象都作为一个簇，然后合并这些原子簇为越来越大的簇，直到所有的对象都在一个簇中，或者某个终止条件被满足，绝大多数层次聚类方法都属于这一类，它们只是在簇间相似度的定义上有所不同，簇间相似度也就是邻近准则。

1．邻近准则

对于凝聚式层次聚类，指定簇的邻近准则是非常重要的一个环节，有三种最常用的准则，分别是 MAX、MIN 和 AVERAGE，如图 10-2 所示。

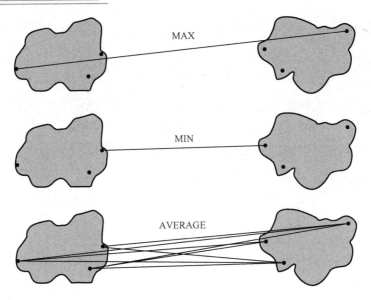

图 10-2　凝聚式层次聚类

（1）单链（Single-link）：不同簇的两个最近的点之间的邻近度，即 MIN；

（2）全链（Complete-link）：不同簇中两个最远的点之间的邻近度，即 MAX；

（3）组平均（Average-link）：不同簇的所有点对邻近度的平均值（平均长度），即 AVERAGE。

2．主要问题

1）缺乏全局目标函数

这种方法产生的聚类算法避开了解决困难的组合优化问题。

2）如何处理待合并簇的相对大小

这个问题值适用于涉及求和的簇临近性方案，如质心，Ward 方法和组平均。

有两种方法：加权方法，平等地对待所有簇；非加权方法考虑每个簇的点数。换言之，平等地对待不同大小的簇表示赋予不同簇中的点不同的权值，而考虑簇的大小则赋予不同簇中的点相同的权值。

3）合并决策是最终的

凝聚式层次聚类算法趋向于做出好的局部决策，然而，一旦做出合并两个簇的决策，以后就不能撤销了。这种方法阻碍了局部最优标准、编程全局最优标准。

一些试图克服这个问题限制的技术如下。

（1）修补层次聚类：移动树的分支以改善全局目标函数。

（2）划分聚类技术（如 K 均值）来创建许多小簇，然后从这些小簇出发进行层次聚类。

3．算法优缺点

（1）优点：通常，使用这类算法是因为基本应用需要层次结构，如创建一种分类方法。这些算法能够产生较高质量的聚类。

（2）缺点：这类算法的计算量和存储需求代价昂贵。另外，对于噪声、高位数据，也可能造成问题。可先使用其他技术（如 K 均值）进行部分聚类，这两个问题都会在一定程度上得到解决。

10.3.2　凝聚式层次聚类算法流程

凝聚式层次聚类算法是一个迭代的过程，算法流程如下。

（1）每次选最近的两个簇合并，将这两个合并后的簇称为合并簇。

（2）若采用 MAX 准则，选择其他簇与合并簇中离得最远的两个点之间的距离作为簇之间的邻近度。若采用 MIN 准则，取其他簇与合并簇中离得最近的两个点之间的距离作为簇之间的邻近度。若采用组平均准则，取其他簇与合并簇所有点之间距离的平均值作为簇之间的邻近度。

（3）重复步骤（1）和步骤（2），合并至只剩下一个簇。

在这个算法中，需注意以下几点。

（1）邻近度矩阵。

邻近度有许多种定义方式，如欧氏距离，曼哈顿距离，马氏距离，余弦相似度，Jaccard系数，Bregman 散度等。种类丰富，样品奇多，根据不同的需求来选择最适合的邻近度，计算得到相应的邻近度矩阵。

（2）簇与簇之间邻近度的定义。

每个簇中的点数不一定相等，如何计算两个不同簇之间的邻近度呢？

常用的有三种方法：单链（MIN 准则），全链（MAX 准则），组平均技术。

算法流程示例如下。

（1）图 10-3 是一个有 5 个点的二维坐标系。

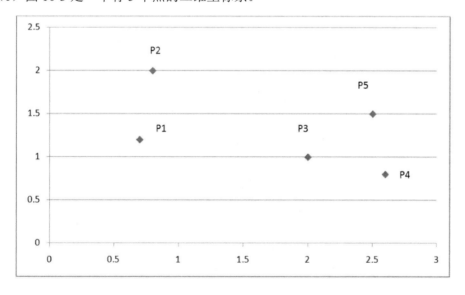

图 10-3　二维坐标系

（2）表 10-1 为这 5 个点的欧式距离矩阵。

表 10-1 欧式距离矩阵

	P1	P2	P3	P4	P5
P1	0	0.81	1.32	1.94	1.82
P2	0.81	0	1.56	2.16	1.77
P3	1.32	1.56	0	0.63	0.71
P4	1.94	2.16	0.63	0	0.71
P5	1.82	1.77	0.71	0.71	0

（3）根据算法流程，先找出距离最近的两个簇 P3、P4。

合并 P3、P4 为{P3, P4}，根据 MIN 原则更新矩阵：

MIN.distance({P3, P4}, P1) = 1.32;

MIN.distance({P3, P4}, P2) = 1.56;

MIN.distance({P3, P4}, P5) = 0.70。

表 10-2 为欧式距离更新矩阵。

表 10-2 欧式距离更新矩阵 1

	P1	P2	{P3, P4}	P5
P1	0	0.81	1.32	1.82
P2	0.81	0	1.56	1.77
{P3, P4}	1.32	1.56	0	0.71
P5	1.82	1.77	0.71	0

（4）接着继续找出距离最近的两个簇：{P3, P4}、P5。

合并{P3, P4}、P5 为{P3, P4, P5}，根据 MIN 原则继续更新矩阵：

MIN.distance(P1, {P3, P4, P5}) = 1.32;

MIN.distance(P2, {P3, P4, P5}) = 1.56。

表 10-3 为欧式距离更新矩阵。

表 10-3 欧式距离更新矩阵 2

	P1	P2	{P3, P4, P5}
P1	0	0.81	1.32
P2	0.81	0	1.56
{P3, P4, P5}	1.32	1.56	0

继续找出距离最近的两个簇 P1、P2。

合并 P1、P2 为{P1, P2}，根据 MIN 原则继续更新矩阵：

MIN.distance({P1,P2}, {P3, P4, P5}) = 1.32。

表 10-4 为欧式距离更新矩阵。

表 10-4　欧式距离更新矩阵 3

	{P1, P2}	{P3, P4, P5}
{P1, P2}	0	1.32
{P3, P4, P5}	1.32	0

（5）最终合并剩下的这两个簇即可获得最终结果，如图 10-4 所示。

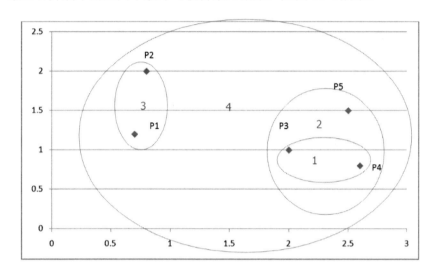

图 10-4　凝聚式层次聚类结果

MAX 组平均算法流程与 MIN 同理，在更新矩阵时将上述计算簇间距离变为簇间两点最大欧式距离和簇间所有点平均欧式距离即可。

10.3.3　凝聚式层次聚类算法实例

以 R 语言自带的鸢尾花（iris）数据集为例进行层次聚类分析，代码如下：

```
> data(iris)
> iris_dist<-dist(iris[, 1:4]) #计算 iris 的前 4 列数据的距离
> fit_iris<-hclust(iris_dist, "ward.D2") #依据距离进行聚类，聚类方法 ward.D2 为欧氏距离，默认值为 complete 最长距离法
> plot(fit_iris) #给聚类模型画图
```

结果如图 10-5 所示。

分成 3 类并用红框进行标识，代码如下：

```
> rect.hclust(fit_iris, k = 3, border = "red")
```

结果如图 10-6 所示。

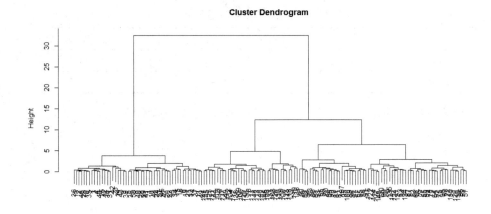

图 10-5　凝聚式层次聚类模型

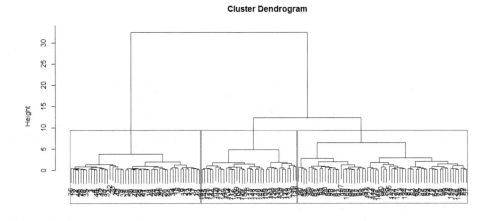

图 10-6　分类结果

【应用案例 1】景点舆情数据采集

1．案例背景

景区通过消费者的评论舆情可以针对性地优化景区的规划建设及服务，从而提高景区的质量。采集消费者在互联网上对景区的评价是最基本的工作。

以游侠网为例，采集某旅游路线的用户评论，并对该评论数据进行统计及分析，使用jiebaR 包对评论分词，形成词云图。

2．寻找数据包

由于评论数据是动态加载数据，所以需要抓包，也就是寻找到服务器实时返回评论数据的请求包。在浏览器打开目标网页后按【F12】键，打开【network】选项卡，通常动态加载请求都是通过 fetch/XHR 或者 JS 脚本进行，所以在这两个选项卡中寻找请求包，该网页的评论和请求包如案例图 1-1 及案例图 1-2 所示。

案例图 1-1　用户评论

请求包返回的内容可以在 Preview 中查看，在后续 R 语言模拟请求的过程中需要模拟的请求 URL、请求头及设置评论的页数参数等信息在请求包的 Headers 和 Payload 中，如案例图 1-3 所示。

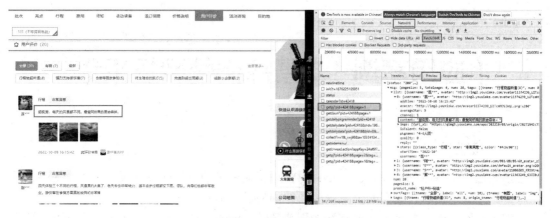

案例图 1-2　寻找请求包

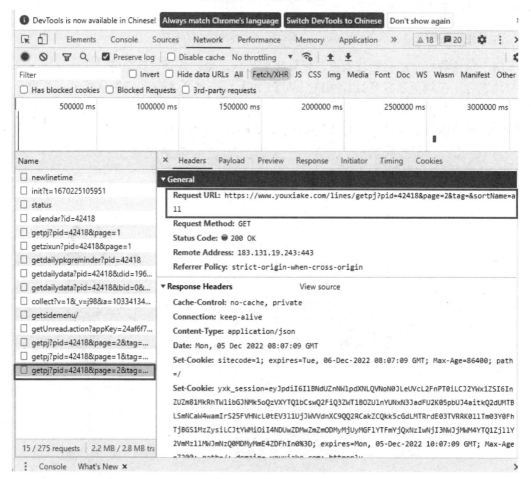

案例图 1-3　请求包 Headers

　　由案例图 1-3 中的 RequestURL 中的 URL 可知，pid 参数为不同旅游线路的 ID，page 参数为评论的页数，由 RequestMethod 可知该请求的请求方式为 GET。通过 httr 包进行数据采集，代码如下：

```
> library(httr)
```

获取评论的一页数据，代码如下：

```
> ##设置请求头
> header<- c('Cookie'='sitecode=1; site=1; yxk_saltkey=1kX13sR8; pingtaiw=34;
gr_user_id=542207cc-52b2-46d6-b81b-adc43c17dfd7;
a147ace5a8874284_gr_session_id=f184ebc7-9a45-4d70-9429-e244f69e805d;
a147ace5a8874284_gr_session_id_f184ebc7-9a45-4d70-9429-e244f69e805d=true;
sideMuenShop=1;_ga=GA1.2.1021269675.1670225030;
_gid=GA1.2.207300011.1670225030;
Hm_lvt_4668967a6a0541a2a7cb9bf90df08bdd=1670225030;_gat=1;
yxk_session=eyJpdiI6IlhzMWJoV1dkOFVkZ3B4NU5ad1UxeWc9PSIsInZhbHVlIjoiNitmb2Y
4TEVPbmd1dmZZqSTBPVlNRdGF0Y0grVpwZXV3c014NitWbFFFNMkliSUdBBRnViM2VEM2gzeVFpM1
Y4NCsxck9Uam88yajF2TUltQU1FNmJtYWNLN3JySnFUQkZ4WDVBCGw0ZXhkVkJZK3RBBcXpYNGZVN
09FOCsxWkJtUDgiLCJtY......TVuSXkwa1ZJNDlSSWlOTVZ1XC9rbDZzMGxDUkJFNmk5eEZhSEN4TG
dlOWltdVE1Sl1p1eUE9PSIsIm1hYyI6IjVhN2QyNmU3YTk3MDcwYTU5NDhjjYzU2MTVlODVlMTEyN
zg5OWRhZWFkMmE2OWI1YjAwNTJhNWFiMTZzYWI1NzYifQ==;
Hm_lpvt_4668967a6a0541a2a7cb9bf90df08bdd=1670225434',
+'Referer'='https://www.youxiake.com/lines.html?id=15509&spm=eyJmcm9tIjoxMD
gwLCJjcmlmnaW5hbF9pZCI6MH0',
+'user-agent'='Mozilla/5.0 (Windows NT 10.0; Win64; x64) AppleWebKit/537.36
(KHTML, like Gecko) Chrome/107.0.0.0 Safari/537.36') ##cookie 涉及私人信息，中
间部分隐藏
> url<-'https://www.youxiake.com/lines/getpj?pid=15509&page=2&tag=&sortName=
all' #请求URL
> html<-GET(url,add_headers(.headers =header), encode="json") #发送请求
> text<-content(html) #获取服务器返回数据
> ev_json<-toJSON(text) #转为字符串
> ev_json2<-fromJSON(ev_json) #将字符串转为json以便后续获取评价
> ev<-ev_json2[["msg"]][["list"]][["content"]] #获取json中的评价数据
> ev #打印提取的评论
```

输出结果为：

```
[[1]]
[1] "★徽杭古道，差不多是每一个入坑户外的起点，自己也不例外。再刷徽杭是因为这是天热之后寥
寥无几的可成行非溯溪线。\n 虽然还是三伏天，比起上周的高温，今天已经好太多了。一群爱折腾的
伙伴，不论什么天气都想走进山野，追求诗和远方。\n 二十多人，对徽杭而言实属小团，又大都是老
队友，实力从一抬脚就看出来了。 \n★徽杭线路，大家都很熟悉，整体行程完全符合入门级定位，尤
其是几经优化之后，全程没有难度，没有强度，但是炎热的天气会增加难度，需要多喝水，防止中暑。
线路要吐槽的是，门票（虽然权益卡不用再支付）有点贵，显得有点坑，整体的配套服务对不起这样的
收费标准。\n★风景指数，反穿线路尤其值得推荐。在体力最好的时候一路前行，直奔蓝天凹，每次来
这里都是蓝天白云，果然名副其实。好久没来了，凹口处有个卖水的遮阳棚，大姐热情招呼大家休息，
平时不吃冷饮的我还是吃了今年的第二支雪糕。此处休息之后，基本就是一路下坡了，及至过了施茶
亭，山石凸显，渐入佳境，风景指数明显飙升，拿出手机，停停拍拍，好不惬意。丰水时如能下去戏个
水，想必也是极好的。\n 在征求了队友意见后，今天领队带大家走了溪水南侧的游步道。以前一直没
走过，今天走下来，感觉两侧风景各有千秋，有几处回望，更觉壮观，时值中午，刚好又避开烈日，体
```

验感不错。\n★关于补给，徽杭古道基本不用担心，沿路一直有村民居住，除了上蓝天凹之前的几个售货点不能百分百确定在，建议自己背 1~2 瓶水（ps：任何户外，有无补给都建议带水），其余一路都能补充，尤其是驴友们口口相传的古道面条，更是料足味美，价格公道，饥渴难耐时，尤感满足。\n★关于今天的队友，我只能说，强，太强了。\n 走路不在话下，负重更是让人佩服，中午在农家打尖，队友像变戏法一样，从包里拿出西瓜汁、烧仙草、火龙果冻、冰粉……，一时间，各色小食堆满桌子，窃喜自己没有要面条（ps，主要是因为天热不饿，加上本来就不爱吃大排），就着西瓜，吃饱吃好。\n 今天队伍整齐，两点半左右已全部下山，天空渐暗，雷雨将至，雨落前，大家上了返程车……\n★徽州之美，在山在水，在黑白分明的徽派建筑。一直喜欢徽州，无数次离开，又无数次踏入，无端的眷恋，在一次次挥别之际，越发深沉……。\n★关于领队，卡西领队带徽杭大材小用，节奏把控非常好，沿路还不时调整一些不规范的路标，负责有担当；收队是个新人，话不多，但很细致负责，一直等着最后的队友（我），暖暖的。必须五星★。"

[[2]]
[1] "给你一个机会，一起游侠客吧！\n 第一次接触，刚开始还紧张，结果我想多了……\n 大小领队安排妥妥的，路线整体下来比较舒服，即使第一次也不用担心，不过第一次建议带个登山杖。中午农家吃的面，重拾人间烟火，满满一份面，又是大排又是鸡蛋口还有冰镇甜西瓜！全程领队负责拍照📷，我们负责美美哒！👍👍👍还要再强调下，遇到了一群可爱的人，遇见是美丽的存在……下次见\n 因为热爱而出发，今日走过了所有弯路，从此人生尽是坦途……"

[[3]]
[1] "97 领队和河马领队的行程太给力，背上山的 2 个西瓜，山上买的一个西瓜，客栈提前准备的 2 个冰西瓜，这是参加活动以来吃过最多的瓜了😋，徽行的记忆除了西瓜，蓝天，白云，还有蓝天凹马哥带的 2 大瓶冰可乐，收到所有小伙伴好评的冰可乐，是夏天徒步的绝配，休闲的徽行，来自西瓜和可乐的快乐！"

[[4]]
[1] "今天气温高，暴晒；\n 参加活动的同学很多，户外经验参差不齐；对领队带队水平是个考验；\n 领队河马口大哥提前准备了 3 个西瓜😋，一个背着，两个冰冻好安排在半路作为补寄，还背了两个大冰口可乐，十分周到；另外作为收尾的领队，牺牲自己的节奏，在队尾照顾每个体力不支的同学，鼓励但从没有催促；\n 中午吃面的气候，3 位领队是等到所有同学都领到面之后才开始吃，职业态度可见一斑；\n 从组织者的角度看，带不同户外经验的同学参加活动，兼顾每个人的节奏是不容易的；\n 今天每个同学都能在属于自己的节奏里，享受着户外的乐趣，不虚此行。"

[[5]]
[1] "开开心心 疯疯癫癫\n 乌云压境 时晴时雨\n 脚下打滑 好在核心算稳 没有摔屁股蹲儿\n 一个姐姐说 今天我们有阳光和雨水的滋润~，好喜欢她说的这就话，是个内心很美好的姐姐，一路上，采花，拍照，教我们认识植物，妥妥的气氛担当，就喜欢和这样的人出来玩~\n 路上随处可见红彤彤的覆盆子果，各种颜色的小花花，风景优美，云雾缭绕在山间，风也很凉爽，同行的小伙伴也都很可爱，大家都是妥妥的户外运动爱好者\n 相约下次一起出行，一起去武功山，一起去露营，耶~"

　　每一页中有 5 条评论，要进行词频分析时数据量不够，添加 for 循环采集前 10 页评论内容，代码如下：

```
> ev=c()  #设置空向量以存储评论
#循环采集前 10 页评论，i 为采集页
> for (i in 1:10){
+ url <-paste('https://www.youxiake.com/lines/getpj?pid=15509&page=',i,'&tag=
```

```
&sortName=all',sep = '')  #设置请求URL
+ html<-GET(url,add_headers(.headers =header), encode="json")  #发送请求
+ text<-content(html)  #获取服务器返回数据
+ ev_json<-toJSON(text)  #转为字符串
+ ev_json2<-fromJSON(ev_json)  #将字符串转为json以便后续获取评价
+ ev1<-ev_json2[["msg"]][["list"]][["content"]]  #获取json中的评价数据
+ ev<-c(ev,ev1)  #拼接评论
+ Sys.sleep(3)  #设置系统休眠时长，以防触发反爬机制
+}
```

将评论内容的list对象ev转换为data.frame，代码如下：

```
> ev_df<-data.frame(matrix(unlist(ev), nrow=length(ev), byrow=T),stringsAs
Factors= FALSE)  #转换为数据框
> colnames(ev_df)<- '评论内容'  #更改列名
```

将数据框ev_df保存至本地，代码如下：

```
> library(openxlsx)
> write.xlsx(ev_df,'旅游路线评论内容.xlsx')
```

最终结果如案例图1-4所示。

案例图1-4　评论内容

3．词频统计及分析

词频分析是文本分析的基本手段，对文本分词后统计词频，通过词频洞察信息。

安装并加载相关的R包，代码如下：

```
> install.packages("jiebaR")
> install.packages("jiebaRD")
> library(jiebaR)
> library(dplyr)
```

创建一个分词引擎，代码如下：

```
> seg<-worker()
```

使用分词引擎 seg 对 **ev_df** 数据框中的评论内容进行分词，代码如下：

```
> txt_seg<-segment(ev_df$评论内容,seg)
```

将分词结果转换成表格，以便于统计词频，代码如下：

```
> txt_tbl<-tbl_df(txt_seg)
```

统计词频，代码如下：

```
> txt_gro<-group_by(txt_tbl,txt_tbl$value)
> txt_gro
```

输出结果为：

```
# A tibble: 3,886 x 2
# Groups:   txt_tbl$value [1,661]
   value `txt_tbl$value`
   <chr> <chr>
 1 非常  非常
 2 开心  开心
 3 的    的
 4 一个  一个
 5 周末  周末
 6 本来  本来
 7 是    是
 8 雨天  雨天
 9 不    不
10 打算  打算
# ... with 3,876 more rows
```

统计每个词的词频，代码如下：

```
> txt_gro$`txt_tbl$value`<-as.factor(txt_gro$`txt_tbl$value`)#在汇总统计前需要
将关键词列设置为因子
> seg_sum<-summarise(txt_gro,count=n())
> seg_sum[order(seg_sum$count,decreasing = T),][20:30,]  ##对频次进行降序排序,
并查看部分词
```

输出结果为：

```
# A tibble: 11 x 2
   `txt_tbl$value` count
   <fct>           <int>
 1 我                 17
 2 不错               16
 3 可以               16
 4 还是               15
 5 还                 14
 6 杭                 14
```

7	徽杭	14
8	人	14
9	一个	14
10	自己	14
11	吃	13

画出词云图，由于词数量太多，以其中的 21 个字符为例，代码如下：

```
> colnames(seg_sum)<-c("word","freq")#重命名列名
> library(devtools)  #recharts 包没有在 rcan 中发布，需在 github 上安装
> install_github('madlogos/recharts')  #安装 recharts 包
> library(recharts)
> echartR(seg_sum[200:220,], x=~word, y=~freq*100, type="wordcloud")#词频太小，
因此 freq 要放大倍数，否则词看不清
```

结果如案例图 1-5 所示。

案例图 1-5　词云图

【应用案例2】旅游电商平台数据采集

1. 案例背景

旅游企业在设计或上架旅游产品之前需要分析行业的产品（竞品），了解行业产品的特征及情况可以指导企业开发符合市场需求的产品。而采集旅游产品的数据是分析前必备的一个步骤，本例为抓取去哪儿网首页度假条目下拉菜单中的自由行板块。

本案例主要介绍如何选择 URL 并解码得出想要的参数，获取参数值的列表，利用 RCurl 包模拟浏览器行为，获取旅游数据，并连接数据库，将数据存入数据库，分析消费者对旅游产品的价格偏好及出游时间偏好。

2. 观察页面特征和解析数据

第一步：进入去哪儿电脑端官网，在网页右击，在弹出的菜单中单击【检查】按钮打开开发调试工具，在开发调试工具中单击案例图 2-1 中所圈图标。

案例图 2-1　网页开发调试工具界面

第二步：按【F5】键刷新，进入无线端模式，并选择【自由行】板块，如案例图 2-2 所示。

218

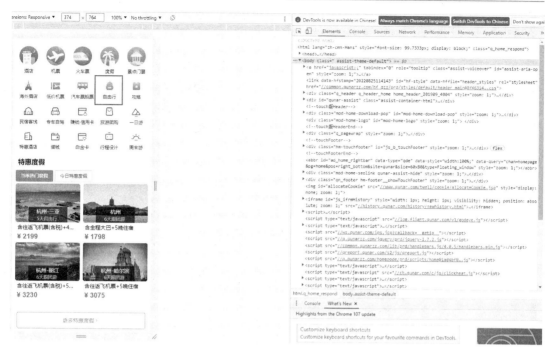

案例图 2-2　无线端模式

第三步：在【自由行】界面选择出发地，如案例图 2-3 所示。

案例图 2-3　在【自由行】界面选择出发地

第四步：在开发调试工具界面选择【Network】菜单下【XHR】栏中【depCities.qunar】列表下的【Preview】选项卡，是我们所需要的所有出发地，复制【depCities.qunar】列表下的【Headers】选项卡中的 URL，请求该 URL 可获取所有出发地城市，如案例图 2-4 所示。

案例图 2-4　文件包的表头页面

第五步：在【自由行】界面单击搜索框，如案例图 2-5 所示。

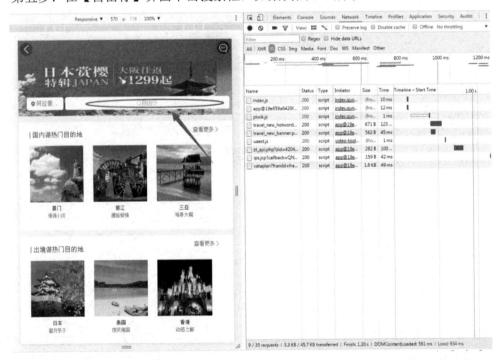

案例图 2-5　【自由行】界面

第六步：选择案例图 2-6 所示位置的 URL，这是基于出发地的热门目的地列表，请求该 URL 可获取热门目的地。在百度搜索任意一个 URL 解码工具，查看 URL 解码后的形式，如案例图 2-7 所示，可以确认 dep 参数就是目的地，可以通过修改 dep 参数实现修改出发地，获取不同出发地的热门目的地。

案例图 2-6　目的地列表

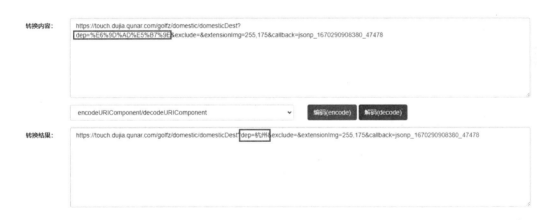

案例图 2-7　URL 解码工具

第七步：任意选择一个目的地，如案例图 2-8 所示。

第八步：获取旅游路线套餐结果页的 URL，请求该 URL 可获取这个网页中所有旅游路线的价格，购买人数等信息。查看 URL 解码后的形式，将相应位置参数换成出发地和目的地所对应的编码，即可访问不同出发地及目的地的旅游路线套餐，如案例图 2-9 及案例图 2-10 所示。

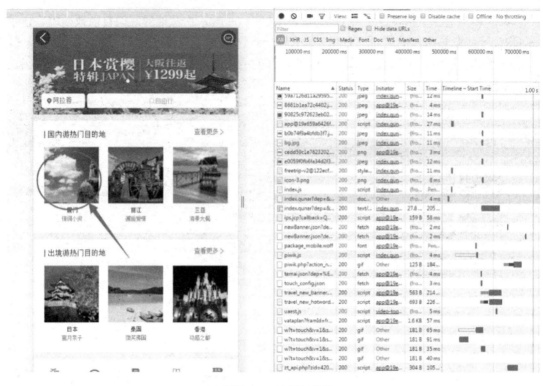

案例图 2-8　选择目的地

案例图 2-9　景点套餐列表

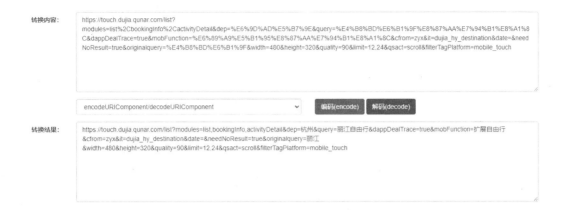

案例图 2-10　旅游路线套餐结果页 URL 解析

3．数据采集

采集旅游路线套餐数据，安装并加载相关的 R 包，代码如下：

```
> library(RCurl)
> library(curl)
> library(jsonlite)
> library(stringr)
>
> #构建请求头（接上文代码）
> myHttpheader<-c(
+   "accept"="application/json",
+   "accept-encoding"="gzip, deflate, br",
+   "accept-language"="zh-CN,zh;q=0.9",
+   "content-type"="application/json",
+   "referer"="https://touch.dujia.qunar.com/destination.qunar?fm=zyx&dep=
%E6%9D%AD%E5%B7%9E",
+   "user-agent"="Mozilla/5.0 (Linux; Android 6.0; Nexus 5 Build/MRA58N)
AppleWebKit/537.36 (KHTML, like Gecko) Chrome/107.0.0.0 Mobile Safari/537.36",
+   "cookie"='QN1=00006600306c4a21eab06f63; QN300=s=baidu; QN99=1896; Qunar
Global=10.68.64.14_-6f12bbb6_184e1582f99_4e9|1670231894755; QN205=s=baidu;
QN277=s=baidu; _i=RBTjeL4LvBbxxHOxUOrvVFGxLAqx; QN269=BF6BF210747D11ED932DFA
163EC565DF; QN601=6b109ca83de373b9fd65a854f398b31c; QN48=000085002f104a21eab
830ca; fid=f159213e-e3e1-4e7c-948a-78b71e0ca137; ariaDefaultTheme=null; qunar-
assist={"version":"20211215173359.925","show":false,"audio":false,"speed":"
middle","zomm":1,"cursor":false,"pointer":false,"bigtext":false,"overead":f
alse,"readscreen":false,"theme":"default"};csrfToken=ql2aMZhUyLioVs5dj3fRsB
2jPf9M6169;_vi=-6Qu_eOl1pxVdn9etntvZj0wP3tvj_l8w6zy14d04cV4eYcWUEG3OhneGAOf
3OzuTgpiKPwVLb-a7zMLkEI8a5epAgW-4CDbSm2ovM8UQ5ruf2yYk8dWft9WF2Cfl5PaA7tYBfx
MoiEhKDFBh4Qx42iiPpmjHAam4rF60mlYe-OG;QN163=0;QN120=|||;QN271=8023081d-8ca6-4
cd0-808b-5589d42168c8;statistics="traceId=125.119.148.174_d0aa4a74-b06d-42b
b-b5bf-b0935ab70007";QN267=171984788519a00d98;QN233=FreetripTouchin;QN234=h
ome_free_t;DJ17=杭州;QN243=45'
```

223

```
+   )
> ##目的地在一个套餐中有多个景点，自定义函数取目的地的第一个景点
> arrive_get <- function(x){
+   arrive_single <- x[1]
+   return(arrive_single)
+ }
> #创建空数据框以存放旅游路线数据
> data<-data.frame()
> #获取出发地列表
> dep<-getURL('https://touch.dujia.qunar.com/depCities.qunar')
> dep1<-fromJSON(dep)
> for (dep2 in dep1$data){
+     #获取目的地列表
+     arrive_utf<-dep2[[1]] #获取以某字母开头的出发地城市列表
+     #利用循环采集每一个出发地城市
+     for (daima1 in arrive_utf) {
+         daima<-curl_escape(daima1) #给中文城市名进行编码
+         arrive<-paste('https://touch.dujia.qunar.com/golfz/domestic/domestic
Dest?dep=',daima,'&exclude=&extensionImg=255,175&callback=jsonp_16702909083
80_47478',sep='')      #利用 paste 函数拼接出发地热门目的地网址
+         Sys.sleep(3)
+         arrive1<-getURL(arrive,httpheader=myHttpheader,encoding = 'utf8') #
请求网页
+         arrive1<-str_sub(arrive1,27,-3) #提取字符串以符合 json 格式
+         arrive2<-fromJSON(arrive1) #解析为 json 格式
+         hotcity <- arrive2[["data"]][["originalData"]][["subModules"]][[1]]
[["items"]][[2]][["title"]] #获取热门城市列表
+
+         myHttpheader2<-c(
+             "accept"="text/html,application/xhtml+xml,application/xml;q=0.9,
image/avif,image/webp,image/apng,*/*;q=0.8,application/signed-exchange;v=b3
;q=0.9",
+             "accept-encoding"="gzip, deflate, br",
+             "accept-language"="zh-CN,zh;q=0.9",
+             "content-type"="application/json",
+             "cache-control"="max-age=0",
+             "referer"=str_c('https://touch.dujia.qunar.com/p/list?dep=',daima,
'&query=',m,'&cfrom=zyx&et=&it=dujia_hy_destination'),
+             "user-agent"="Mozilla/5.0 (Linux; Android 6.0; Nexus 5 Build/MRA58N)
AppleWebKit/537.36 (KHTML, like Gecko) Chrome/107.0.0.0 Mobile Safari/537.36",
+             "cookie"='QN233=dujia_hy_destination; QN48=tc_a895433645cbf42e_18
4e672ef21_9d3c; QN1=wKj0I2OO9oMxpDXJY6PMAg==; QN300=organic; QN205=organic',
+             "sec-ch-ua"='"Google Chrome";v="107", "Chromium";v="107", "Not=A?
Brand";v="24"',
+             "sec-ch-ua-mobile"='?1',
+             "sec-ch-ua-platform"='"Android"',
+             "sec-fetch-dest"='document',
```

```
+          "sec-fetch-mode"='navigate',
+          "sec-fetch-site"='none',
+          "sec-fetch-user"='?1',
+          "upgrade-insecure-requests"=1
+     ) ##伪装旅游路线 URL 请求头
+     #利用循环采集出发地城市到每一个热门城市的旅游路线套餐
+     for(i in hotcity){
+          m<-curl_escape(str_c(i,'自由行')) #依据URL规则拼接热门城市与自由行，
并进行编码
+          #抓取数据
+          url<-str_c('https://touch.dujia.qunar.com/list?modules=list%2
CbookingInfo%2CactivityDetail&dep=',daima,'&query=',m,'&dappDealTrace=true&
mobFunction=%E6%89%A9%E5%B1%95%E8%87%AA%E7%94%B1%E8%A1%8C&cfrom=zyx&it=duji
a_hy_destination&date=&needNoResult=true&originalquery=',m,'&width=480&heig
ht=320&quality=90&limit=0,24&includeAD=true&qsact=search&filterTagPlatform=
mobile_touch')
+          html<-getURL(url,httpheader=myHttpheader2,encoding='utf8')
+          #解析 json 数据
+          one<-fromJSON(html)
+          routeCount<-one$data$limit[['routeCount']] #获取该路线的总套餐数
+          #依据总套餐数，设置每一页的 limit 参数，一页为 24，如第一页 limit 为 0，第
二页 limit 为 24，以此类推
+          for (limit in seq(0,routeCount,24)){
+          travel<-str_c('https://touch.dujia.qunar.com/list?modules=list
%2CbookingInfo%2CactivityDetail&dep=',daima,'&query=',m,'&dappDealTrace=tru
e&mobFunction=%E6%89%A9%E5%B1%95%E8%87%AA%E7%94%B1%E8%A1%8C&cfrom=zyx&it=du
jia_hy_destination&date=&needNoResult=true&originalquery=',m,'&width=480&he
ight=320&quality=90&limit=',limit,',24&includeAD=true&qsact=search&filterTa
gPlatform=mobile_touch')
+               travel1<-getURL(travel, httpheader=myHttpheader2,encoding =
'utf8')
+          Sys.sleep(3)
+          travel2<-fromJSON(travel1)   #解析为 json 格式
+          #出发地
+          departure<-travel2[["data"]][["list"]][["results"]][["dep"]]
+          #目的地
+
destinations<-sapply(travel2[["data"]][["list"]][["results"]][["arrive"]],a
rrive_get)
+          #价格
+          price<-travel2[["data"]][["list"]][["results"]][["price"]]
+          #销量
+
sale<-travel2[["data"]][["list"]][["results"]][["soldCount"]]
+          #天数
+
itineraryDay<-travel2[["data"]][["list"]][["results"]][["itineraryDay"]]
```

```
+               #标题
+
title<-travel2[["data"]][["list"]][["results"]][["freeTripCombineCard"]][["
title"]]
+               #酒店等级
+
hotelGradeText<-travel2[["data"]][["list"]][["results"]][["hotelGradeText"]
]
+               #交通方式
+
traffic<-travel2[["data"]][["list"]][["results"]][["trafficDisplayName"]]
+               #是否直达
+
transfer<-travel2[["data"]][["list"]][["results"]][["flightTransfer"]]
+               travel_data<-data.frame('出发地'=departure,
+                                       '目的地'=destinations,
+                                       '价格'=price,
+                                       '销量'=sale,
+                                       '天数'=itineraryDay,
+                                       '标题'=title,
+                                       '酒店等级'=hotelGradeText,
+                                       '交通方式'=traffic,
+                                       '是否直达'=transfer
+                                       )  #组成数据框
+               data<-rbind(data,travel_data) #合并数据框
+               print(paste("第",as.numeric(limit)+24,"条已完成"))
+ }}}}
```

4．工作流程优化

在上面代码中，写完代码后发现代码太长，而且在运行的过程中一旦出错，需要重新获取出发地和目的地，因此通过分析可将数据采集分成三个流程，如案例图 2-11 所示，第一步是构建城市旅游路线类目树，第二步是依据城市旅游路线爬取路线套餐数据，第三步是依据套餐数据清洗出每个套餐的价格、销量等数据，新建三个 R 语言脚本文件，分别实现三个流程的功能。

案例图 2-11　数据采集流程

1）构建类目树

文件名：creat_list.R

写入出发地和目的地，代码如下：

```
> library(RCurl)
> library(curl)
> library(jsonlite)
```

```
> library(stringr)
> library(RMySQL)
```

连接数据库，代码如下：

```
> conn<-dbConnect(MySQL(),dbname="zsd", username="root", password= "****",
host="127.0.0.1",port=3306)
> #构建请求头（接上文代码）
> myHttpheader<-c(
+   "accept"="application/json",
+   "accept-encoding"="gzip, deflate, br",
+   "accept-language"="zh-CN,zh;q=0.9",
+   "content-type"="application/json",
+   "referer"="https://touch.dujia.qunar.com/destination.qunar?fm=zyx&dep=%
E6%9D%AD%E5%B7%9E",
+   "user-agent"="Mozilla/5.0 (Linux; Android 6.0; Nexus 5 Build/MRA58N) Apple
WebKit/537.36 (KHTML, like Gecko) Chrome/107.0.0.0 Mobile Safari/537.36",
+   "cookie"='QN1=00006600306c4a21eab06f63; QN300=s=baidu; QN99=1896; QunarGl
obal=10.68.64.14_-6f12bbb6_184e1582f99_4e9|1670231894755; QN205=s=baidu; QN277=
s=baidu; _i=RBTjeL4LvBbxxHOxUOrvVFGxLAqx; QN269=BF6BF210747D11ED932DFA163EC
565DF; QN601=6b109ca83de373b9fd65a854f398b31c; QN48=000085002f104a21eab830ca;
fid=f159213e-e3e1-4e7c-948a-78b71e0ca137; ariaDefaultTheme=null; qunar-assist=
{"version":"20211215173359.925","show":false,"audio":false,"speed":"middle",
"zomm":1,"cursor":false,"pointer":false,"bigtext":false,"overead":false,"re
adscreen":false,"theme":"default"}; csrfToken=ql2aMZhUyLioVs5dj3fRsB2jPf9M6
169; _vi=-6Qu_eOllpxVdn9etntvZj0wP3tvj_l8w6zy14d04cV4eYcWUEG3OhneGAOf3OzuTg
piKPwVLb-a7zMLkEI8a5epAgW-4CDBSm2ovM8UQ5ruf2yYk8dWft9WF2Cfl5PaA7tYBfxMoiEhK
DFBh4Qx42iiPpmjHAam4rF60mlYe-OG;****'
+ )
> #获取出发地列表
> dep<-getURL('https://touch.dujia.qunar.com/depCities.qunar')
> dep1<-fromJSON(dep)
> for (dep2 in dep1$data){
+   #获取目的地列表
+   arrive_utf<-dep2[[1]] #获取以某字母开头的出发地城市列表
+   ##循环采集每一个出发地城市
+   for (daima1 in arrive_utf) {
+     daima<-curl_escape(daima1) #给中文城市名进行编码
+     arrive<-paste('https://touch.dujia.qunar.com/golfz/domestic/domesticDe
st?dep=',daima,'&exclude=&extensionImg=255,175&callback=jsonp_1670290908380
_47478',sep='')        #利用paste函数拼接出发地热门目的地网址
+     Sys.sleep(3)
+     arrive1<-getURL(arrive,httpheader=myHttpheader,encoding = 'utf8') #请求
网页
+     arrive1<-str_sub(arrive1,27,-3) #提取字符串以符合json格式
+     arrive2<-fromJSON(arrive1) #解析为json格式
+     hotcity <- arrive2[["data"]][["originalData"]][["subModules"]][[1]][["i
```

```
tems"]][[2]][["title"]] #获取热门城市列表
+    Route<-data.frame(dep=arrive_utf,arrive=hotcity)  #将出发地及热门目的地组
成数据框
+    dbWriteTable(conn,"dep_arrive",Route,append=T) ##将数据框上传至数据库
+  }
+ }
```

写入数据库的表如案例图 2-12 所示。

row_names	dep	arrive
1	澳门	三亚
1	澳门	丽江
1	澳门	大理
1	澳门	呼伦贝尔
1	澳门	桂林
1	澳门	凤凰古城

案例图 2-12　出发地-目的地列表（类目树）

2）爬取数据

需爬取的是所有套餐的数据，该数据是服务器返回的 json 格式的代码，长度比较长，所以写入数据库前要先建表，并设置 json 字段的字段类型为 longtext，否则 json 字段写入不全。

加载所需的 R 包，代码如下：

```
> library(RCurl)
> library(curl)
> library(stringr)
> library(RMySQL)
```

连接数据库，代码如下：

```
> conn<-dbConnect(MySQL(), dbname="zsd", username="root", password="****",
host="127.0.0.1", port=3306)
> dbSendQuery(conn,"SET NAMES GBK")
```

读取数据库中的类目树数据表，代码如下：

```
> db<-dbReadTable(conn,"dep_arrive")
```

对类目树数据表去重，并依据去重后的城市旅游路线采集套餐数据，代码如下：

```
> db_unique<-unique(db)
> for (dep1 in 1:nrow(db_unique)){
+   item_dep<-curl_escape(db_unique[dep1,2]) #对每一行的出发地进行编码
+   item_arrive<-curl_escape(str_c(db_unique[dep1,3],'自由行')) #对每一行的目的
地进行编码
+   myHttpheader2 <-c(
+
"accept"="text/html,application/xhtml+xml,application/xml;q=0.9,image/avif,
image/webp,image/apng,*/*;q=0.8,application/signed-exchange;v=b3;q=0.9",
```

```
+    "accept-encoding"="gzip, deflate, br",
+    "accept-language"="zh-CN,zh;q=0.9",
+    "content-type"="application/json",
+    "cache-control"="max-age=0",
+    "referer"=str_c('https://touch.dujia.qunar.com/p/list?dep=',item_dep,
'&query=',item_arrive,'&cfrom=zyx&et=&it=dujia_hy_destination'),
+    "user-agent"="Mozilla/5.0 (Linux; Android 6.0; Nexus 5 Build/MRA58N)
AppleWebKit/537.36 (KHTML, like Gecko) Chrome/107.0.0.0 Mobile Safari/537.36",
+    "cookie"='QN233=dujia_hy_destination; QN48=tc_a895433645cbf42e_184e672
ef21_9d3c; QN1=wKj0I2OO9oMxpDXJY6PMAg==; QN300=organic; QN205=organic',
+    "sec-ch-ua"='"Google Chrome";v="107", "Chromium";v="107", "Not=A?Brand";
v="24"',
+    "sec-ch-ua-mobile"='?1',
+    "sec-ch-ua-platform"='"Android"',
+    "sec-fetch-dest"='document',
+    "sec-fetch-mode"='navigate',
+    "sec-fetch-site"='none',
+    "sec-fetch-user"='?1',
+    "upgrade-insecure-requests"=1
+    ) ##伪装旅游路线 URL 请求头
+
+    ##该处仅爬取每条路线的第一页的套餐，如有需要参考上一节代码爬取所有页套餐
+    url<-str_c('https://touch.dujia.qunar.com/list?modules=list%2CbookingIn
fo%2CactivityDetail&dep=',item_dep,'&query=',item_arrive,'&dappDealTrace=tr
ue&mobFunction=%E6%89%A9%E5%B1%95%E8%87%AA%E7%94%B1%8C&cfrom=zyx&it=d
ujia_hy_destination&date=&needNoResult=true&originalquery=',item_arrive,'&w
idth=480&height=320&quality=90&limit=0,24&includeAD=true&qsact=search&filte
rTagPlatform=mobile_touch')
+    html<-getURL(url,httpheader=myHttpheader2,encoding='utf8') #请求 URL
+    db<-data.frame(dep=db_unique[dep1,2],query=db_unique[dep1,3],js=html)  #
组建数据框
+    dbWriteTable(conn,"product_json",db,append=T) #上传数据库
+ }
```

写入数据库的表，如案例图 2-13 所示。

row_names	dep	query	js
▶ 1	澳门	三亚	{"ret":true,"data":{"activityDetail":[{"name":"全程五星","value":"route.dest
1	澳门	丽江	{"ret":true,"data":{"activityDetail":[{"name":"全程五星","value":"route.dest
1	澳门	大理	{"ret":true,"data":{"activityDetail":[{"name":"全程五星","value":"route.dest
1	澳门	呼伦贝尔	{"ret":true,"data":{"activityDetail":[],"limit":{},"list":{"related":[],"numFounc

案例图 2-13　采集的数据列表

3）清洗数据

文件名：extract_data.R

加载所需的 R 包，代码如下：

```
> library(jsonlite)
> library(RMySQL)
```

连接数据库，代码如下：

```
> conn<-dbConnect(MySQL(), dbname="zsd", username="root",password="****  ",
host="127.0.0.1", port=3306)
> dbSendQuery(conn,"SET NAMES GBK")
> db<-dbReadTable(conn,"product_json")
> for(i in 1:nrow(db)){
+  js<-fromJSON(db[i,4])
+  #价格
+  price<-js[["data"]][["list"]][["results"]][["price"]]
+  #日期
+  pdate <- js[["data"]][["list"]][["results"]][["priceDate"]]
+  #销量
+  sale<-js[["data"]][["list"]][["results"]][["soldCount"]]
+  #天数
+  itineraryDay<-js[["data"]][["list"]][["results"]][["itineraryDay"]]
+  #标题
+  title<-js[["data"]][["list"]][["results"]][["freeTripCombineCard"]][["t
itle"]]
+  db_write<-data.frame(query=db[i,3],page=1,title=title,
+  soldCount =sale,pdate=pdate,price=price,itineraryDay=itineraryDay)
+  dbWriteTable(conn, "qunr_product", db_write, append = TRUE)
+ }
```

清洗好的表如案例图 2-14 所示。

row_names	dep	query	page	title	soldCount	pdate	price	itineraryDay
1	澳门	三亚	1	双人特惠	43	2018-07-1:	683	3
1	澳门	三亚	1	双人特惠	28	2018-07-1:	768	3
1	澳门	三亚	1	惊爆双人	39	2018-08-0	434	3
1	澳门	三亚	1	双人价!	27	2018-08-0	698	3
1	澳门	三亚	1	错峰特惠	46	2018-07-1:	4180	6
1	澳门	三亚	1	亲子游超	29	2018-07-1∢	958	3

案例图 2-14　清洗好的表

5．数据分析

加载所需的 R 包，代码如下：

```
> library(RMySQL)
> library(dplyr)
```

连接数据库，并读取表格，代码如下：

```
> conn<-dbConnect(MySQL(), dbname="zsd", username="root", password="***",
host="127.0.0.1", port=3306)
> dbSendQuery(conn,'SET NAMES GBK')
> db<-dbReadTable(conn,"qunr_product")
```

观察数据集，看是否有缺失值等情况，代码如下：

```
> summary(db)
```

输出结果为：

```
row_names              dep                 query                   page    Length:95
Length:95          Length:95          Min.   :1
Class :character   Class :character   Class :character   1st Qu.:1
Mode  :character   Mode  :character   Mode  :character   Median :1
Mean   :1
3rd Qu.:1
Max.   :1
title               soldCount          pdate                   price      Length:95
Min.   :  0.00   Length:95          Min.   :  415.0
Class :character   1st Qu.: 23.00   Class :character   1st Qu.: 690.5
Mode  :character   Median : 28.00   Mode  :character   Median : 958.0
Mean   : 37.31                      Mean   : 2595.9
3rd Qu.: 36.50                      3rd Qu.: 4180.0
Max.   :183.00                      Max.   :11280.0
itineraryDay
Min.   :3.000
1st Qu.:3.000
Median :3.000
Mean   :3.895
3rd Qu.:5.000
Max.   :6.000
```

通过结果可以得知，数据样本的质量较高，没有缺失或异常数据。

对"itineraryDay"字段进行分组统计，计算销量，可以获知消费者选择旅游时间周期的倾向，代码如下：

```
> db_sm<-summarise(group_by(db,db$itineraryDay),soldcount=sum(soldCount))
> db_sm
```

输出结果为：

```
# A tibble: 4 x 2
  `db$itineraryDay` soldcount
            <dbl>     <dbl>
1               3      2656
2               4       240
3               5       372
4               6       276
```

将统计结果绘制成柱形图，代码如下：

```
>barplot(db_sm$soldcount,db_sm$`db$itineraryDay`,names.arg=db_sm$`db$itineraryDay`,col="blue")
```

输出结果如案例图 2-15 所示。

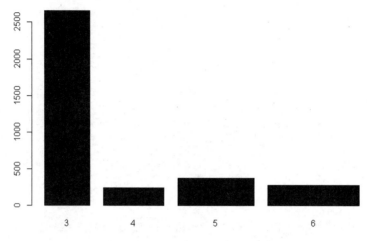

案例图 2-15　不同旅行天数产品的销售差异

从统计结果中可以发现旅游周期为 3 天的产品销量最大，说明消费者偏好短途短期的旅游产品。

对产品价格进行分组统计，代码如下：

```
> db["cut"]<-cut(db$price, 3)
> summarise(group_by(db,db$cut),soldcount=sum(soldCount))
```

输出结果为：

```
# A tibble: 3 x 2
  `db$cut`          soldcount
  <fct>                 <dbl>
1 (404,4040]             2988
2 (4040,7660]             392
3 (7660,11300]            164
```

从统计结果中可以发现价格(404,4040]的产品销量最大，说明消费者偏好价格偏中低的旅游产品。

【应用案例3】旅游网站景点路线推荐

1. 案例背景

一次旅游中会涉及景点、住宿、饮食、交通等各方面内容，可以排列组合出来多种方案。通过大数据和智能化技术，在已有平台的基础上，获取大量的旅游产品，通过产品信息计算性价比，给用户推荐性价比最高的路线产品。

2. 案例分析

① 根据旅游网站提供的路线产品信息，提取出路线的天数、酒店等级、酒店评分和价格信息。

② 通过提取的信息建立回归模型，研究旅游天数，酒店对路线价格的影响，利用模型预测每条线路的价格，由于该价格是模型根据所有路线的数据所预测出来的，因此该价格代表着每条路线在只考虑天数及酒店影响下的价格。

③ 增加维度，性价比=路线预测价格/路线真实价格，以此作为每条路线的性价比，该值越大表示性价比越高。

3. 案例实现过程

某旅游网站提供的路线产品，包含出发地、目的地、路线信息和酒店信息，如案例图3-1所示。

出发地	目的地	路线信息	酒店信息
杭州	丽江	机酒自由行 丽江5日自由行,入住丽江添富太和休闲度假酒店+接送机,品古城文化,享至尊服务,良辰美景,一网打尽! spa/按摩 5天4晚|天天出发飞机|舒适游 1888起/人	4.4分 高档型
杭州	丽江	机酒自由行 丽江6日自由行,入住丽江添富太和休闲度假酒店+接送机,品古城文化,享至尊服务,良辰美景,一网打尽! 6天5晚|天天出发飞机|舒适游 1872起/人	4.4分 高档型
杭州	丽江	机酒自由行 丽江+香格里拉 丽江+香格里拉6日自由行,机票+特色客栈,丽江往返+接机 特色客栈 6天5晚|天天出发飞机|经济游 1517起/人	4.4分 经济型
杭州	丽江	机酒自由行 丽江+大理 丽江、大理双城6天自由行,3晚丽江特色客栈,2晚大理洱海边客栈,赠送丽江接机服务,行程自己做主,悠闲假期,彩云之南! 海边客栈特色客栈 6天5晚|天天出发飞机|经济游 1612起/人	4.4分 经济型
杭州	丽江	机酒自由行 丽江5日自由行,入住丽江听心祥和院+接送机 5天4晚|天天出发飞机|舒适游 1740起/人	4.7分 高档型
杭州	丽江	机酒自由行 丽江+泸沽湖6日自由行,机票+特色客栈,丽江往返+接机 特色客栈 6天5晚|天天出发飞机|经济游 1669起/人	4.4分 经济型

案例图3-1　旅游网站信息

1）读入数据集

代码如下：

```
> setwd("C:/Users/Admin/Desktop/R 数据分析/第 8 章 旅游网站景点路线推荐")
> data<-read.csv("qunar_routes.csv")
```

2）数据预处理

从路线信息和酒店信息中发现这些产品都是采用飞机这种交通方式，并包含了酒店住宿。通过旅行的天数、酒店等级、酒店评分和价格评判路线产品的性价比。利用正则表达式将对应的信息提取出来，代码如下：

```
#安装并加载 stringr 包用于提取信息
> install.packages("stringr")
> library(stringr)
#提取天数信息
> pattern<-"(\\d+)天\\d+晚"
> data_vector<-as.vector(unlist(data["路线信息"]))
> data_sc<-str_extract(data_vector,pattern)
> pattern<-"\\d+"
> data["天数"]=as.numeric(str_extract(data_sc,pattern))
#提取酒店评分
> pattern<-"(\\d\\.\\d)"
> data_vector<-as.vector(unlist(data["酒店信息"]))
> data["酒店评分"]<-as.numeric(str_extract(data_vector,pattern))
#提取酒店等级
> pattern<-"\n(.*)"
> data_vector<-as.vector(unlist(data["酒店信息"]))
> data["酒店等级"]<-str_replace(str_extract(data_vector,pattern),"\n","")
#提取价格
> pattern<-"(\\d+)起/人"
> data_vector<-as.vector(unlist(data["路线信息"]))
>  data["价格"]<-as.numeric(str_extract(str_extract(data_vector,pattern),
"(\\d+)"))
```

3）建立模型

模型选择线性回归，用 lm()函数建立模型，代码如下：

```
> fit<-lm(data[,8]~data[,5]+data[,6]+data[,7])
```

查看模型的统计结果，代码如下：

```
> summary(fit)
```

输出结果为：

```
Call:
lm(formula=data[, 8] ~ data[, 5] + data[, 6] + data[, 7])
```

```
Residuals:
    Min      1Q  Median      3Q     Max
-2583.9  -347.4   -60.4   266.6  4813.6

Coefficients:
                Estimate Std. Error t value Pr(>|t|)
(Intercept)     -2497.02    1399.73  -1.784  0.07712
data[, 5]         292.50      56.99   5.132 1.20e-06
data[, 6]         864.51     300.14   2.880  0.00475
data[, 7]豪华型    2715.67     289.67   9.375 8.53e-16
data[, 7]经济型   -1142.66     473.42  -2.414  0.01740
data[, 7]其他      -677.49     287.59  -2.356  0.02021
data[, 7]舒适型    -700.02     285.79  -2.449  0.01584

(Intercept)       .
data[, 5]       ***
data[, 6]        **
data[, 7]豪华型  ***
data[, 7]经济型  *
data[, 7]其他    *
data[, 7]舒适型  *
---
Signif. codes:
0 '***' 0.001 '**' 0.01 '*' 0.05 '.' 0.1 ' ' 1

Residual standard error: 956 on 113 degrees of freedom
Multiple R-squared: 0.6593,   Adjusted R-squared: 0.6412
F-statistic: 36.45 on 6 and 113 DF, p-value: < 2.2e-16
```

使用模型预测值，使用 predict()函数，代码如下：

```
> y_pred<-predict(fit)
```

用预测价格除真实价格，得到性价比，代码如下：

```
> data["性价比"]=y_pred/data[,8]
```

根据"性价比"列降序排序，代码如下：

```
> data[order(-data["性价比"]),]
```

【应用案例4】旅游城市和景点的负荷预测

1．案例背景

旅游业是一个关联性、带动性极强的综合性产业，可以极大地推进经济社会发展，同时旅游业又是一个具有很强季节性因素的产业。

在进行旅游项目可行性研究论证时，通常需要对项目建成后的客流量进行分析预测，并以此为基础，确定各项配套设施的容量，评价项目的经济效益和社会效益。因此，客流量分析是旅游项目可行性研究报告的重要组成部分。

以预测的游客量为基础，旅游景点可以对服务人员、资源设施进行合理配置，游客也可以根据预测结果自行调整旅行计划。景点可以根据预测得到未来几天内的游客人数来开放与关闭相关的娱乐、餐饮、住宿等设施。预防由于游客过少而导致的资源、能源、服务等的浪费；同时也预防由于游客人数过多而导致的资源、人员等的供应不足，服务质量不佳等问题。游客也可以根据景点预测的人流量多少调整自己的出行计划，避免由于游客人数过多而导致的旅游体验降低等问题。

2．案例分析

影响一个景区游客人数的主要因素包括天气、温度及是否节假日，可以通过这几个因素利用随机森林算法或者回归算法对游客人数进行预测。

天气及节假日数据可以从公开网站获取，历史景区人流量数据的获取有两种方法，第一种是直接向景区管理人员获取，准确率较高，但涉及隐私不易获取；第二种是在多个网站爬取数据，准确率较低，不能排除部分游客直接线下购票。

3．案例实现过程

1）读入数据集

导入已采集完的景区游客数据，包括节假日、天气等信息，并查看数据集，其中 num 变量表示游客人数是因变量，代码如下：

```
#导入数据
> setwd("C:/Users/Administrator/Desktop/R 教案/第 8、9 章/ ")
> data<-read.csv("景区日游客参数.csv ")
#week（星期几）num（游客人数）hightemp（最高温度）lowtemp（最低温度）    weather（天气）holiday（是否节假日）
> head(data)
```

输出结果为：

	date	week	num	hightemp	lowtemp	weather	holiday
1	2016/3/9	3	8	7	2	小雨	0
2	2016/3/10	4	17	8	1	多云	0
3	2016/3/11	5	20	9	3	多云	0
4	2016/3/12	6	0	13	5	多云	0
5	2016/3/13	7	0	13	5	小雨	0
6	2016/3/14	1	26	13	4	多云	0

2）数据预处理

对数据集进行描述性统计，查看每个变量的均值、方差等信息，并对缺失值进行移除，代码如下：

```
#描述性统计
> install.packages("psych")
> library(psych)
> describe(data)
```

输出结果为：

	vars	n	mean	sd	median	trimmed	mad
date*	1	366	183.50	105.80	183.5	183.50	135.66
week	2	366	4.00	2.00	4.0	4.00	2.97
num	3	365	1205.10	1645.98	640.0	852.59	613.80
hightemp	4	366	21.23	8.63	22.0	21.24	10.38
lowtemp	5	366	14.15	9.07	15.0	14.23	11.86
weather*	6	366	5.53	2.33	7.0	5.40	2.97
holiday	7	366	0.23	0.95	0.0	0.00	0.00

	min	max	range	skew	kurtosis	se
date*	1	366	365	0.00	-1.21	5.53
week	1	7	6	0.00	-1.25	0.10
num	0	12698	12698	3.32	14.73	86.15
hightemp	5	37	32	-0.03	-1.10	0.45
lowtemp	-4	29	33	-0.10	-1.21	0.47
weather*	1	10	9	0.13	-1.40	0.12
holiday	0	7	7	4.81	24.82	0.05

删除缺失值，代码如下：

```
> data_mod<-na.omit(data)
```

3）建立模型

用 week num、hightemp、lowtemp、weather、holiday 变量作为自变量建立随机森林模型，预测该景区每天的游客人数，代码如下：

```
#安装并加载 randomForest 包
> install.packages("randomForest")
> library(randomForest)
> rfmodel<-randomForest(num~.,data = data_mod[,c(2:7)],mtry=4,ntry=300)
```

```
> rfmodel
```

输出结果为：

```
Call:
 randomForest(formula=num~ ., data=data_mod[, c(2:7)], mtry=4, ntry=300)
            Type of random forest: regression
                  Number of trees: 500
No. of variables tried at each split: 4

        Mean of squared residuals: 1262510
                  % Var explained: 53.27
```

以上模型可以解释方差为 53.27%，也就是准确度在 53.27%，模型效果不理想，假期及天气因素无法很好地解释游客的人数。

```
> importance(rfmodel) #查看各个变量的贡献程度
```

输出结果为：

```
         IncNodePurity
week         155878005
hightemp     183246263
lowtemp      132282613
weather       87357281
holiday      362652948
```

将预测结果加入数据集中，代码如下：

```
> rfmodel_pred<-predict(rfmodel,data_mod[,c(2,4:7)])
> data_mod["pred"]<-rfmodel_pred
```

预测值如案例图 4-1 所示。

```
> head(data_mod)
      date week num hightemp lowtemp weather holiday      pred
1 2016/3/9    3   8        7       2    小雨       0  404.0553
2 2016/3/10   4  17        8       1    多云       0  413.1935
3 2016/3/11   5  20        9       3    多云       0  344.5891
4 2016/3/12   6   0       13       5    多云       0  754.8971
5 2016/3/13   7   0       13       5    小雨       0  663.6467
6 2016/3/14   1  26       13       4    多云       0  400.9174
> |
```

案例图 4-1　预测值

【应用案例 5】精品旅行服务成单预测

1．案例背景

某旅游公司是一个为中国出境游用户提供全球中文包车游服务的平台。随着消费者消费能力的逐渐增强和旅游信息不透明程度的下降，游客的行为逐渐变得难以预测。传统旅行社的旅游路线模式已经不能满足游客需求，而对于企业来说，传统旅游路线对其营业利润的贡献也越来越有限，公司希望通过提升服务品质，通过附加值更高的精品服务来改变目前遇到的困境。为此该公司除了提供普通的旅行服务，还提供相对品质更好的精品旅行服务。但是，从公司角度出发的所谓精品服务，是否是用户心中的精品服务？用户是否会为精品服务买单？回答这些问题的首要步骤就是去找"哪些用户会选择这些精品服务"。只有了解了这个问题的答案，才能对"精品服务"的发展进行更深入的了解与优化。

本案例的主题便是精品旅行服务成单预测，即希望通过分析用户的行为，了解不同的用户，对用户下一次服务的品质是否是精品服务进行预测。

2．数据介绍

1）表零：待预测订单数据（案例图 5-1）

表零保存了待预测的订单数据，后续将主要围绕此表给出的数据，按照用户 id 进行索引，来进行用户是否会承担的预测分析工作。

表零	table_0	待预测订单的数据		总笔数：	40307
中文名	存储名	范例	有效值率	有效笔数	字段类型
用户id	userid	1.0204E+11	100.00%	40307	ID
订单类型	orderType	0	100.00%	40307	目标

案例图 5-1　待预测订单数据

2）表一：用户个人信息表（案例图 5-2）

表一保存了用户相关信息，主要以个人生物属性为主，其中部分字段缺失比例较高，在分析过程中需要对其进行缺失值处理。

3）表二：用户历史订单数据（案例图 5-3）

表二保存了用户历史订单数据，详细记录了发生交易行为的用户订单相关信息，其信息为后续分析预测工作起到了至关重要的作用。

表一	table_1	用户个人信息		总笔数	40307	
中文名	存储名	范例	有效值率	有效笔数	字段类型	备注
用户id	userid	1E+11	100.00%	40307	ID	
性别	gender	男	39.10%	15760	输入	使用"未知"填充空值。
省份	province	北京	90.34%	36412	输入	
年龄段	age	"70后"	11.76%	4742	输入	

案例图 5-2　用户个人信息表

表二	table_2	用户历史订单数据		总笔数	20653	
中文名	存储名	范例	有效值率	有效笔数	字段类型	备注
用户id	userid	1E+11	100.00%	20653	ID	
订单id	orderid	1000709	100.00%	20653	ID	
订单时间	orderTime	1503443585	100.00%	20653	输入	1表示购买了精品旅游服务，0表示普通旅游服务
订单类型	orderType	0	100.00%	20653	输入	
旅游城市	city	东京	100.00%	20653	输入	
国家	country	日本	100.00%	20653	输入	
大陆	continent	亚洲	100.00%	20653	输入	

案例图 5-3　用户历史订单数据

4）表三：用户行为信息（案例图 5-4）

最后一张表是用户行为信息表，详细记录了用户在使用 App 过程中的相关信息，包括唤醒 App、浏览产品、填写表单等相关信息。

表三	table_3	用户行为信息		总笔数	1334856	
中文名	存储名	范例	有效值率	有效笔数	字段类型	备注
用户id	userid	1E+11	100.00%	1334856	ID	1、行为类型一共有9个，其中1是唤醒App；2~4是浏览产品，无先后关系；5~9则是有先后关系的，从填写表单到提交订单再到最后支付。2、行为有缺失
行为类型	actionType	1	100.00%	1334856	输入	
发生时间	actionTime	1490971433	100.00%	1334856	输入	

案例图 5-4　用户行为信息

3．案例分析

将整个分析的流程分为如下三个阶段。

1）准备阶段

主要负责新建项目、盘点要使用的 R 组件包，以及对精品旅行成单预测实际结果的整理，也就是预测目标，具体包括以下三步。

① 新建分析项目；

② 安装分析所需 R 组件包；

③ 导入与导出数据表。

2）特征分析处理阶段

主要是从旅游公司提供的用户基本资料、用户订单资料、用户 App 行为资料中选取与变换出与目标"精品服务成单"相关的指标（特征）并做出一系列的数值处理。具体包括以下五步。

① 用户基本资料分析处理，主要是缺失值填补；

② 用户订单资料分析处理，主要是新特征的分析与产生；

③ 用户 App 行为的分析处理，主要是新特征的分析与产生、缺失值调整、极值调整；

④ 基于用户订单资料与用户 App 行为的整合分析处理，强调基于已产生的特征进行再次特征发现；

⑤ 汇总前 4 个知识点的特征，并处理缺失值。

3）数据挖掘阶段

主要是进行"精品服务成单"的预测，要将先前整理汇总的特征与目标组合成能进行分析的格式，而后通过分析工具（分类器）对用户是否会购买"精品服务"进行预测，并将预测结果与实际结果进行比较，测试模型的准确程度。具体包括以下两步。

① 将特征与目标数据表进行合并，数据集产生，数据集合并；

② 利用 XGBoost 对精品旅行服务成单进行预测。

4．案例实现过程

1）准备阶段

安装所需 R 包并加载，读取数据集，代码如下：

```
#数据处理
> install.packages('dplyr')
#模型 GradientBoostingRegressor
> install.packages('caret')
#模型 SVR or#install.packages('e1071')
> install.packages('lattice')
#模型 XGBRegressor
> install.packages('xgboost')
#绘图
> install.packages('ROCR')
#导入导出数据
> table.data <-read.csv('D:/桌面文件/成单分析/rawdata/table_0.csv',header =
T,fileEncoding = "UTF-8",na.strings = c("NA",""))
> names(table.data) = c('ID','target') #属性改名
> write.csv(table.data,'D:/桌面文件/成单分析/workeddata/table_target.csv',
quote=F,row.names = F)
```

2）特征分析处理阶段

特征分析处理阶段主要分为 5 个步骤，基本描述如下。

① 对用户基本资料分析处理，主要是缺失值填补；

② 对用户订单资料分析处理，主要是新特征的分析与产生；

③ 用户 App 行为的分析处理，主要是新特征的分析与产生、缺失值调整、极值调整相关工作；

④ 对基于用户订单资料与用户 App 行为的整合分析处理，强调基于已产生的特征进行再次特征发现；

⑤ 汇总前 4 个步骤的处理结果特征，并处理缺失值。

（1）用户基本资料分析处理。

```
###资料读取
> feature<-read.csv('D:/桌面文件/成单分析/rawdata/table_1.csv',header=
T,fileEncoding="gbk",na.strings=c("NA",""))
> names(feature)<-c('ID','F1.1','F1.2','F1.3')
###
#F1.1  性别
#F1.2  省份
#F1.3 年龄（段）
###
#空值查看
> F1.1_NA<-sum(is.na(feature$'F1.1'))/nrow(feature)
> F1.2_NA<-sum(is.na(feature$'F1.2'))/nrow(feature)
> F1.3_NA<-sum(is.na(feature$'F1.3'))/nrow(feature)
#空值填补
> feature$'F1.1'<-as.character(feature$'F1.1')  #转换数据类型为字符型
> feature$'F1.2'<-as.character(feature$'F1.2')
> feature$'F1.3'<-as.character(feature$'F1.3')
> feature$'F1.1'[is.na(feature$'F1.1')]<-'未知'  #填补空值
> feature$'F1.2'[is.na(feature$'F1.2')]<-'未知'
> feature$'F1.3'[is.na(feature$'F1.3')]<-'未知'
###输出
> write.csv(feature,file='D:/桌面文件/成单分析/workeddata/F1.csv',quote=F,
row.names=F)
```

（2）用户订单资料分析处理。

```
###资料读取
> table.data<-read.csv('D:/桌面文件/成单分析/rawdata/table_2.csv',header=
T,fileEncoding="UTF-8",na.strings = c("NA",""))
###资料处理
> table.data<-tbl_df(table.data)
```

首先，进行第一个特征"订单个数"的计算。先通过 group_ by 将数据表按照 userid 进行分组，然后通过 summarise 中的 n() 函数来计算相同 userid 有几行，即同一个 id 的订单个数，完成后，将这一表格中的结果设定为特征 F2.1 订单_个数。

```
> f1<-summarise(group_by(table.data, userid), n())
> names(f1)=c('ID','F2.1')
###
#F2.1 订单_个数
```

在计算是否有精品订单及精品订单的个数时，需要先将 table.data 中 orderType 为 1（0 为普通订单，1 为精品订单）的订单先筛选出来，产生一个精品订单的表格，然后按照上一步操作方法进行处理。基于筛选出来的精品订单，计算每个用户的精品订单数量，用 n() 函数表示，再生成一列是否是精品订单的标签，可以用 n_distinct(orderType) 表示，此函数表示去重后计数，由于之前已经筛选过，orderType 都为 1，所以去重之后，所有的值都为 1。

```
> f2.3<-summarise(group_by(filter(table.data,orderType==1), userid),n_distinct
(orderType),n())
> names(f2.3)=c('ID','F2.2','F2.3')
```

在计算精品订单占比时，需要用户所有订单的个数及其精品订单的个数，因此要将上两步的两个表格 "f1" "f2.3" 进行合并和填补空值的动作，代码如下：

```
> f1.3<-left_join(x=f1,y=f2.3,by="ID")
> f1.3[is.na(f1.3)]<-0
```

在完成合并后，可以通过 mutate() 函数，新建精品订单占比的特征，其计算方式就是精品订单数/订单数，即 F2.3/F2.1。同时再将表格 f1.4 对象赋值给 feature 对象，代码如下：

```
> f1.4<-mutate(f1.3,'F2.4'=F2.3 / F2.1)
> feature<-f1.4
###
#F2.1 订单_个数
#F2.2 精品订单_是否有
#F2.3 精品订单_个数
#F2.4 精品订单_占比
```

计算每个用户去的最多的城市及去过多少个城市。先按照用户 id 及用户订单的城市进行分组，然后计算出每个用户去不同城市的次数，然后基于这个数据，可以计算出其中每个用户去的最多的城市及去过的城市数目，将这个得出的数据表的特征改为编号。

其后关于国家/地区、大洲的操作方法与之相同，代码如下：

```
> ftemp<-summarise(group_by(table.data, userid,city),times=n()) #每个城市的次数
> f5.6<-summarise(group_by(ftemp,userid),max(times),Num=n()) #最多的城市的次数，以及城市的个数
> names(f5.6)=c('ID','F2.5','F2.6')
###
#F2.5 订单_城市_最大次数
#F2.6 订单_城市_个数
> ftemp<-summarise(group_by(table.data,userid,country),times=n())
> f7.8<-summarise(group_by(ftemp,userid),max(times),Num=n())
```

```
> names(f7.8)=c('ID','F2.7','F2.8')
###
#F2.7 订单_国家/地区_最大次数
#F2.8 订单_国家/地区_个数
> ftemp<-summarise(group_by(table.data,userid,continent),times=n())
> f9.10<-summarise(group_by(ftemp,userid),max(times),Num=n())
> names(f9.10)=c('ID','F2.9','F2.10')
###
#F2.9  订单_大洲_最大次数
#F2.10  订单_大洲_个数
```

计算每个用户通过订精品订单去的最多城市及去过多少个城市。先筛选出所有精品订单，然后再按照上一步的方法进行计算。

其后的关于国家/地区、大洲的操作方法与之相同，代码如下：

```
> ftemp<-summarise(group_by(filter(table.data,orderType==1), userid,city),
times=n())
> f11.12<-summarise(group_by(ftemp, userid), max(times), Num=n())
> names(f11.12)=c('ID','F2.11','F2.12')
###
#F2.11 精品订单_城市_最大次数
#F2.12 精品订单_城市_个数
> ftemp<-summarise(group_by(filter(table.data,orderType==1),userid,country),
times=n())
> f13.14<-summarise(group_by(ftemp,userid), max(times),Num=n())
> names(f13.14)=c('ID','F2.13','F2.14')
###
#F2.13 精品订单_国家/地区_最大次数
#F2.14 精品订单_国家/地区_个数
> ftemp<-summarise(group_by(filter(table.data,orderType==1), userid, continent),
times=n())
> f15.16<-summarise(group_by(ftemp, userid), max(times), Num=n())
names(f15.16)=c('ID','F2.15','F2.16')
###
#F2.15  精品订单_大洲_最大次数
#F2.16  精品订单_大洲_个数
```

计算订单的时间间隔。先将数据表中订单最晚的时间到最早的时间，作为订单的时间段，然后把这个时间段除以订单的个数，即得到订单的平均时间间隔。

精品订单的时间间隔操作方法与之相同，代码如下：

```
> period=max(table.data$orderTime)-min(table.data$orderTime)
> f17<-summarise(group_by(table.data, userid), F2.17=period/n())
> names(f17)<-c('ID','F2.17')
###
#F2.17  订单_时间间隔
> period=max(filter(table.data,orderType==1)$orderTime)-min(filter(table.data,
orderType==1)$orderTime)
```

```
> f18<-summarise(group_by(filter(table.data,orderType==1),userid),F2.18=per
iod/n())
> names(f18)<-c('ID','F2.18')
###
#F2.18  精品订单_时间间隔
```

先计算出哪些是热门城市，根据城市，计算出每个城市的订单数，再计算热门城市的个数（这里将用户订单最多城市的前 20% 作为热门城市），然后将之前得到的城市订单数表格 ftemp 按照由多到少排列，取前 20% 的城市。通过筛选保留热门城市的订单，再分别计算是否有访问热门城市，访问热门城市的数量、次数。

其后的热门国家/地区、大洲，以及精品订单热门城市、国家/地区、大洲的操作方法与之相同，代码如下：

```
> ftemp<-summarise(group_by(table.data,city), times=n())
> temp<-ceiling(0.2*n_distinct(table.data$city))
> temp<-as.vector(arrange(ftemp,desc(times))$city[1:temp])
> f19.21<-summarise(group_by(filter(table.data,city==temp), userid), n_distinct
(userid),n_distinct(city),n())
> names(f19.21)<-c('ID','F2.19','F2.20','F2.21')
###
#F2.19  订单_热门城市_是否访问
#F2.20  订单_热门城市_访问城市数
#F2.21  订单_热门城市_访问次数
> ftemp<-summarise(group_by(table.data, country), times=n())
> temp<-ceiling(0.2*n_distinct(table.data$country))
> temp<-as.vector(arrange(ftemp,desc(times))$country[1:temp])
> f22.24<-summarise(group_by(filter(table.data,country==temp), userid),n_dis
tinct(userid),n_distinct(country),n())
> names(f22.24)<-c('ID','F2.22','F2.23','F2.24')
###
#F2.22  订单_热门国家/地区_是否访问
#F2.23  订单_热门国家/地区_访问国家/地区数
#F2.24  订单_热门国家/地区_访问次数
> ftemp<-summarise(group_by(table.data, continent), times=n())
> temp<-ceiling(0.2*n_distinct(table.data$continent))
> temp<-as.vector(arrange(ftemp,desc(times))$continent[1:temp])
> f25.27<-summarise(group_by(filter(table.data,continent==temp),userid),n_d
istinct(userid),n_distinct(continent),n())
> names(f25.27)<-c('ID','F2.25','F2.26','F2.27')
###
#F2.25  订单_热门大洲_是否访问
#F2.26  订单_热门大洲_访问大洲数
#F2.27  订单_热门大洲_访问次数
> ftemp<-summarise(group_by(filter(table.data,orderType==1),city),times=n())
> temp<-ceiling(0.2*n_distinct(filter(table.data,orderType==1)$city))
> temp<-as.vector(arrange(ftemp,desc(times))$city[1:temp])
```

```
> f28.30<-summarise(group_by(filter(table.data,orderType==1,city==temp),use
rid),n_distinct(userid),n_distinct(city),n())
> names(f28.30)<-c('ID','F2.28','F2.29','F2.30')
###
#F2.28  精品订单_热门城市_是否访问
#F2.29  精品订单_热门城市_访问城市数
#F2.30  精品订单_热门城市_访问次数
> ftemp<-summarise(group_by(filter(table.data,orderType==1), country), times
=n())
> temp<-ceiling(0.2*n_distinct(filter(table.data,orderType==1)$country))
> temp<-as.vector(arrange(ftemp,desc(times))$country[1:temp])
> f31.33<-summarise(group_by(filter(table.data,orderType==1,country==temp),
userid),n_distinct(userid),n_distinct(country),n())
> names(f31.33)<-c('ID','F2.31','F2.32','F2.33')
###
#F2.31  精品订单_热门国家/地区_是否访问
#F2.32  精品订单_热门国家/地区_访问国家/地区数
#F2.33  精品订单_热门国家/地区_访问次数
> ftemp<-summarise(group_by(filter(table.data,orderType==1),continent),time
s=n())
> temp<-ceiling(0.2*n_distinct(filter(table.data,orderType==1)$continent))
> temp<-as.vector(arrange(ftemp,desc(times))$continent[1:temp])
> f34.36<-summarise(group_by(filter(table.data,orderType==1,continent==temp),
userid),n_distinct(userid),n_distinct(continent),n())
> names(f34.36)<-c('ID','F2.34','F2.35','F2.36')
###
#F2.34  精品订单_热门大洲_是否访问
#F2.35  精品订单_热门大洲_访问大洲数
#F2.36  精品订单_热门大洲_访问次数
```

将以上未加入 feature 的特征进行汇总，然后填补空值，代码如下：

```
#特征汇总
> feature<-left_join(x = feature,y = f5.6,by = "ID")
> feature<-left_join(x = feature,y = f7.8,by = "ID")
> feature<-left_join(x = feature,y = f9.10,by = "ID")
> feature<-left_join(x = feature,y = f11.12,by = "ID")
> feature<-left_join(x = feature,y = f13.14,by = "ID")
> feature<-left_join(x = feature,y = f15.16,by = "ID")
> feature<-left_join(x = feature,y = f17,by = "ID")
> feature<-left_join(x = feature,y = f18,by = "ID")
> feature<-left_join(x = feature,y = f19.21,by = "ID")
> feature<-left_join(x = feature,y = f22.24,by = "ID")
> feature<-left_join(x = feature,y = f25.27,by = "ID")
> feature<-left_join(x = feature,y = f28.30,by = "ID")
> feature<-left_join(x = feature,y = f31.33,by = "ID")
> feature<-left_join(x = feature,y = f34.36,by = "ID")
```

```
#空值填补
> feature[is.na(feature)]<-0#空值填补
###输出
> write.csv(feature,file='D:/桌面文件/成单分析/workeddata/F2.csv',quote=F,
row.names = F)
```

（3）用户 App 行为的分析处理。

这里的数据必须要进行摊平，摊平的指标使用行为类型，因为从备注这里可以了解到行为类型一共有 9 个，其中 1 是唤醒 App；2～4 是浏览产品，无先后关系；5～9 则是有先后关系的，从填写表单到提交订单再到最后支付。因此，可以先摊平，然后根据摊平后的部分，做出特征变换的处理，代码如下：

```
###资料读取
> table.data<-read.csv('D:/桌面文件/成单分析/rawdata/table_3.csv',header=T,
fileEncoding="UTF-8",na.strings=c("NA",""))
###资料处理
> table.data<-tbl_df(table.data)
```

计算所有动作的总次数。通过 userid 进行分组，计算每个客户操作 App 的次数，代码如下：

```
> feature<-summarise(group_by(table.data, userid), n())
> names(feature)=c('ID','F3.1')
###
#F3.1 所有动作_总次数
```

计算非支付动作的次数。筛选动作为启动或者浏览的行为，通过 userid 进行分组，计算每个客户操作 App 的次数，代码如下：

```
> ftemp<-summarise(group_by(filter(table.data,actionType < 5), userid), n())
> names(ftemp)=c('ID','F3.2')
> feature<-left_join(x = feature,y = ftemp,by = "ID")
###
#F3.2 非支付动作_次数
```

计算其后支付动作的次数，动作 1～9 的次数的操作方法与之相同，代码如下：

```
> ftemp<-summarise(group_by(filter(table.data,actionType >= 5), userid), n())
> names(ftemp)=c('ID','F3.3')
> feature<-left_join(x = feature,y = ftemp,by = "ID")
###
#F3.3 支付动作_次数
> for(i in 1:9) {
+ ftemp<-summarise(group_by(filter(table.data,actionType==i), userid), n())
+ term<-paste('F3.',i+3,sep = '')
+ print(term)
+ names(ftemp)=c('ID',term)
+ feature<-left_join(x = feature,y = ftemp,by = "ID")
+}
```

```
###
#F3.4 动作 1_次数
#F3.5 动作 2_次数
#F3.6 动作 3_次数
#F3.7 动作 4_次数
#F3.8 动作 5_次数
#F3.9 动作 6_次数
#F3.10 动作 7_次数
#F3.11 动作 8_次数
#F3.12 动作 9_次数
```

完成上述操作后，进行空值的填补，代码如下：

```
feature[is.na(feature)] <-0
```

计算各项动作占所有动作的占比，代码如下：

```
> feature<-mutate(feature,
+               F3.13 = F3.2 / F3.1,
+               F3.14 = F3.3 / F3.1,
+               F3.15 = F3.4 / F3.1,
+               F3.16 = F3.5 / F3.1,
+               F3.17 = F3.6 / F3.1,
+               F3.18 = F3.7 / F3.1,
+               F3.19 = F3.8 / F3.1,
+               F3.20 = F3.9 / F3.1,
+               F3.21 = F3.10 / F3.1,
+               F3.22 = F3.11 / F3.1,
+               F3.23 = F3.12 / F3.1)
###
#F3.13   非支付动作_占比
#F3.14   支付动作_占比
#F3.15   动作 1_占比
#F3.16   动作 2_占比
#F3.17   动作 3_占比
#F3.18   动作 4_占比
#F3.19   动作 5_占比
#F3.20   动作 6_占比
#F3.21   动作 7_占比
#F3.22   动作 8_占比
#F3.23   动作 9_占比
```

使用 diff(actionTime)计算时间间隔，然后再用 summarise()函数计算出均值、方差、最小值、最大值，代码如下：

```
> ftemp<-filter(mutate(group_by(table.data,userid),interval=c(0, diff(action
Time))),interval>0)
> f24.27<-summarise(group_by(ftemp,userid),
> mean(interval),var(interval),min(interval),max(interval))
> names(f24.27) = c('ID','F3.24','F3.25','F3.26','F3.27')
```

```
> feature <-left_join(x = feature,y = f24.27,by = "ID")
###
#F3.24  时间间隔_均值
#F3.25  时间间隔_方差
#F3.26  时间间隔_最小值
#F3.27  时间间隔_最大值
> temp<-arrange(group_by(ftemp,userid),desc(actionTime))
>
f28.33<-summarise(temp,nth(interval,1),nth(interval,2),nth(interval,3),nth(
actionType,1),nth(actionType,2),nth(actionType,3))
> names(f28.33) = c('ID','F3.28','F3.29','F3.30','F3.31','F3.32','F3.33')
```

使用上一步的 ftemp 进行时间排序，获得最后 3 个时间的间隔与动作，可能有的客户没有 3 个动作，因此要对空值进行填补，填补值为该特征最大值。再运用 mutate() 函数计算最后 3 个时间的均值与方差。空值填补为每个特征最大值，代码如下：

```
> f28.33$F3.28[is.na(f28.33$F3.28)]<-max(f28.33$F3.28,na.rm = T)
> f28.33$F3.29[is.na(f28.33$F3.29)]<-max(f28.33$F3.29,na.rm = T)
> f28.33$F3.30[is.na(f28.33$F3.30)]<-max(f28.33$F3.30,na.rm = T)
> f28.33$F3.31[is.na(f28.33$F3.31)]<-max(f28.33$F3.31,na.rm = T)
> f28.33$F3.32[is.na(f28.33$F3.32)]<-max(f28.33$F3.32,na.rm = T)
> f28.33$F3.33[is.na(f28.33$F3.33)]<-max(f28.33$F3.33,na.rm = T)
> f28.35<-mutate(f28.33,
+                F3.34 = (F3.28 + F3.29 + F3.30) / 3,
+                F3.35 = ((F3.28-F3.34)^2+(F3.29-F3.34)^2+(F3.30-F3.34)^2)/3)
> feature<-left_join(x = feature,y = f28.35,by = "ID")
###
#F3.28  时间间隔_倒数第 1 个
#F3.29  时间间隔_倒数第 2 个
#F3.30  时间间隔_倒数第 3 个
#F3.31  动作_倒数第 1 个
#F3.32  动作_倒数第 2 个
#F3.33  动作_倒数第 3 个
#F3.34  时间间隔_倒数 3 个_均值
#F3.35  时间间隔_倒数 3 个_方差
```

计算 1～9 每个动作的最后一次动作时间与最后一个动作的时间间隔。首先先计算出最后一个动作的时间，再分别计算出每个动作的最后一次动作时间。然后将两者相减，就可以得到想要的特征。同样这里也要对空值进行填补，填补值为空值所在特征的最大值，代码如下：

```
> ftemp<-summarise(group_by(table.data,userid),max(actionTime))
> names(ftemp) = c('ID','last')
> for(i in 1:9)
+{
+  fn<-paste('last',i,sep='')
+  ft<-summarise(group_by(filter(table.data,actionType==i),userid), max
```

```
(actionTime))
+ names(ft)<-c("ID",fn)
+ ftemp<-left_join(x=ftemp,y=ft,by="ID")
+ }
> f36.44<-transmute(ftemp,
+                  'ID' = ID,
+                  'F3.36'= last -last1,
+                  'F3.37'= last -last2,
+                  'F3.38'= last -last3,
+                  'F3.39'= last -last4,
+                  'F3.40'= last -last5,
+                  'F3.41'= last -last6,
+                  'F3.42'= last -last7,
+                  'F3.43'= last -last8,
+                  'F3.44'= last -last9
+ )
#空值填补
> f36.44$F3.36[is.na(f36.44$F3.36)]<-max(f36.44$F3.36,na.rm = T)
> f36.44$F3.37[is.na(f36.44$F3.37)]<-max(f36.44$F3.37,na.rm = T)
> f36.44$F3.38[is.na(f36.44$F3.38)]<-max(f36.44$F3.38,na.rm = T)
> f36.44$F3.39[is.na(f36.44$F3.39)]<-max(f36.44$F3.39,na.rm = T)
> f36.44$F3.40[is.na(f36.44$F3.40)]<-max(f36.44$F3.40,na.rm = T)
> f36.44$F3.41[is.na(f36.44$F3.41)]<-max(f36.44$F3.41,na.rm = T)
> f36.44$F3.42[is.na(f36.44$F3.42)]<-max(f36.44$F3.42,na.rm = T)
> f36.44$F3.43[is.na(f36.44$F3.43)]<-max(f36.44$F3.43,na.rm = T)
> f36.44$F3.44[is.na(f36.44$F3.44)]<-max(f36.44$F3.44,na.rm = T)
```

通过上一步知道了 1～9 每个动作的最后一次动作时间，因此客户操作时间大于每个动作的最后一次动作时间的数据行数，就是动作距离。空值填补为每个特征最大值，代码如下：

```
> ta<-table.data
> names(ta)=c('ID','actionType','actionTime')
> ftemp<-left_join(x = ta,y = ftemp,by = "ID")
> for(i in 1:9)
+ {
+ fnt<-paste('last',i,sep='')
+ fn<-paste('F3.',44+i,sep='')
+ ft<-summarise(group_by(filter(ftemp,actionTime >= get(fnt)),ID), n())
+ names(ft)<-c("ID",(fn))
+ f36.44<-left_join(x = f36.44,y = ft,by = "ID")
+ }
> f36.53<-f36.44
#空值填补
> f36.53$F3.45[is.na(f36.53$F3.45)]<-max(f36.53$F3.45,na.rm = T)
> f36.53$F3.46[is.na(f36.53$F3.46)]<-max(f36.53$F3.46,na.rm = T)
> f36.53$F3.47[is.na(f36.53$F3.47)]<-max(f36.53$F3.47,na.rm = T)
```

```
> f36.53$F3.48[is.na(f36.53$F3.48)]<-max(f36.53$F3.48,na.rm = T)
> f36.53$F3.49[is.na(f36.53$F3.49)]<-max(f36.53$F3.49,na.rm = T)
> f36.53$F3.50[is.na(f36.53$F3.50)]<-max(f36.53$F3.50,na.rm = T)
> f36.53$F3.51[is.na(f36.53$F3.51)]<-max(f36.53$F3.51,na.rm = T)
> f36.53$F3.52[is.na(f36.53$F3.52)]<-max(f36.53$F3.52,na.rm = T)
> f36.53$F3.53[is.na(f36.53$F3.53)]<-max(f36.53$F3.53,na.rm = T)
> feature<-left_join(x = feature,y = f36.53,by = "ID")
###
#F3.36  时间间隔_最近动作1
#F3.37  时间间隔_最近动作2
#F3.38  时间间隔_最近动作3
#F3.39  时间间隔_最近动作4
#F3.40  时间间隔_最近动作5
#F3.41  时间间隔_最近动作6
#F3.42  时间间隔_最近动作7
#F3.43  时间间隔_最近动作8
#F3.44  时间间隔_最近动作9
#F3.45  动作距离_最近动作1
#F3.46  动作距离_最近动作2
#F3.47  动作距离_最近动作3
#F3.48  动作距离_最近动作4
#F3.49  动作距离_最近动作5
#F3.50  动作距离_最近动作6
#F3.51  动作距离_最近动作7
#F3.52  动作距离_最近动作8
#F3.53  动作距离_最近动作9
```

计算动作 1～9 时间间隔的均值、方差、最小值、最大值。首先筛选出相同动作的操作，然后按照 userid 进行分组，分别计算时间间隔，之后筛选出时间间隔大于 0 的时间间隔。最后分别以 userid 分组计算不同动作时间间隔的均值、方差、最小值、最大值，代码如下：

```
> for(i in 1:9)
+ {
+   fn <-c(paste('F3.',49+4*i+1,sep=''),
+         paste('F3.',49+4*i+2,sep=''),
+         paste('F3.',49+4*i+3,sep=''),
+         paste('F3.',49+4*i+4,sep=''))
+   ftemp <-filter(mutate(group_by(filter(table.data,actionType == i),userid),
interval = c(0, diff(actionTime))),interval>0)
+   ft<-summarise(group_by(ftemp, userid), m = mean(interval),v = var(interval),
mi = min(interval),ma = max(interval))

+   #空值填补
+   ft$m[is.na(ft$m)]<-max(ft$m,na.rm = T)
+   ft$v[is.na(ft$v)]<-max(ft$v,na.rm = T)
+   ft$mi[is.na(ft$mi)]<-max(ft$mi,na.rm = T)
+   ft$ma[is.na(ft$ma)]<-max(ft$ma,na.rm = T)
```

```
+   names(ft)<-c("ID",fn[1],fn[2],fn[3],fn[4])

+   feature<-left_join(x = feature,y = ft,by = "ID")
+ }
###
# 3-54  时间间隔_动作1_均值
# 3-55  时间间隔_动作1_方差
# 3-56  时间间隔_动作1_最小值
# 3-57  时间间隔_动作1_最大值
# 3-58  时间间隔_动作2_均值
# 3-59  时间间隔_动作2_方差
# 3-60  时间间隔_动作2_最小值
# 3-61  时间间隔_动作2_最大值
# 3-62  时间间隔_动作3_均值
# 3-63  时间间隔_动作3_方差
# 3-64  时间间隔_动作3_最小值
# 3-65  时间间隔_动作3_最大值
# 3-66  时间间隔_动作4_均值
# 3-67  时间间隔_动作4_方差
# 3-68  时间间隔_动作4_最小值
# 3-69  时间间隔_动作4_最大值
# 3-70  时间间隔_动作5_均值
# 3-71  时间间隔_动作5_方差
# 3-72  时间间隔_动作5_最小值
# 3-73  时间间隔_动作5_最大值
# 3-74  时间间隔_动作6_均值
# 3-75  时间间隔_动作6_方差
# 3-76  时间间隔_动作6_最小值
# 3-77  时间间隔_动作6_最大值
# 3-78  时间间隔_动作7_均值
# 3-79  时间间隔_动作7_方差
# 3-80  时间间隔_动作7_最小值
# 3-81  时间间隔_动作7_最大值
# 3-82  时间间隔_动作8_均值
# 3-83  时间间隔_动作8_方差
# 3-84  时间间隔_动作8_最小值
# 3-85  时间间隔_动作8_最大值
# 3-86  时间间隔_动作9_均值
# 3-87  时间间隔_动作9_方差
# 3-88  时间间隔_动作9_最小值
# 3-89  时间间隔_动作9_最大值
###输出
> write.csv(feature,file='D:/桌面文件/成单分析/workeddata/F3.csv',quote=F,
row.names=F)
```

（4）基于用户订单资料与用户 App 行为的整合分析处理。

经过上两个步骤的特征变换，得到了一系列的用户订单与 App 行为的特征。这时，可以想象一下，用户过去的订单行为与当时的 App 行为是否有一些联系。

这样，是不是可以结合这两者，这两个已生成的特征再去变换出一些有意思的特征呢？比如，这个人经常看 App 上的各种旅游产品，会不会比较了解不同旅游产品的不同，而更倾向于精品服务呢？这里就用户过去的订单和精品订单与 App 行为进行讨论，分析出了以下的一些可能有关的特征，从而进行特征产生，代码如下：

```
###资料读取
> table2.data<-read.csv('D:/桌面文件/成单分析/workeddata/F2.csv',header=
T,fileEncoding="UTF-8",na.strings=c("NA",""))
> table3.data<-read.csv('D:/桌面文件/成单分析/workeddata/F3.csv',header=
T,fileEncoding="UTF-8",na.strings=c("NA",""))
###资料处理
> table2.data<-tbl_df(table2.data)
> table3.data<-tbl_df(table3.data)
#选取所需要的特征，并将两张表格合并
> table2.data<-table2.data[,c(1,2,4)]
> table3.data<-table3.data[,c(1:13)]
> table2.3<-left_join(x=table2.data, y=table3.data, by='ID')
#特征计算。使用 transmute() 函数计算各个特征
> feature<-transmute(table2.3,
+                    'ID' =ID,
+                    'F2.3.1' = F3.1 / F2.1,
+                    'F2.3.2' = F3.2 / F2.1,
+                    'F2.3.3' = F3.3 / F2.1,
+                    'F2.3.4' = F3.4 / F2.1,
+                    'F2.3.5' = F3.5 / F2.1,
+                    'F2.3.6' = F3.6 / F2.1,
+                    'F2.3.7' = F3.7 / F2.1,
+                    'F2.3.8' = F3.8 / F2.1,
+                    'F2.3.9' = F3.9 / F2.1,
+                    'F2.3.10' = F3.10 / F2.1,
+                    'F2.3.11' = F3.11 / F2.1,
+                    'F2.3.12' = F3.12 / F2.1,
+                    'F2.3.13' = F3.1 / F2.3,
+                    'F2.3.14' = F3.2 / F2.3,
+                    'F2.3.15' = F3.3 / F2.3,
+                    'F2.3.16' = F3.4 / F2.3,
+                    'F2.3.17' = F3.5 / F2.3,
+                    'F2.3.18' = F3.6 / F2.3,
+                    'F2.3.19' = F3.7 / F2.3,
+                    'F2.3.20' = F3.8 / F2.3,
+                    'F2.3.21' = F3.9 / F2.3,
+                    'F2.3.22' = F3.10 / F2.3,
+                    'F2.3.23' = F3.11 / F2.3,
```

```
+                    'F2.3.24' = F3.12 / F2.3
+)
> feature[is.na(feature)]<-0#空值填补
> feature[feature==Inf]<-NA#极值替换
###
# 2.3-1      所有动作_订单_占比
# 2.3-2      非支付动作_订单_占比
# 2.3-3      支付动作_订单_占比
# 2.3-4      动作1_订单_占比
# 2.3-5      动作2_订单_占比
# 2.3-6      动作3_订单_占比
# 2.3-7      动作4_订单_占比
# 2.3-8      动作5_订单_占比
# 2.3-9      动作6_订单_占比
# 2.3-10     动作7_订单_占比
# 2.3-11     动作8_订单_占比
# 2.3-12     动作9_订单_占比
# 2.3-13     所有动作_精品订单_占比
# 2.3-14     非支付动作_精品订单_占比
# 2.3-15     支付动作_精品订单_占比
# 2.3-16     动作1_精品订单_占比
# 2.3-17     动作2_精品订单_占比
# 2.3-18     动作3_精品订单_占比
# 2.3-19     动作4_精品订单_占比
# 2.3-20     动作5_精品订单_占比
# 2.3-21     动作6_精品订单_占比
# 2.3-22     动作7_精品订单_占比
# 2.3-23     动作8_精品订单_占比
# 2.3-24     动作9_精品订单_占比
###输出
> write.csv(feature,file='D:/桌面文件/成单分析/workeddata/F2.3.csv',quote=F,
row.names = F)
```

（5）特征汇总。

在进行了 4 个步骤的特征选择与产生后，就需要将各个特征数据表汇总起来，而汇总的关键就是用户的 id，因此本操作的目的是将特征表格 F1、F2、F3 及 F2.3 进行合并，进行特征汇总。而为了能更为合理和直观地了解数据的状况，会对部分特征进行归一化处理。归一化是指将字段中的数字分别除以该字段最大的数字，保证字段中数字处于 0~1 的方法。将特征表格 F1、F2、F3 及 F2.3 进行合并，并对数值型属性进行归一化处理，代码如下：

```
##资料读取
> table1.data<-read.csv('D:/桌面文件/成单分析/workeddata/F1.csv',header = T)
> table2.data<-read.csv('D:/桌面文件/成单分析/workeddata/F2.csv',header=
T,fileEncoding="UTF-8",na.strings=c("NA",""))
> table3.data<-read.csv('D:/桌面文件/成单分析/workeddata/F3.csv',header=
T,fileEncoding="UTF-8",na.strings=c("NA",""))
> table2.3.data<-read.csv('D:/桌面文件/成单分析/workeddata/F2.3.csv',header=
```

```
T,fileEncoding="UTF-8",na.strings=c("NA",""))
#特征处理
> table1.data<-tbl_df(table1.data)
> table2.data<-tbl_df(table2.data)
> table3.data<-tbl_df(table3.data)
> table2.3.data<-tbl_df(table2.3.data)
```

特征归一化，将特征及需要归一化的特征记录下来。F1 的特征都是 factor，因此可以直接加入 feature 为 table2 归一化。设定循环，如果该特征不需要归一化则直接与 feature 合并，如果需要则进行归一化操作后再与 feature 进行合并。table3、table2.3 归一化方法与 table 2 相同，代码如下：

```
> feature<-table1.data
> table2<-c(1:36)
> table2.keep<-c(2,19,22,25,28,31,34)
> table2.normalization<-table2[-table2.keep]
> table3<-c(1:89)
> table3.keep<-c(13:23,31:33)
> table3.normalization<-table3[-table3.keep]
> table2.3<-c(1:24)

> for(i in table2)
+{
+  fn<-paste('F2.',i,sep='')
+  if(i %in% table2.keep)
+  {
+    ft<-transmute(table2.data,
+                  'ID' =ID,
+                  temp = get(fn))
+  }
+  else
+  {
+    ft<-transmute(table2.data,
+                  'ID' =ID,
+                  temp = get(fn) / max(get(fn),na.rm = T))
+  }
+  names(ft)<-c("ID",fn)
+  feature<-left_join(x = feature,y = ft,by = "ID")
+}

> for(i in table3)
+{
+  fn<-paste('F3.',i,sep='')
+  if(i %in% table3.keep)
+  {
+    ft<-transmute(table3.data,
+                  'ID' = ID,
```

```
+           temp = get(fn))
+  }
+  else
+  {
+    ft<-transmute(table3.data,
+                  'ID' =ID,
+                  temp = get(fn) / max(get(fn),na.rm = T))
+  }
+  names(ft)<-c("ID",fn)
+  feature<-left_join(x = feature,y = ft,by = "ID")
+}

> for(i in table2.3)
+{
+  fn<-paste('F2.3.',i,sep='')
+  ft<-transmute(table2.3.data,'ID' =ID,temp = get(fn) / max(get(fn),na.rm =
T))
+  names(ft)<-c("ID",fn)
+  feature<-left_join(x=feature,y=ft,by="ID")
+}

#最后针对 feature 进行空值填补，填补值为 1
> feature[is.na(feature)]<-1
###输出
> write.csv(feature,file='D:/桌面文件/成单分析/workeddata/table_feature.csv',
quote=F,row.names = F)
```

3）数据挖掘阶段

数据挖掘阶段主要分以下两步，其基本描述如下。

① 将特征与目标数据表进行合并的动作，包括数据集产生，数据集合并等；

② 在数据清洗完成的数据集基础上，利用 XGBoost 对精品旅行服务成单进行预测。

数据合并的目的是将数据整合为适合数据挖掘的形式，具体而言，就是把特征集合 table_feature.csv 与目标集合 table_target.csv 进行合并处理，代码如下：

```
#资料读取
> feature.data<-read.csv('D:/桌面文件/成单分析/workeddata/table_feature.csv',
header = T)
> target.data<-read.csv('D:/桌面文件/成单分析/workeddata/table_target.csv',
header = T)
###资料合并
> database<-left_join(x=feature.data,y=target.data,by="ID")
###输出
> write.csv(database,file='D:/桌面文件/成单分析/workeddata/table_database.csv',
quote=F,row.names=F)
建立模型
```

最后进入数据分析的阶段，在这一阶段，会用到上一步产生的数据集，然后将数据集随机抽样 90% 作为训练数据集，剩下 10% 作为测试数据集，并且按照 xgboost() 函数的格式进行数据挖掘的计算，再针对训练出来的模型，将测试数据导入其中，得到预测数据。将预测数据与实际数据对比，通过 AUC 进行计算，对训练的模型做出一个评价。

这一步的操作，除了会用到 dplyr 包，还要用到 xgboost、ROCR 这两个包对数据集 table_database.csv 进行分析运算。

安装并加载 xgboost 包及 ROCR 包，代码如下：

```
> install.packages('xgboost')
> install.packages('ROCR')
> library(xgboost)
> library(ROCR)
###资料输入
> database<-read.csv('D:/桌面文件/成单分析/workeddata/table_database.csv',
header = T)
```

（1）名义特征设定。

大部分名义特征在读取时会被转变为数值特征，为此，要将这些特征转换为名义特征。

```
#factor类型设定（名义向量）
> database$F2.19<-as.factor(database$F2.19)
> database$F2.22<-as.factor(database$F2.22)
> database$F2.25<-as.factor(database$F2.25)
> database$F2.28<-as.factor(database$F2.28)
> database$F2.31<-as.factor(database$F2.31)
> database$F2.34<-as.factor(database$F2.34)
> database$F3.31<-as.factor(database$F3.31)
> database$F3.32<-as.factor(database$F3.32)
> database$F3.33<-as.factor(database$F3.33)
```

（2）训练数据集、测试数据集产生。

随机抽取 database 中 90% 的资料作为训练数据集，剩余 10% 作为测试数据集，同时按照 XGBoost 的要求，将数据集分为特征、目标两个部分，代码如下：

```
###训练数据集、测试数据集
> database.train<-sample_frac(database,0.9)#抽取90%的数据
>  database.train.feature<-Matrix::sparse.model.matrix(target  ~  .-1, data=
database.train)  #设为特征
> database.train.target=(database.train$target)#设为目标
> database.test<-setdiff(database,database.train)#剩下10%的数据作为测试数据集
>  database.test.feature<-Matrix::sparse.model.matrix(target  ~  .-1, data=
database.test) #设为特征
> database.test.target=(database.test$target)#设为目标
```

（3）训练。

其中 data 表示特征，label 表示目标，max.depth 表示树的深度，eta 表示权重参数，nround 表示训练次数，objective 表示训练目标的学习函数，代码如下：

```
###训练模型
> mining_xgboost<-xgboost(data=database.train.feature,
+                         label=database.train.target,
+                         max.depth=4,
+                         eta=0.2,
+                         nround=1000,
+                         objective='reg:linear')
```

（4）测试。

分别对训练资料与测试资料进行测试，其中 AUC 为分类器评价指标，其值越大，分类器效果越好，代码如下：

```
###测试
> train_pred<-predict(mining_xgboost, database.train.feature,type ="response")
> train_pred<-prediction(train_pred,database.train.target)
> train_pred.auc<-performance(train_pred,'auc')
> train_pred.auc<-unlist(solt(train_pred.auc,'y.values'))
> train_pred.auc
```

输出结果为：

```
[1] 0.9965735
```

代码如下：

```
> test_pred<-predict(mining_xgboost, database.test.feature,type ="response")
> test_pred<-prediction(test_pred,database.test.target)
> test_pred.auc<-performance(test_pred,'auc')
> test_pred.auc<-unlist(solt(test_pred.auc,'y.values'))
> test_pred.auc
```

输出结果为：

```
[1]  0.9458535
```

两个数值分别代表训练数据集、测试数据集进入分类器进行预测的结果。其中，0.9965735 为训练数据集的预测 AUC，0.9458535 为测试数据集的预测 AUC。从中可以了解，对于训练数据集，准确程度很高。但是，目的是得到对未知数据进行预测的结果，即测试数据集的预测结果。应把这一结果作为分类器的分类效果。因此，分类器的效果为 0.9458535 上下。AUC 值越大，该分离器的分类效果越好，其介于 0～1。

通过测试计算，可以知道，训练器通过抽取原有数据 90%的资料，进行分类训练的测试结果 AUC 值为 0.9458535。

【应用案例6】航班延误预测

1. 案例背景

随着国内民航的不断发展，航空出行已经成为人们比较普遍的出行方式，但是航班延误却成为旅客们比较头疼的问题。台风雾霾或飞机故障等因素都有可能导致大面积航班延误的情况。大面积延误给旅客出行带来很多不便，如何在计划起飞前 2 小时预测航班延误情况，让出行旅客更好地规划出行方式，成为一个重大课题。

为预测航班是否会延误，需要借助大数据的力量，结合航空公司、飞行地区、天气交通等因素，来探讨会影响航班飞行的因素，减少因航班延误造成的困扰。

航班延误预测是希望通过分析与飞行相关的因素，了解航班可能延误的原因，对他们下一次飞行进行预测。分别针对航班基本资料、城市天气资料、机场特情发生资料进行分析，希望从中找寻到航班可能延误的原因。

2. 数据介绍

1）表一：历史航班动态起降数据表（案例图 6-1）

表一记录了机场历史航班动态起降数据，包含了机场、时间等关键数据，后续主要围绕此表展开。

表一	table_1	航班动态历史数据表		总笔数：	7518638
中文名	存储名	范例	有效值率	有效笔数	字段类型
出发机场	Departure_airport	YIW	1	7518638	输入
到达机场	Arrive_airport	CGO	1	7518638	输入
航班编号	Flight number	CZ6661	1	7518638	输入
计划起飞时间	Planned_departure_time	1470000000	1	7518638	输入
计划到达时间	Planned arrive time	1470000000	1	7518638	输入
实际起飞时间	actual_departure_time	1470000000	0.95696002	7195036	输入
实际抵达时间	actual_arruve_tome	1470000000	0.9570236	7195514	输入
飞机编号	plane_number	1426	0.97442915	7326380	输入
航班是否取消	flight_cancel	T	1	7518638	目标

案例图 6-1 机场历史航班动态起降数据表

2）表二：机场城市对应表（案例图 6-2）

表二记录了机场及城市的对应数据。

表二	table_2	机场城市对应表		总笔数：	235
中文名	存储名	范例	有效值率	有效笔数	字段类型
机场编码	airport	AHJ	1	235	ID
城市名称	city_name	阿坝	1	235	输入

案例图 6-2　机场城市对应表

3）表三：历史城市天气表（案例图 6-3）

表三记录了城市的天气数据，包括天气、气温等。

表三	table_3	城市天气表		总笔数：	828470
中文名	存储名	范例	有效值率	有效笔数	字段类型
城市名	城市	西宁	1	828470	ID
天气	天气	雷阵雨转晴	1	828470	输入
当天最低温度	最低气温	10	0.938748536	777725	输入
当天最高温度	最高气温	24	0.818764711	678322	输入
日期	日期	42552	1	828470	输入

案例图 6-3　历史城市天气表

4）表四：历史机场特情表（案例图 6-4）

表四记录了机场的特殊情况数据，包括机场、时间、特情内容等。

表四	table_4	机场城市对应表		总笔数：	15881
中文名	存储名	范例	有效值率	有效笔数	字段类型
特情机场	airport	CAN	1	15881	ID
收集时间	collect_time	2017-05-31 19:23:56Z	1	15881	输入
开始时间	start_time	2017-06-01 08:30:00Z	1	15881	输入
结束时间	end_time	2017-06-01 20:00:00Z	1	15881	输入
特情内容	happen_content	广州区域部分航路延误黄色预警提示：6月1日广州区域内部分航路受雷雨天气影响，预计08:30—20:00通行能力下降30%左右。【空中交通网】	1	15881	输入

案例图 6-4　历史机场特情表

3．案例分析

将整个分析的流程分为如下三个阶段。

1）准备阶段

准备阶段主要负责新建项目、盘点要使用 R 组件包，以及航班误点预测的实际结果处理，也就是预测目标。具体包括：

① 新建分析项目。

② 安装分析所需 R 组件包。

③ 导入与导出数据表。

2）特征分析处理阶段

特征分析处理阶段主要是从历史航班动态起降数据、历史城市天气表、机场城市对应表及历史机场特情表中选取与变换出目标——"航班是否延误"相关的指标（特征），并做出一系列的数值处理。

3）数据挖掘阶段

数据挖掘阶段主要是进行航班是否延误的预测，要将先前整理汇总的特征与目标组合成能进行分析的格式，而后通过分析工具（分类器）对航班是否延误进行预测。并将预测结果与实际结果进行比较，测试模型的准确程度。具体包括：

① 将特征与目标数据表进行合并的动作，数据集产生，数据集合并。

② 利用 XGBoost 对航班是否延误进行预测。

③ 利用 SVM 对航班是否延误进行预测（对比两种算法的预测结果）。

4．案例实现过程

1）准备阶段

安装所需 R 包并加载，读取数据集，代码如下：

```
> install.packages('dplyr') #数据处理
> install.packages('e1071')  #模型 SVM
> install.packages('xgboost')  #模型 XGBOOST
> library ('dplyr')
> library ('e1071')
> library ('xgboost')
##数据读取
> table.data<-read.csv('D:/桌面文件/航班延误/rawdata/table_1.csv',header=
T,fileEncoding="UTF-8",na.strings = c("NA",""))
```

2）特征分析处理阶段

特征分析处理阶段主要分 5 步进行，分别如下。

① 针对航班的基本资料分析处理，主要是新特征的分析及产生；

② 针对历史城市天气表与机场城市对应表的整合分析处理，主要是新特征的分析及产生；

③ 针对历史机场特情表分析处理，主要是新特征的分析及产生；

④ 针对基于航班的基本资料与历史城市天气表与机场城市对应表的整合分析处理，强调基于已产生的特征进行再次特征发现；

⑤ 汇总前4步处理后的特征，并处理缺失值。

（1）航班基本资料分析处理。

```
###资料处理
> table.data<-tbl_df(table.data)
#去空值
> table.data<-na.omit(table.data)
#每笔资料做编号ID
> ID<-c()
> for(i in 1:length(table.data$Departure_airport))
+{
+  ID[i]<-i
+
+}
> table.data<-cbind(ID,table.data)
```

计算各航班的飞行时间，并将时间栏位作转换，从原本的时间戳转成正常的时间，代码如下：

```
#时间戳转换
> table.data$Planned_departure_time<-as.POSIXct(table.data$Planned_departure_
time,origin="1970-01-01 00:00:00")
> table.data$Planned.arrive.time<-as.POSIXct(table.data$Planned.arrive.time,
origin="1970-01-01 00:00:00")
```

将出发时间及抵达时间分类成时间区段，以6个小时为单位，从0:00开始分成4个区段，代码如下：

```
#时间段 1(0~6) 2(6~12) 3(12~18) 4(18~24)
#出发
> departure_time<-substring(table.data$Planned_departure_time,12,13)
> departure_time<-as.integer(departure_time)
> for(i in 1:length(departure_time))
+{
+  t <-departure_time[i]
+  if(t >= 0 & t < 6)
+    departure_time[i] = '1'
+  else if(t >= 6 & t < 12)
+    departure_time[i] = '2'
+  else if(t >= 12 & t < 18)
+    departure_time[i] = '3'
+  else
+    departure_time[i] = '4'
+
+}
#抵达
```

```
> Arrive_time<-substring(table.data$Planned.arrive.time,12,13)
> Arrive_time<-as.integer(Arrive_time)
> for(i in 1:length(Arrive_time))
+{
+   t<-Arrive_time[i]
+   if(t >= 0 & t < 6)
+     Arrive_time[i] = '1'
+   else if(t >= 6 & t < 12)
+     Arrive_time[i] = '2'
+   else if(t >= 12 & t < 18)
+     Arrive_time[i] = '3'
+   else
+     Arrive_time[i] = '4'
+
+}
#航班编号切割
#航空公司编号前两数，出发地区编号第三数，抵达地区编号第四数
#地区编号1为华北，2为西北，3为华南，4为西南，5为华东，6为东北，8为厦门，9为新疆
> flight_company<-c()
> Departure_area<-c()
> Arrive_area<-c()
> flight_company<-substring(table.data$Flight.number,1,2)
> Departure_area<-substring(table.data$Flight.number,3)
> Arrive_area<-substring(table.data$Flight.number,4)
```

判断该班次是否为候补飞机，如果航班因为天气、机械故障等原因延误、备降、取消，需要补班飞行，为区分原航班和补班航班,航空公司会在航班号后面加个字母,如CZ310W,代码如下：

```
#判断是否候补
> Alternate<-as.character(table.data$Flight.number)
> len<-nchar(Alternate)
> Alternate<-substring(table.data$Flight.number,7,len)
> for(i in 1:length(Alternate)){
+   if(is.na(Alternate[i]))
+     Alternate[i] = F
+   else
+     Alternate[i] = T
+
+}
#是否为假日
> holiday<-c()
> weekday<-weekdays(as.Date(table.data$Planned_departure_time))
> for(i in 1:length(table.data$ID)){
+
+   if(weekday[i] =="星期六" | weekday[i] == "星期日")
+     holiday[i]<-T
```

```
+  else
+    holiday[i]<-F
+
+}
#特征合并
>feature<-data.frame(ID = table.data$ID,
+                    F1.1 = table.data$Departure_airport,
+                    F1.2 = table.data$Arrive_airport,
+                    F1.3 = table.data$plane_number,
+                    F1.4 = departure_time,
+                    F1.5 = Arrive_time,
+                    F1.6 = flight_company,
+                    F1.7 = Departure_area,
+                    F1.8 = Arrive_area,
+                    F1.9 = Alternate,
+                    F1.10 = holiday,
+                    F1.11 = flightTime
+)
###输出
> write.csv(feature,file='D:/桌面文件/航班延误/workeddata/F1.csv',quote=F,
row.names = F)
```

（2）历史城市天气表与机场城市对应表的整合分析处理。

需要分析各航班起飞及降落时的天气是否会影响航班飞行，但是城市天气表中是以城市为 ID 来记录天气，而航班记录的是出发及抵达的机场，因此要整合处理出各机场的天气，通过城市名来找出该机场的天气，代码如下：

```
###数据读取
> table2.data<-read.csv('D:/桌面文件/航班延误/rawdata/table_2.csv',header=
T,fileEncoding="UTF-8",na.strings=c("NA",""))
> table4.data<-read.csv('D:/桌面文件/航班延误/rawdata/table_4.csv',header=
T,fileEncoding = "UTF-8",na.strings=c("NA",""))
###资料处理
#利用dplyr包处理数据之前，需要将数据装载成dplyr包的一个特定对象类型，也称为 tibble 类
型，可以用 tbl_df()函数将数据框类型的数据装载成 tibble 类型的数据对象
> table2.data<-tbl_df(table2.data)
> table4.data<-tbl_df(table4.data)
#选取要保留的字段
> table4.data<-table4.data[,c(1,2,5)]
```

将两个表格根据共同栏位"城市"，用 merge()函数做合并，并对合并出的新表格做栏位的重新命名，因为已经借由城市将机场及天气做完合并，"城市"栏位就不需要了，最后特征选取时将"城市"栏位去除，代码如下：

```
#合并
> table2.4<-merge(x=table2.data, y=table4.data, by.x="city_name", by.y ="城
市")
```

```
> names(table2.4)<-c("cityname","airport","weather","date")
> feature<-table2.4[,(2:4)]
###输出
> write.csv(feature,file='D:/桌面文件/航班延误/workeddata/F2N4.csv',quote=F,
row.names=F)
```

（3）历史机场特情表分析处理。

进行特情发生分析，根据特情发生时间及机场，确认是否有航班起飞或降落时发生特情，代码如下：

```
###资料读取
> table.data<-read.csv('D:/桌面文件/航班延误/rawdata/table_1.csv',header=
T,fileEncoding="UTF-8",na.strings = c("NA",""))
> table3.data<-read.csv('D:/桌面文件/航班延误/rawdata/table_3.csv',header=
T,fileEncoding="UTF-8",na.strings = c("NA",""))
###资料处理
> table.data<-tbl_df(table.data)
#delete na
> table.data<-na.omit(table.data)
> table3.data<-na.omit(table3.data)
> ID<-c()
#每笔资料做编号ID
> for(i in 1:length(table.data$Departure_airport))
+{
+  ID[i] <-i
+
+}
> table.data<-cbind(ID,table.data)
#大小写转换
> table3.data$airport<-toupper(table3.data$airport)
#把时间后的Z移除
> table3.data$start_time<-substring(table3.data$start_time,1,19 )
> table3.data$end_time<-substring(table3.data$end_time,1,19 )
#时间戳转换
> table.data$Planned_departure_time<-as.POSIXct(table.data$Planned_departure_
time,origin="1970-01-01 00:00:00")
> table.data$Planned.arrive.time <-as.POSIXct(table.data$Planned.arrive.time,
origin="1970-01-01 00:00:00")
> table.data$actual_departure_time <-as.POSIXct(table.data$actual_departure_
time, origin = "1970-01-01 00:00:00")
> table.data$actual_arruve_tome <-as.POSIXct(table.data$actual_arruve_tome,
origin="1970-01-01 00:00:00")
```

做特情的确认，新产生特情栏位，当起飞或降落机场相同，且起飞或降落时间处于特情发生的时间段时，特情栏位则为T，代码如下：

```
#是否有特情
> dw<-filter(table.data,(
```

```
+   (table.data$Departure_airport == table3.data$airport&
+     table3.data$start_time < Planned_departure_time&
+     Planned_departure_time < table3.data$end_time)|
+   (Arrive_airport == table3.data$
+     airport&table3.data$
+     start_time < Planned.arrive.time&
+     Planned.arrive.time< table3.data$end_time)))>y<-transmute(dw,ID = ID,
appen = T)
> table.data <-left_join(table.data,y,by = "ID")
> table.data$happen[is.na(table.data$happen)] <-F
```

特征选取，只留下 ID 及是否发生特情的栏位，代码如下：

```
#F2.1 是否发生特情
> feature<-data.frame(ID = table.data$ID,
> F2.1=table.data$happen)
###输出
> write.csv(feature,file='D:/桌面文件/航班延误/workeddata/F1N3.csv',quote=F,
row.names=F)
```

（4）基于航班的基本资料与历史城市天气表与机场城市对应表的整合分析处理。

根据天气情况进行聚类，分析各航班该日的出发及抵达时的机场天气并把天气做聚类，将天气记为以下 7 类并作为特征：雷阵雨、阵雨、暴雨、大雨、多云、晴、雾，代码如下。

```
###数据读取
> table.data<-read.csv('D:/桌面文件/航班延误/rawdata/table_1.csv',header=
T,fileEncoding="UTF-8",na.strings = c("NA",""))
> table2N4.data<-read.csv('D:/桌面文件/航班延误/rawdata/F2N4.csv',header=T)
```

去除空值及做机场的大小写转换，代码如下：

```
###资料处理
> table.data<-tbl_df(table.data)
#去空值
> table.data<-na.omit(table.data)
> table2N4.data<-na.omit(table2N4.data)
#大小写转换
> table2N4.data$airport<-toupper(table2N4.data$airport)
#每笔资料做编号 ID
> ID<-c()
> for(i in 1:length(table.data$Departure_airport))
+{
+   ID[i] <-i
+
+}
> table.data<-cbind(ID,table.data)
#时间戳转换
> table.data$Planned_departure_time<-as.POSIXct(table.data$Planned_departure_
time,origin="1970-01-01 00:00:00")
> table.data$Planned.arrive.time<-as.POSIXct(table.data$Planned.arrive.time,
```

```
origin="1970-01-01 00:00:00")
> table.data$actual_departure_time<-as.POSIXct(table.data$actual_departure_
time,origin = "1970-01-01 00:00:00")
> table.data$actual_arruve_tome<-as.POSIXct(table.data$actual_arruve_tome,
origin="1970-01-01 00:00:00")
> table2N4.data$date<-as.POSIXct(table2N4.data$date,origin="1970-01-01
00:00:00")
```

将日期格式统一，因为天气是以天做储存，因此将所有时间栏位都只取到日，代码如下：

```
#只取到日
> departure_day<-substring(table.data$Planned_departure_time,1,10)
> arrive_day<-substring(table.data$Planned.arrive.time,1,10)
#日期格式统一
> table2N4.data$date <-substring(table2N4.data$date,1,10)
#机场跟日期做合并，出发&抵达
> Aweather <-data.frame(ID = table.data$ID, flight_num = table.data$Flight.numb
er,airport=table.data$Arrive_airport,date = arrive_day)
> Dweather <-data.frame(ID = table.data$ID, flight_num = table.data$Flight.numb
er,airport = table.data$Departure_airport,date = departure_day)
> A<-left_join(Aweather,table2N4.data,by = c("airport","date"))
> D<-left_join(Dweather,table2N4.data,by = c("airport","date"))
#抵达跟出发天气合并，只留下ID跟天气
> DA<-full_join(D,A,by = "ID")
> DA<-data.frame(ID = DA$ID, Dw = DA$weather.x, Aw = DA$weather.y)
```

将天气做聚类，代码如下：

```
#天气分类
> weather<-data.frame(ID = DA$ID)
> wea<-rbind("雷阵雨", "阵雨", "暴雨", "大雨","多云", "晴","雾")
> nrow(F3.1 == T)
> weather <-mutate(weather,
+          F3.1 =( (grepl(wea[1],DA$Dw) == T) | (grepl(wea[1],DA$Dw) == T) ),
+          F3.2 =( (grepl(wea[2],DA$Dw) == T) | (grepl(wea[2],DA$Dw) == T) ),
+          F3.3 =( (grepl(wea[3],DA$Dw) == T) | (grepl(wea[3],DA$Dw) == T) ),
+          F3.4 =( (grepl(wea[4],DA$Dw) == T) | (grepl(wea[4],DA$Dw) == T) ),
+          F3.5 =( (grepl(wea[5],DA$Dw) == T) | (grepl(wea[5],DA$Dw) == T) ),
+          F3.6 =( (grepl(wea[6],DA$Dw) == T) | (grepl(wea[6],DA$Dw) == T) ),
+          F3.7 =( (grepl(wea[7],DA$Dw) == T) | (grepl(wea[7],DA$Dw) == T) )
+)
###
#F3.1 雷阵雨
#F3.2 阵雨
#F3.3 暴雨
#F3.4 大雨
#F3.5 多云
#F3.6 晴
#F3.7 雾
> feature<-weather[!duplicated(weather$ID), ]
```

（5）特征汇总。

将特征表格 F1，F1N3，F1N2N4 进行合并，代码如下：

```
###数据读取
>table1.data<-read.csv('D:/桌面文件/航班延误/workeddata/F1.csv',header = T)
>table2.data<-read.csv('D:/桌面文件/航班延误/workeddata/F1N3.csv',header =
>T,fileEncoding = "UTF-8",na.strings = c("NA",""))
>table3.data<-read.csv('D:/桌面文件/航班延误/workeddata/F1N2N4.csv',header =
T,fileEncoding = "UTF-8",na.strings = c("NA",""))
#特征处理
>table1.data<-tbl_df(table1.data)
>table2.data<-tbl_df(table2.data)
>table3.data<-tbl_df(table3.data)
>feature<-left_join(table1.data, table2.data, by = "ID")
>feature<-left_join(feature, table3.data, by = "ID")
###输出
>write.csv(feature,file='D:/桌面文件/航班延误/workeddata/feature.csv',quote=F,
row.names = F)
```

3）数据挖掘阶段

本部分操作主要分三步进行，具体如下。

（1）合并数据集。

```
##数据读取
>feature.data<-read.csv('D:/桌面文件/航班延误/workeddata/table_feature.csv',
header = T)
>target.data<-read.csv('D:/桌面文件/航班延误/workeddata/table_target.csv',
header = T)
###资料合并
>database<-left_join(x = feature.data,y = target.data,by = "ID")
###输出
>write.csv(database,file='D:/桌面文件/航班延误/workeddata/table_database.csv',
quote=F,row.names = F)
```

（2）利用 XGBoost 建模并进行航班延误预测。

在这一阶段，会用到上一步产生的数据集，然后将数据集随机抽样 20%的资料作为训练数据集，剩余 80%中的 12.5%作为测试数据集，并且照 xgboost()函数的格式进行数据挖掘的计算，而后在针对训练出来的模型，将测试数据导入其中，得到预测数据。将预测数据与实际数据对比，通过 AUC 进行计算后，对训练的模型做出一个评价。

这一步的操作，除了会用到 dplyr 包，还要用到 xgboost、ROCR 这两个包对数据集 table_database.csv 进行分析运算。

```
##数据读取
>database<-read.csv('D:/桌面文件/航班延误/workeddata/table_database.csv',
header = T)
```

大部分名义特征在读取时会被转变为数值特征，为此，要将这些特征转换为名义特征，代码如下：

```
#factor 类型特征设定（名义向量、哑向量）
>database$F1.1<-as.factor(database$F1.1)
>database$F1.2<-as.factor(database$F1.2)
>database$F1.3<-as.factor(database$F1.3)
>database$F1.4<-as.factor(database$F1.4)
>database$F1.5<-as.factor(database$F1.5)
>database$F1.6<-as.factor(database$F1.6)
>database$F1.9<-as.factor(database$F1.9)
>database$F1.10<-as.factor(database$F1.10)
>database$F2.1<-as.factor(database$F2.1)
>database$F3.1<-as.factor(database$F3.1)
>database$F3.2<-as.factor(database$F3.2)
>database$F3.3<-as.factor(database$F3.3)
>database$F3.4<-as.factor(database$F3.4)
>database$F3.5<-as.factor(database$F3.5)
>database$F3.6<-as.factor(database$F3.6)
>database$F3.7<-as.factor(database$F3.7)
```

随机抽取 database 中 20%的资料作为训练数据集，剩余 80%中的 12.5%作为测试数据集，同时按照 XGBoost 的要求，将数据集分为特征、目标两个部分。

```
###训练、测试数据集产生
>database.train<-sample_frac(database,0.2)
>database.train.feature<-Matrix::sparse.model.matrix(target ~ .-1, data =
database.train)
>database.train.target = (database.train$target)
>database.test<-setdiff(database,database.train)
>database.test<-sample_frac(database.test,0.125)
>database.test.feature<-Matrix::sparse.model.matrix(target ~ .-1, data =
database.test)
>database.test.target = (database.test$target)
```

分别对训练集及测试集进行测试，其中 AUC 为分类器评价指标，其值越大，则分类器效果越好，代码如下：

```
###测试
>train_pred<-predict(mining_xgboost, database.train.feature,type ="response")
>train_pred<-prediction(train_pred,database.train.target)
>train_pred.auc<-performance(train_pred,'auc')
>train_pred.auc<-unlist(slot(train_pred.auc,'y.values'))
>train_pred.auc
>test_pred<-predict(mining_xgboost, database.test.feature,type ="response")
>test_pred<-prediction(test_pred,database.test.target)
>test_pred.auc<-performance(test_pred,'auc')
>test_pred.auc<-unlist(slot(test_pred.auc,'y.values'))
>test_pred.auc
```

测试结果如案例图 6-5 所示。

```
> train_pred <- predict(mining_xgboost, database.train.feature,type ="response")
> train_pred <- prediction(train_pred,database.train.target)
> train_pred.auc <- performance(train_pred,'auc')
> train_pred.auc <- unlist(slot(train_pred.auc,'y.values'))
> train_pred.auc
[1] 0.7042378
>
> test_pred <- predict(mining_xgboost, database.test.feature,type ="response")
> test_pred <- prediction(test_pred,database.test.target)
> test_pred.auc <- performance(test_pred,'auc')
> test_pred.auc <- unlist(slot(test_pred.auc,'y.values'))
> test_pred.auc
[1] 0.6977034
```

案例图 6-5　XGBoost 算法的 AUC 值

（3）利用 SVM 进行航班误点预测。

使用 table_database.csv 数据集，随机抽取数据集中 20% 的数据作为训练数据集，抽取剩余 80% 数据中的 1% 作为测试数据集，并且按照 svm() 函数的格式进行数据挖掘的计算，再针对训练出来的模型，将测试数据导入其中，得到预测数据。将预测数据与实际数据对比，通过 AUC 进行计算后，对训练的模型做出一个评价。

这一步的操作，除了会用到 dplyr 包，还要用到 svm、ROCR 这两个包对数据集 table_database.csv 进行分析运算。SVM 算法预测 AUC 值的结果如案例图 6-6 所示。

```
#数据读取
>database<-read.csv('D:/桌面文件/航班延误/workeddata/table_database.csv',
header = T)
#factor 类型特征设定（名义向量、哑向量）
>database$F1.1<-as.factor(database$F1.1)
>database$F1.2<-as.factor(database$F1.2)
>database$F1.3<-as.factor(database$F1.3)
>database$F1.4<-as.factor(database$F1.4)
>database$F1.5<-as.factor(database$F1.5)
>database$F1.6<-as.factor(database$F1.6)
>database$F1.9<-as.factor(database$F1.9)
>database$F1.10<-as.factor(database$F1.10)
>database$F2.1<-as.factor(database$F2.1)
>database$F3.1<-as.factor(database$F3.1)
>database$F3.2<-as.factor(database$F3.2)
>database$F3.3<-as.factor(database$F3.3)
>database$F3.4<-as.factor(database$F3.4)
>database$F3.5<-as.factor(database$F3.5)
>database$F3.6<-as.factor(database$F3.6)
>database$F3.7<-as.factor(database$F3.7)
###训练、测试集产生
>database$target<-as.factor(database$target)
>database.train.svm<-sample_frac(database,0.2)
>database.test.svm<-setdiff(database,database.train.svm)
>database.test.svm<-sample_frac(database.test.svm,0.01)
```

```
###训练模型 _svm
>mining_svm<-svm(formula = target ~ ., data = database.train.svm)
#测试
>train_pred.svm = predict(mining_svm, database.train.svm ,type='response')
>test_pred.svm = predict(mining_svm, database.test.svm,type='response')
#训练准确率#
>confus.matrix=table(real=database.train$target,
predict=train_pred)#sum(diag(confus.matrix))/sum(confus.matrix)
>train_pred.svm
<-prediction(as.numeric(train_pred.svm),as.numeric(database.train.svm$targe
t))
>train_pred.svm.auc<-performance(train_pred.svm,'auc')
>train_pred.svm.auc<-unlist(slot(train_pred.svm.auc,'y.values'))
>train_pred.svm.auc
#测试准确率#
>confus.matrix=table(real=database.test$target,
predict=test_pred)#sum(diag(confus.matrix))/sum(confus.matrix)
>test_pred.svm
<-prediction(as.numeric(test_pred.svm),as.numeric(database.test.svm$target)
)
>test_pred.svm.auc<-performance(test_pred.svm,'auc')
>test_pred.svm.auc<-unlist(slot(test_pred.svm.auc,'y.values'))
>test_pred.svm.auc
```

```
> #训练准确率#confus.matrix = table(real=database.train$target, predict=train_pred)#sum(diag(confus.matrix))/sum(co
.matrix)
> train_pred.svm <- prediction(as.numeric(train_pred.svm),as.numeric(database.train.svm$target))
> train_pred.svm.auc <- performance(train_pred.svm,'auc')
> train_pred.svm.auc <- unlist(slot(train_pred.svm.auc,'y.values'))
> train_pred.svm.auc
[1] 0.5
> #测试准确率#confus.matrix = table(real=database.test$target, predict=test_pred)#sum(diag(confus.matrix))/sum(conf
atrix)
> test_pred.svm <- prediction(as.numeric(test_pred.svm),as.numeric(database.test.svm$target))
> test_pred.svm.auc <- performance(test_pred.svm,'auc')
> test_pred.svm.auc <- unlist(slot(test_pred.svm.auc,'y.values'))
> test_pred.svm.auc
[1] 0.5
```

案例图 6-6　SVM 算法的 AUC 值

　　将 SVM 的结果与 XGBoost 相比可以发现，XGBoost 的结果较优，由此可见，采用的分类器不同，分类的结果差距不同，此次案例中使用了两种分类器做分类，通过调整分类器参数会影响分类的结果，这次采用的特征为 19 个，数量并不多，之后如果分析出更多的特征来帮助分类，结果应该会更好。因此，针对此案例 XGBoost 的分类效果更好。